"十三五"普通高等教育规划教材

Java 程序设计及应用开发

宋　晏　杨国兴　主　编

胡倩茹　陈晓美　副主编

机械工业出版社

本书以 Java SE 6 为基础，按照从面向对象的语言走进面向对象的思想、利用图表增强文字的表现力、注重知识的原理性的编写思想，详细叙述了 Java 语言的基础知识，面向对象的封装、类、继承、多态性，Java 常用工具类、集合、异常处理，及图形用户界面、多线程、输入/输出流、JDBC 等内容。

本书配备了丰富的实例，并在"综合实践"部分引入较大规模的案例；通过"习题"和"实验指导"环节，为读者提供拓展思维、提升实践能力的训练。各章习题参照了 SCJP 考试模式，实验题目丰富、实用，有的放矢地提供编程训练。

本书可以作为大学本科、专科计算机及相关专业的教材，也可作为 Java 爱好者、工程技术人员的自学参考书。

本书配有电子教案，需要的教师可登录 www.cmpedu.com 免费注册，审核通过后下载，或联系编辑索取（QQ：2966938356，电话：010 - 88379739）。

图书在版编目（CIP）数据

Java 程序设计及应用开发/宋晏，杨国兴主编 .—北京：机械工业出版社，2016.8（2018.1 重印）
"十三五"普通高等教育规划教材
ISBN 978-7-111-54291-9

Ⅰ. ①J… Ⅱ. ①宋… ②杨… Ⅲ. ①JAVA 语言 – 程序设计 – 高等学校 – 教材 Ⅳ. ①TP312

中国版本图书馆 CIP 数据核字（2016）第 161139 号

机械工业出版社（北京市百万庄大街 22 号　邮政编码 100037）
策划编辑：和庆娣　　责任编辑：和庆娣
责任校对：张艳霞　　责任印制：李　洋
北京宝昌彩色印刷有限公司印刷

2018 年 1 月第 1 版·第 2 次印刷
184mm×260mm·21.5 印张·530 千字
3001 – 4800 册
标准书号：ISBN 978-7-111-54291-9
定价：49.90 元

前　言

Java 语言的生命力毋庸置疑，1991 年由 Sun 公司（后被 Oracle 公司收购）开发。2014年，Java 发布了 Java SE 8 版本，它以优秀的性质驰骋在各个领域，以开源建设的方式不断地为其注入新鲜血液。

思考了许久怎样写此书才能打好 Java 的根基，为今后 Struts、Spring、EJB 等的学习奠定坚实的基础；如何能让年轻的学习者们轻松、高效地完成学习，不会感觉代码是枯燥冰冷的字符，而是悦动在指尖的一串串的音符…。带着让学习者以享受的姿态步入 Java 程序员行列的希冀，最终确定了如下编写思想。

（1）从面向对象的语言走进面向对象的思想

任何一门计算机语言的学习都不仅仅是熟知语法的过程。计算机语言的语法就如音乐中的音符，它们会在不同人的笔下诞生奇妙的乐谱，那是作曲家赋予音符的灵魂。面向对象的思想就是面向对象语言的灵魂。

本书在讲述 Java 语法知识的同时，更注重面向对象思想的学习和贯彻。从面向对象分析出发，使用面向对象工具 UML 类图描述类结构及类与类之间的关系；在系统设计和组织程序架构时，引入面向对象设计中的经典原则和设计模式。从学习伊始就培养面向对象的视角和规范的编程方式，不仅要写出代码，而且要写出专业、漂亮的代码。

（2）使用图表增强文字的表现力

相对于文字而言，图可以更形象、立体地展示知识及彼此间的联系，表可以梳理、对比相关、相似的知识点。相信读者间都会有一种共识，如果面对一份长篇大论，那么你的关注点首先会集中到穿插在文字中的图或表，因为从图表中可以快速提取到文字的主旨、脉络和精华；而且我也在猜想，从小看漫画长大的年轻一代会对图表具有更高的敏感度。

本书尽可能地为抽象、不易单纯通过语言表述清楚、信息量大、知识庞杂的部分设计了图表，力求简明扼要地展示知识结构。

另外，本书各章都使用**思维导图**从更高的角度对整章知识、案例进行了梳理，将看似零散的文字浓缩在一张图中，提纲挈领，将知识从点连接成线，再构建为面，最终立体化，达到读书"从物理上将书变厚，从逻辑上将书变薄"的效果。

（3）知其然亦知其所以然

坚实的基础是进阶的基石。本书注重知识背后隐藏的原理和细节，培养读者从 why 和 how 的角度构建学习的习惯，使学习不仅知其然，更能做到知其所以然，以扎实的基本功为后续的学习打好根基。

本书架构如下：

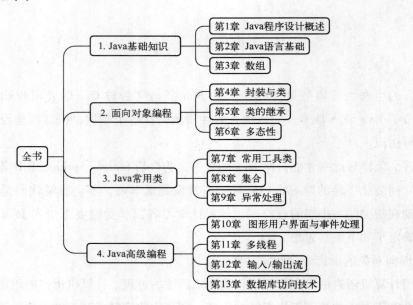

本书由宋晏、杨国兴主编，胡倩茹（河北大学）、陈晓美副主编，参加编写工作的还有刘勇、严婷、吕东艳、朱红、张子萍、张小静。

由于时间仓促，书中难免有疏漏和不足之处，敬请广大读者批评指正。

编　者

目 录

第1章　Java 程序设计概述

本章按照了解 Java 发展历史、平台结构、特性、程序设计环境，以及学习编写简单的Java 应用程序的路径，开始 Java 语言的学习。

1.1　Java 程序平台

Java 是由 Sun 公司（后被 Oracle 公司收购）于 1991 年开发的编程语言，初衷是为家用消费类电子产品开发一个分布式代码系统。为了使整个系统与平台无关，采用了虚拟机器码方式，所以，Java 从诞生之日起就成为了平台无关的语言。

Java 分为 3 个体系：Java SE（Java2 Platform Standard Edition，Java 平台标准版），Java EE（Java 2 Platform Enterprise Edition，Java 平台企业版），Java ME（Java 2 Platform Micro Edition，Java 平台微型版）。

（1）Java SE

Java SE（以前称为 J2SE）是允许开发和部署在桌面、服务器、嵌入式环境、实时环境中使用的 Java 应用程序。Java SE 包含了支持 Java Web 服务开发的类，并为 Java EE 提供基础。

（2）Java EE

Java EE（以前称为 J2EE）是帮助开发和部署可移植、健壮、可伸缩且安全的服务器端 Java 应用程序。Java EE 是在 Java SE 的基础上构建的，它提供 Web 服务、组件模型、管理和通信 API，可以用来实现企业级的面向服务体系结构和 Web 2.0 应用程序。

（3）Java ME

Java ME（以前称为 J2ME），为在移动设备和嵌入式设备（比如手机、PDA、打印机等）上运行的应用程序提供一个健壮且灵活的环境。Java ME 包括灵活的用户界面、健壮的安全模型、内置的网络协议以及对可动态下载的应用程序的支持。

1.2　Java 的特性

Java 是一种编程语言，拥有跨平台的特性，并以开源的方式得到众多开发者的支持。Java 语言具有简单的（simple）、面向对象的（object – oriented）、网络的（network – savvy）、健壮的（robust）、安全的（secure）、可移植的（portable）、解释型的（Interpreted）、高性能的（high – performance）、多线程的（multithreading）、动态的（dynamic）等特性。

1. 简单性和健壮性

C/C ++ 语言具有非常强的生命力，然而 C/C ++ 中一些功能却耗费了相当的学习成本、开发成本和维护成本，有些特性带来的麻烦远远多于其带来的好处，诸如著名的指针运算、运算符重载、多重继承、内存管理等。Java 的设计者舍弃了 C/C ++ 中较少使用、难以掌握或可能不安全的功能，在许多常用特性上加以简化，并提供丰富的类库。

以指针和内存管理为例，Java 从语法的角度屏蔽了指针的概念，它保留了指针的原理，允许使用地址（通过引用类型的变量），但不允许操作指针重写内存，消除了损坏数据的可能性。

2. 面向对象

Java 语言是纯面向对象的语言，即便是只有一个 main()方法也需要用一个类封装。Java 摒弃了 C ++中的多继承，取而代之的是"接口"。用面向对象的方式设计和解决问题并不是一件简单的事情，在本书的第 4 ~ 6 章将详细学习 Java 面向对象的特性和设计方法。

3. 网络特性

Java 的网络能力非常强大且易于使用，它提供的类库可以便捷地处理 HTTP 和 FTP 等 TCP/IP。Java 应用程序能够通过 URL 打开和访问网络上的对象，就如同访问本地文件一样。Java 应用最广泛的领域就是网络服务。

4. 安全性

Java 适用于网络/分布式环境。Java 的垃圾回收机制用更安全的方式解决了资源的回收问题。异常处理架构使开发人员可以掌控程序中各种突发的异常状况。final、synchronized 等关键字的使用也都在共享方面加强了安全性。

5. 可移植性

程序跨平台并不是一件容易的事情。平台可以指计算机体系结构（Architecture），可以指操作系统（Operating System），也可以指开发平台（编译器、链接器等）。

不同的计算机体系结构有不同的指令集，可以识别的机器指令格式是不同的。以 C 程序为例，因为开发人员不清楚 C 程序未来的使用环境，所以在编译时要利用不同操作系统下的不同体系结构的计算机的 C 编译器，把 C 程序编译成各种不同的机器指令，由客户选择不同的版本去执行。例如，操作系统中的硬件驱动程序多数由 C 语言编写，编好后会针对不同的平台进行编译，用户在使用时找到与当前操作系统相匹配的版本进行安装。

这意味着用 C 语言编写的程序只需稍加修改甚至不用修改就可以在各种不同的计算机上编译运行，C 语言实现的是源代码级的跨平台。

Java 利用 Java 虚拟机（Java Visual Machine，JVM）机制实现了 Java 程序在操作系统和体系结构级别的跨平台，做到了"一次编译，到处执行"。

如图 1-1 所示，Java 程序在编译时并不直接生成与机器相关的指令，而是编译生成 Java 虚拟机可以读懂的字节码（Bytecode）文件。Java 虚拟机位于操作系统之上，可以理解为一个以字节码为机器指令的软件 CPU，它屏蔽了底层操作系统的差异，使 Java 应用程序可以在安装了 JVM 的任何计算机系统上运行，实现了良好的可移植性。字节码文件因为是由二进制代码组成，所以传播也更加安全。

如图 1-1，Java 虚拟机的体系结构主要包括类加载器（ClassLoader）、执行引擎（Execution engine）、垃圾收集器（Garbage Collector）3 部分。JVM 在工作时操作运行时数据区，包括多线程共享的方法区和堆内存区，以及每个线程都具备的程序计数器、JVM 栈内存区和本地方法栈（使用 Java 语言以外的其他语言编写的方法的工作区）等。

JVM 类加载器的工作流程是：首先负责找到二进制字节码并加载至 JVM 中，然后由链接过程对二进制字节码的格式进行校验、初始化装载类中的静态变量以及解析类中调用的接口、类，最后按需完成类中的静态初始化代码、构造方法代码等初始化工作。

JVM 执行引擎的主要技术包括解释、即时编译（Just In Time，JIT）、自适应优化等。解释

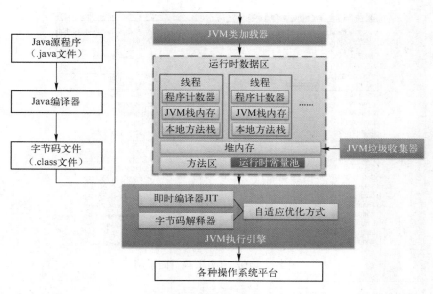

图 1-1　Java 程序的运行过程

执行属于第一代 JVM，现场解释执行，不生成目标程序；即时编译属于第二代 JVM，在运行时将字节码翻译为机器码；自适应优化则吸取第一代 JVM 和第二代 JVM 的经验，采用两者结合的方式，是目前 Sun 的 HotspotJVM 采用的技术。

自适应优化执行引擎开始对所有的代码都采取解释执行的方式，并监视代码执行情况，然后对那些经常调用的方法启动一个后台线程，将其编译为本地代码，并进行优化。若方法不再频繁使用，则取消编译过的代码，仍对其进行解释执行。

1.3　Java 程序设计环境

Java 开发环境大体分成两种方式：一种方式是使用 JDK 的命令行方式，另一种是使用集成开发环境。

1.3.1　下载、安装和了解 JDK

用户在网站 http://www. oracle. com/technetwork/java/index. html 可以免费下载适合于不同计算机操作系统的 Java 开发工具包（Java Development Kit，JDK），本书使用 Java SE 6 版本。下载 JDK 时要选择与当前操作系统对应的安装文件，如图 1-2 所示。

下载并按照向导安装 JDK 后，Java SE 的体系结构如图 1-3 所示。

主要生成如下目录。

\bin：Java 开发工具所在目录，包括 Java 编译器（javac. exe）、解释器（java. exe）等。

\demo：在该目录下 Sun 提供了一些实例程序。

\lib：该目录下存储了 Java 开发工具要用的类库，例如包含了支持 JDK 工具的类库 tool. jar 等。

\jre：Java 自己附带的运行环境（Java Runtime Environment，JRE），包括 Java 虚拟机、运行类库等，向用户编写的 Java 应用程序提供运行环境。

Java SE Development Kit 6u45

You must accept the Oracle Binary Code License Agreement for Java SE to download this software.

○ Accept License Agreement ◉ Decline License Agreement

Product / File Description	File Size	Download
Linux x86	65.46 MB	jdk-6u45-linux-i586-rpm.bin
Linux x86	68.47 MB	jdk-6u45-linux-i586.bin
Linux x64	65.69 MB	jdk-6u45-linux-x64-rpm.bin
Linux x64	68.75 MB	jdk-6u45-linux-x64.bin
Solaris x86	68.38 MB	jdk-6u45-solaris-i586.sh
Solaris x86 (SVR4 package)	120 MB	jdk-6u45-solaris-i586.tar.Z
Solaris x64	8.5 MB	jdk-6u45-solaris-x64.sh
Solaris x64 (SVR4 package)	12.23 MB	jdk-6u45-solaris-x64.tar.Z
Solaris SPARC	73.41 MB	jdk-6u45-solaris-sparc.sh
Solaris SPARC (SVR4 package)	124.74 MB	jdk-6u45-solaris-sparc.tar.Z
Solaris SPARC 64-bit	12.19 MB	jdk-6u45-solaris-sparcv9.sh
Solaris SPARC 64-bit (SVR4 package)	15.49 MB	jdk-6u45-solaris-sparcv9.tar.Z
Windows x86	69.85 MB	jdk-6u45-windows-i586.exe
Windows x64	59.96 MB	jdk-6u45-windows-x64.exe
Linux Intel Itanium	53.89 MB	jdk-6u45-linux-ia64-rpm.bin
Linux Intel Itanium	56 MB	jdk-6u45-linux-ia64.bin
Windows Intel Itanium	51.72 MB	jdk-6u45-windows-ia64.exe

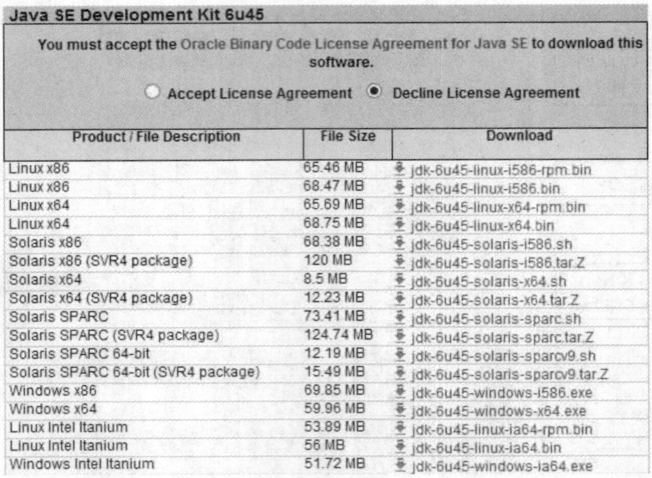

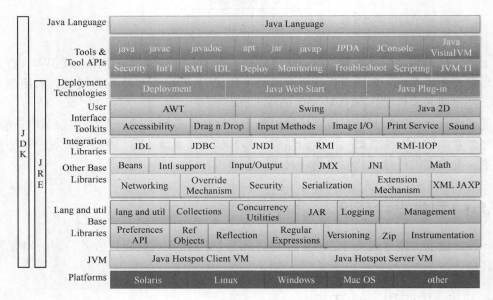

图 1-2　JDK 官方下载页面示例

图 1-3　Java SE 体系结构

【注意】在安装目录中有一个 src. zip 文件，解压后得到 src 文件夹，里面存放了所有的类库源文件，通过它就可以看到所有的 Java 提供类库的源代码，这里既是走近 Java 的途径，也是非常好的学习资源。

这些目录中，\bin 目录非常重要，因为编写完 Java 程序后，无论是编译还是执行程序，都会用到\bin 目录下提供的工具程序。Java 开发工具主要包括以下几种。

- javac. exe：Java 编译器，用来将 Java 程序编译为字节码文件。
- java. exe：Java 解释器，执行已经转化为字节码的 Java 应用程序。
- jdb. exe：Java 调试器，用来调试 Java 程序。
- javap. exe：Java 反编译器，将字节码文件还原为源文件。
- javadoc. exe：文档生成器，创建 HTML 文件。

JDK 安装完毕后，虽然安装者知道 JDK 的工具程序位于\bin 目录下，但是操作系统并不知道这件事。为了方便使用工具程序，通常将开发工具路径（\bin 文件夹的完整路径）加入到操作系统的环境变量 Path 中。Path 变量告诉操作系统都可以到哪些目录下尝试找到当前要使用的工具程序。

在"计算机"上右击，从快捷菜单中选择"属性→高级属性"命令，打开"系统属性"对话框。单击"环境变量"按钮，在弹出的"环境变量"对话框中编辑 Path 变量，在"变量值"文本框中加入\bin 目录的完整路径，如图 1-4 所示，新加入的路径与原 Path 变量中的路径以分号";"连接。

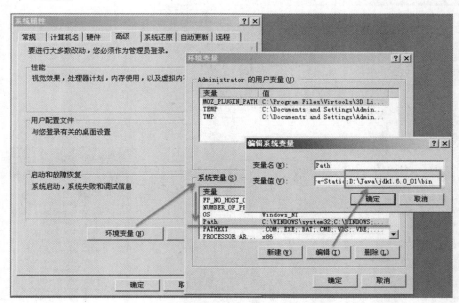

图 1-4　向环境变量 Path 加入 Java 开发工具路径的方法

设置 Path 变量后，要重新打开命令行模式才能重新读入 Path 变量的取值。在命令行的任意提示符下输入"javac"并按〈Enter〉键，如果都能看到关于 javac 命令的使用说明则说明 Path 的设置成功。

1.3.2　集成开发环境 Eclipse

Java 的集成开发环境有很多种，目前使用最广泛的是 Eclipse。Eclipse 可以从官方网站 www.eclipse.org 进行下载，与 JDK 的选择相同，下载 Eclipse 时也要与当前的操作系统对应（JDK 是 Eclipse 的运行环境，在安装 Eclipse 前必须要先安装好 JDK），下载好的 Eclipse 的安装包是一个压缩文件，解压缩之后，双击 eclipse.exe 文件启动 Eclipse。

（1）工作区

启动 Eclipse 时，系统将询问用户选择一个工作区（Workspace），如图 1-5 所示。工作区实际就是一个用来存储项目的文件夹，即启动 Eclipse 后建立的项目都将存储在此文件夹下。

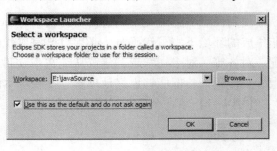

图 1-5　工作区的选择

（2）项目

Eclipse 用项目的方式管理文件，J2SE 方式下的 Java 应用程序对应的项目是"Java Project"。

在 Eclipse 窗口中，单击"File→New→Java Project"命令，打开新建项目向导，如图 1-6 所示，输入项目名称，单击"Finish"按钮完成项目的创建，项目将出现在"Package Explorer"（资源浏览器）窗口中，Eclipse 用树型结构展示项目下的所有资源，系统提供的"src"文件夹用于存储用户建立的所有 Java 程序，如图 1-7 所示。

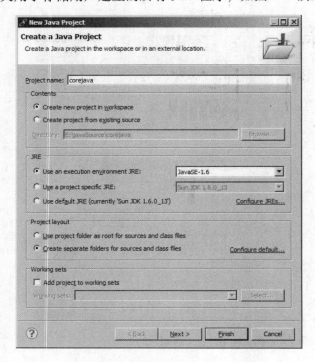

图 1-6　新建 Java Project

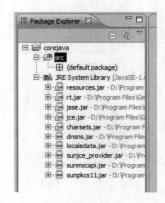

图 1-7　"Package Explorer"窗口

1.4　Java 应用程序

Java 应用程序是一个可以独立运行的程序，它只要有 Java 虚拟机就能运行。一个 Java 应用程序中一定要有一个类包含 main() 方法。

1.4.1　Java 应用程序的编写

使用任意一款纯文本编辑器均可以书写 Java 源程序（比如 Windows 下的记事本），只是在非集成的环境下书写代码时，必须自己完成代码格式的控制，包括缩进空格的输入、括号的匹配、对齐等。对于初学者，建议从纯文本文件的编写开始，不过早地使用 IDE 环境，虽然陌生、工作量大，但能够更好地理解、接触基本的概念，加深对 Java 的理解。

【例 1-1】第一个 Java 应用程序。

```
public class FirstApp {
    /**
```

```
    *第一个 Java Application
    */
    public static void main(String[] args){
        //打印"Hello world!"
        System. out. println("Hello World!");
    }
}
```

本程序会在控制台打印一行信息：

Hello world!

Java 应用程序中包含如下要素：

1) 类的声明。关键字 class 声明一个类，类名为 FirstApp。类体由{}括起来，用来封装类的属性和类的方法。

2) Java 应用程序的命名。一个 Java 应用程序文件可以由 n(n > 0)个类组成，但这 n 个类中**只能有一个**类是 public 类（公共类）；并且应用程序的名字**必须**与公共类同名（Java 虚拟机要求公共类必须放在与其同名的源文件中），包括大小写。因此上面见到的应用程序只能有一个合法的命名 FirstApp. java（Java 源文件的扩展名为"java"）。

3) 主类与 main()方法。main()方法是 Java 应用程序执行的入口。main()方法所在的类叫作主类，显然一个应用程序只能有一个主类。main()方法的签名（signature）：

public static void main(String[] args)

public 指明 main()是公共方法。

static 指明该方法是一个静态方法。

void 表示 main()方法没有返回值。

参数 String[] args 是 main()方法固定的参数，用一个 String 类型的数组接收运行应用程序时传递过来的参数。

4) 控制台输出。在 Java 中向控制台输出文本的方式是使用 System. out 对象。

System. out. println()方法在控制台输出一行文本后回车换行。

System. out. print()方法在控制台输出一行文本后不回车换行。

除此之外，还可以使用 System. out. printf()方法进行格式化的控制输出，格式化方式与 C语言相同。例如：

System. out. printf("% - 20s\n","Hello world!");

5) 注释。Java 中跨行代码段的注释使用"/*""*/"，对于一行的注释使用"//"。

为了提高程序的可读性，还可以利用空行、空格进行区分。

1.4.2 命令行方式下的编译和运行

1. 编译

在命令行方式下，使用编译器 javac. exe 编译源文件。假设 FirstApp. java 文件存储在

E：\javaSource 目录下，在命令行提示符"E：\javaSource ＞"下，输入如下命令进行编译：

> E：\javaSource ＞ javac FirstApp. java(按〈Enter〉键)

编译成功后在 E：\javaSource 目录下生成 FirstApp. java 中每一个类（如果不止一个的话）的字节码文件，如 FirstApp. class。

2. 运行

在命令行方式下，使用解释器 java. exe 解释执行 Java 应用程序。接上例，执行编译生成的 FirstApp. class 文件的命令：

> E：\javaSource ＞ java FirstApp(按〈Enter〉键)

"java"命令的参数是主类的名字，没有"class"文件扩展名。

【注意】使用 javac 和 java 命令时，都要严格遵守应用程序名字、类名的大小写。

【健身操】如果当前命令行的提示符是 E：\ ＞，如何编译 E：\javaSource 下的 FirstApp. java 程序？编译好的字节码文件在哪里？

3. 设置 Classpath 环境变量

如果当前命令行的提示符是 E：\ ＞，如何执行 E：\javaSource 下的 FirstApp 类呢？

方法一：将当前提示符改为 E：\javaSource（E：\ ＞ cd javaSource）；在 E：\javaSource 下执行 java FirstApp 命令。

方法二：设置 Classpath 环境变量。

如同 Classpath 环境变量的名字一样，Classpath 设置 Java 执行环境查找类的字节码文件的路径，即，如果 Java 的执行环境在当前路径下没有找到要执行的类字节码文件，则按照 Classpath 设置的路径进行查找。

所以，如果想在任意路径下都可以执行 E：\javaSource 下的字节码文件，只需要将路径 E：\javaSource 设置到 Classpath 中，如图 1-8 所示。

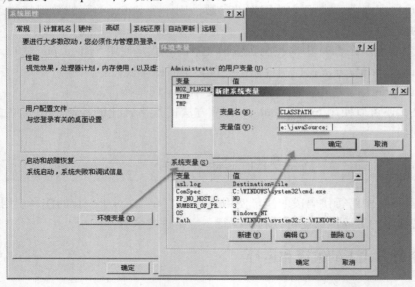

图 1-8　利用环境变量 CLASSPATH 设置类查找路径的方法

【刨根问底】环境变量 Path 和 Classpath 的区别是什么？

【注意】设置了环境变量后，要重新打开命令行窗口，其设置才能生效。

1.4.3 使用 Eclipse 开发 Java 程序

1. 创建类

右击如图 1-7 所示项目的"src"文件夹，选择"new→Class"命令，打开"New Java Class"（创建类向导）对话框，如图 1-9 所示。

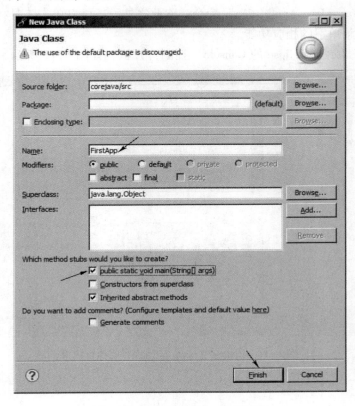

图 1-9 "New Java Class"对话框

在"name"栏中输入类名"FirstApp"，还可以选中向类中添加 main() 方法，单击"Finish"按钮完成类的框架的创建，如图 1-10 所示。

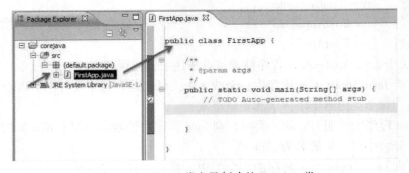

图 1-10 Eclipse 类向导创建的 FirstApp 类

Eclipse 的编辑环境为程序开发者自动管理了缩进、括号的匹配、对齐，非常便捷。

2. 编译

〈Ctrl + S〉组合键可实现一般应用软件中的"保存"功能，在 Eclipse 中又赋予了它第二个意义，在存盘的同时完成代码的编译工作，程序开发者可以随时按下〈Ctrl + S〉检查当前的代码是否存在语法错误。

3. 执行

执行 Java 应用程序可以多种途径，比较常用的是右击要执行的 Java 文件，在弹出的快捷菜单中选择"Run as→Java Application"命令。除此之外，还可以单击工具栏上的"运行"按钮，或者"Run"菜单下的相应功能。

执行的结果将显示在 Eclipse 的 Console（控制台）区，如图 1-11 所示。

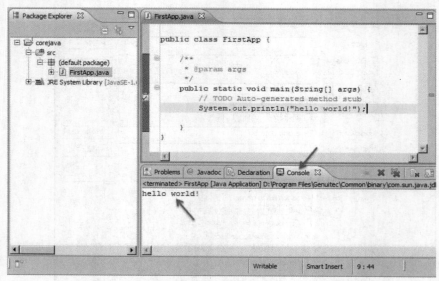

图 1-11　Eclipse 中 Java 应用程序的执行效果

1.5　习题

1）执行一个 Java 程序"FirstApp"的方法是（　　　）。

　　A. 直接双击编译好的 Java 目标码文件执行

　　B. 运行"javac FirstApp. class"

　　C. 运行"java FirstApp. java"

　　D. 运行"java FirstApp"

2）下面关于 Java Application 程序结构特点描述中，错误的是（　　　）。

　　A. 一个 Java Application 程序由一个或多个文件组成，每个文件中可以定义一个或多个类，每个类由若干个方法和变量组成

　　B. Java 程序中声明有 public 类时，则 Java 程序文件名必须与 public 类的类名相同，并区分大小写，扩展名为"java"

　　C. 组成 Java Application 程序的多个类中，有且仅有一个主类

　　D. 一个 *. java 文件中定义多个类时，允许其中声明多个 public 类

1.6 实验指导

1. 实验目的

1）掌握 Java 应用程序的编写、命名。

2）掌握设置环境变量 Path 和 Classpath 的方法。

3）掌握在命令行方式下编译和执行 Java 应用程序的方法。

4）理解公共类、主类之间的关系。

2. 实验题目

在一个 Java 应用程序文件中，编写 Circle 和 Rectangle 两个类的代码。Circle 类的 main() 方法定义半径，求圆的周长和面积；Rectangle 类的 main() 方法定义长、宽，求矩形的周长和面积。

说明：

1）在一个 Java 程序中只能有一个公共类，且文件要以公共类名命名。解决 Circle 和 Rectangle 同时存在于一个 Java 程序中的程序命名问题，理解公共类的概念。

2）对程序进行编译，观察编译后生成字节码文件的个数，理解字节码文件与类之间的关系。

3）执行 Circle 类和 Rectangle 类，理解主类的概念。

4）变换路径，实现在任意提示符下均可以编译 Java 程序，运行 Circle 类、Rectangle 类，学习和理解 Path 和 Classpath 变量的作用。

3. 实验报告

通过实验对如下问题分析、总结（但不限于这些问题）：

1）记录编译、执行代码过程中出现的系统错误提示，并分析该错误出现的原因和解决办法。

2）总结设置 Path 和 Classpath 的方法及它们的作用。

3）总结公共类、主类之间的关系。

公共类一定是主类吗？主类一定是公共类吗？一个 Java 应用程序文件中可以有多个公共类吗？一个 Java 应用程序文件中可以有多个主类吗？执行应用程序时是执行公共类还是主类？

1.7 本章思维导图

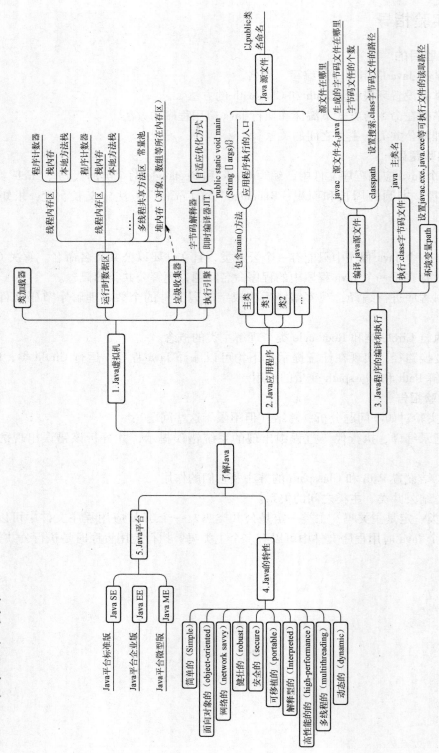

第 2 章　Java 语言基础

标识符、数据类型、运算符、表达式、流程控制语句、模块化元素（函数/方法），这些是计算机语言的基本语法要素。Java 的这些语法要素多取自 C/C++ 语言，在简洁风格的基础上功能更加丰富。

本章用列表及实例化的方式简明扼要地讲述以上这些基本语法知识。

2.1　标识符和关键字

在编程语言中，标识符（identifier）就是程序员自己规定的具有特定含义的字符序列。Java 语言中标识符即类、接口、变量、方法、包等的名字。

Java 语言中要求标识符必须符合以下命名规则。标识符可以由数字、字母、下画线以及美元符号"＄"组成，标识符的长度无限制，首字符必须是字母、下画线或者"＄"。

不能把关键字和保留字作为标识符。

例如，下面的标识符是合法的。

myName, My_name, Points, $points, _sys_ta, OK, _23b, _3_

下面的标识符是非法的。

#name, 25name, class, &time, if

Java 中对标识符命名时通常遵守如下约定。

- 类和接口名：通常是名词，每个词的首字母大写，其余小写。例如，MyClass、HelloWorld 等。这种命名方法叫作驼峰式命名。
- 方法名：通常是动词，首字母小写，其余词的首字母大写，尽量少用下画线。例如 setTime 等。
- 常量名：基本数据类型的常量名使用全部大写字母，词与词之间用下画线分隔。例如，STUDENT_NUM。
- 变量名：首字母小写，其余每个词的首字母大写。不用下画线，少用美元符号。给变量命名尽量做到见名知意。

【弦外之音】据统计，在标准代码段的整个生命周期中，20% 的工作量用于原始代码的创建和测试，80% 的工作量用于后续的代码维护和增强。从代码的行业规范性角度遵守上述命名约定，并努力提高程序的可读性是程序员必须具备的优良品质。

Java 语言对标识符大小写很敏感。

关键字（keyword）是编程语言中事先定义的，有特别意义的标识符，有时又称为保留字。Java 语言中的常用关键字如下。

- 数据类型：byte、short、int、long、char、float、double、boolean。
- 包引入和包声明：import、package。
- 类和接口的声明：class、extends、implement、interface。
- 流程控制：if、else、switch、case、break、default、while、for、do、continue、return。
- 异常处理：try、catch、finally、throw、throws。
- 修饰符：abstract、final、private、protected、public、static、synchronized。
- 其他：new、instanceof、this、super、void、enum。

注意：true、false、null 代表的是特殊值，不是关键字，但用户也不要使用这些词。

2.2　基本数据类型与变量、常量

Java 是强类型的语言，即所有变量都必须先明确其数据类型，然后才能使用。Java 的数据类型分为两类：基本数据类型（primitive type）和引用类型（reference type）。基本数据类型包括 byte、short、int、long、char、float、double、boolean 共 8 种，其他为引用类型，如数组、字符串、类、接口、自定义类型等（详见后续章节）。

基本数据类型的大小及取值范围如表 2-1 所示，其中，默认值指该类型的数据作为类的属性存在时的默认取值（方法中的局部变量没有默认值，声明之后为任意值）。

表 2-1　基本数据类型的属性

数据类型	关键字	在内存中占用的位数	取 值 范 围	成员默认值
字节型	byte	8	$-128 \sim 127$	（byte）0
短整型	short	16	$-32768 \sim 32767$	（short）0
整型	int	32	$-2^{31} \sim 2^{31}-1$	0
长整型	long	64	$-2^{63} \sim 2^{63}-1$	0L
字符型	char	16	$0 \sim 65535$	'\u0000'
单精度浮点型	float	32	1 位符号，8 位指数，23 位尾数	0.0F
双精度浮点型	double	64	1 位符号，11 位指数，52 位尾数	0.0D
布尔型	boolean	1	true，false	false

2.2.1　Java 中的整数类型

通常情况下，int 类型使用的最多；long 类型用于存储更大的数值；byte 和 short 类型主要用于特定的应用，如底层的文件流处理等。

在 Java 中，整型的范围与机器无关，因此不存在平台间或者同平台的不同操作系统间移植程序的问题。

Java 中没有无符号类型。

默认的整型常量是 int 类型，如果要表示长整型数值需要后缀 "L" 或 "l"，表示 byte 或 short 类型常量需要使用强制类型转换。

十六进制数值常量前缀为 "0X" 或 "0x"，八进制前缀为 "0"。

2.2.2 Java 中的字符类型

Java 中的字符采用 Unicode 字符集的编码方案，是 16 位的无符号整数，其前 128 个字符编码与 ASCII 码兼容。

Unicode 编码是随国际化要求的不断提高应运而生的。在 Unicode 出现之前，已经有许多编码标准，美国的 ASCII、西欧的 ISO 8859-1、中国的 GB2312 等。这样，一方面对于任意一个给定的代码值，在不同的编码方案中可能对应不同的字符；另一方面，大字符集的语言中各编码长度可能不同，如 GB2312 汉字编码中，ASCII 码字符外的每个汉字就需要采用两个字符的编码。

设计 Unicode 编码的目的即为解决这些问题，2 字节的代码宽度（65536 种编码）能够对世界上各种语言的所有字节进行编码。在 Unicode 编码中，一个中文字与一个英文字同样都是用一个字符来表示。例如：

```
char ch1 ='中',ch2 ='a';
```

字符型常量的表达方法有两种，第一种使用单引号定界符；第二种使用 Unicode 编码单元表示十六进制值，范围为\u0000 ~ \uFFFF。例如"\u03C0"表示希腊字母 π，"\u 597D"表示汉字"好"。

另外还有一些特殊的转义字符，如表 2-2 所示。

表 2-2　常用的转义字符

转义字符	名称	转义字符	名称	转义字符	名称	转义字符	名称
\b	退格	\n	换行	\"	双引号	\\	反斜杠
\t	制表	\r	回车	\'	单引号		

2.2.3 浮点类型

浮点类型用于表示有小数的数值。

double 类型的数值精度是 float 类型的两倍，绝大多数应用程序使用 double 类型；float 类型用于需要快速处理数据或者大量存储数据的场合。

浮点型常量的默认类型是 double（当然也可以在浮点数值后面加后缀 d 或 D），float 类型的数值表示必须要加后缀 f 或 F。

【注意】 有些数值的浮点表示是不精确的，如 1/10 在二进制系统中无法精确存储，就像十进制系统中不能精确表示 1/3 一样。所以，诸如金融等领域的精确计算则不能简单地用 double 类型存储数据（可以使用 BigDecimal 类）。

同时，因为浮点数的运算不够精确，所以也不要对其进行精确的比较，防止产生错误。

2.2.4 布尔类型

Java 不再像 C 或者 C++语言中，使用 0 和非 0 数据代表真假，而是使用 boolean 类型存放 true 和 false 两个数据。

例如，在 C 语言中的如下语句：

```
int a = 3;
if(0 < a < 1)…
```

即便逻辑上存在错误，但是从语法的角度依然可以通过编译。

但是在 Java 中，上述语句编译时会报错，因为 "0 < a" 的结果是 true 或 false，而 Java 禁止 boolean 型数据与数值型数据的比较。

Java 语言从一定程度上避免了 C 语言中会隐匿的一些错误表达方式。

2.2.5　符号常量

在 Java 中必须用 final 关键字声明符号常量（Symbolic constant）。其声明格式：

```
final 数据类型 常量名 = 缺省值；
```

例如：final int STUDENT_NUM = 10;

final 关键字表示这个变量只能被赋值一次，一旦赋值后就不能够再更改。

习惯上，符号常量名采用全部大写，词与词之间用下画线分隔。

2.3　运算符

在程序中，表达式（expression）是实现数据操作的基本形式，它由符合语法规则的运算符和操作数组成。

运算符（operator）按照其所需操作数的个数分为单目运算符（如求负运算、++、−−等）、双目运算符（大量存在，如 +、−、>、&& 等）和三目运算符（如条件运算 "?:"）。

运算符按照功能分为算术运算符、赋值运算符、关系运算符、逻辑运算符、位运算符等。

2.3.1　算术运算符

Java 中的算术运算符包括：+、−、*、/、%、++、−− 几种。

"/" 运算，当两个操作数都是整数时，商只取整数部分；至少有一个操作数是浮点数时，商包含小数部分。例如：2/5 的结果为 0，2.0/5 的结果为 0.4。也就是说，如果要保留 "/" 运算后的小数部分，那么至少要使一个操作数为浮点类型。方法有两种：

1）用浮点常量的形式表示操作数。

2）对操作数进行 double（或 float）的强制类型转换。

如：int number = 20;

System. out. println(number/3.0);

System. out. println((double)number/3);

"%" 是模运算符，计算得到除法后的余数。例如：4%3 的结果为 1，3%4 的结果为 3。与 C/C++ 不同的是，Java 中的 "%" 的操作数可以是浮点类型。例如：10%3.5 的结果为 3.0。

"%" 通常用来处理与周期有关的运算，比如一天有 24 小时，圆一周是 360°，操场一圈是 400 m，一个圆桌可以坐 N 个人…，超过一个周期的运算就可以通过 "%" 令其 "归位" 回到周期内。假设一个人在操场上跑了 x 米，那么他跑了多少圈零多少米呢？

圈数：x/400。

零多少米：x%400。

加运算符"＋"在 Java 中被重载（唯一被重载的运算符），除了算术加法之外，如果其操作数中有一个是字符串类型，则其功能为字符串的连接运算。

【例2-1】写出下面程序运行的结果。

```java
public static void main(String[] args) {
    int a = 10, b = 20;
    System.out.println("a + b = " + a + b);    //" + "运算符按照从左到右的次序计算
    System.out.println("a + b = " + (a + b));   //括号改变了计算的优先级
}
```

程序运算的结果：

```
a + b = 1020
a + b = 30
```

表达式""a＋b＝"＋a＋b"从左向右解析执行，"a＋b＝"是字符串，所以其后面的"＋"运算是字符串连接，运算结果为"a＋b＝10"，该字符串继续与后面的"＋"运算对象进行字符串连接，结果为"a＋b＝1020"。

显然，a、b 之间是要执行算术运算"＋"，因此，采用括号改变优先级，令 a＋b 先行计算，再进行字符串连接。

Java 中的自增＋＋、自减－－运算符都只有一个运算对象，且运算对象只能是变量。以自增运算为例，自增运算符能使变量的取值加1，例如 i＋＋使变量 i 的取值加1，实际上 i＋＋是 i＝i＋1 赋值形式的一种简写。

自增运算符既可以写在变量的左边，构成自增的前缀形式（如＋＋i），运算规则为先自增、再使用；也可以写在变量的右边，构成自增的后缀形式（i＋＋），运算规则为先使用、再自增。

【画龙点睛】区分好自增运算符的前缀、后缀使用方式，重点是理解除了自增运算之外，该变量还参加哪种运算，即前面提到的"使用"内涵。

【例2-2】写出下面程序运行的结果。

```java
public static void main(String[] args) {
    int i = 10, j = 8, m = 11, n = 20, k, g;
    System.out.println(i++);          //找到变量 i 除了++外的运算是什么
    System.out.println(++j);          //找到变量 j 除了++外的运算是什么
    System.out.println("i = " + i);
    System.out.println("j = " + j);
    k = m++;                          //找到变量 m 除了++外的运算是什么
    System.out.println("k = " + k);
    System.out.println("m = " + m);
    g = 3 * (++n);                    //找到变量 n 除了++外的运算是什么
    System.out.println("g = " + g);
    System.out.println("n = " + n);
}
```

程序运算的结果：

```
10
9
i = 11
j = 9
k = 11
m = 12
g = 63
n = 21
```

2.3.2　关系运算符和逻辑运算符

关系运算符的功能是比较两个操作数，运算结果为布尔型的 true 或 false。

Java 中的 6 种关系运算符为 >（大于）、>=（大于或等于）、<（小于）、<=（小于或等于）、==（等于）、!=（不等于）。其中，前 4 种的优先级相同，且高于后两种。

在 Java 中，所有非空类型都可以进行相等和不相等的比较，而字符型和数值型数据可以进行前 4 种大小关系的比较。

Java 在条件表达时，禁止了 = 和 == 可能出现的混淆问题，要求条件必须是 boolean 型表达式。如果有：

```
if( a = 0)…
```

出现的话，在编译阶段即报错"Type mismatch: cannot convert int to boolean"。

针对布尔值和关系表达式，Java 中的逻辑运算符包括 &(与)、|(或)、!(非)、^(异或)、&&(短路与)、‖(短路或)。

"与"的运算规则是全 true 才为 true，有一个运算对象为 false 结果即为 false。"或"的运算规则是全 false 才为 false，有一个运算对象为 true 结果即为 true。

"短路与"&& 的"短路"特性是指当发现第一个运算对象为 false 后，已经可以断定其结果不可能为 true，所以不再计算后续表达式，直接得到表达式的结果 false。"短路或"‖ 相似，当发现第一个运算对象为 true 后，不再进行后续的相关计算，表达式的结果为 true。短路特性可以避免一些错误的发生，例如：

```
x != 0 && 1/x > y
```

当 x = 0 时，则避免了"1/x"表达式中除以 0 的计算发生。

"异或"的运算规则是相异为 true，相同为 false。

【例 2-3】写出下面程序运行的结果。

```
public static void main( String[] args) {
    int a = 0, b = 20, c = 3;
    System. out. println( a != 0 && b/a - c > 0 );      //成功避免发生除以 0 的运算
    //System. out. println( a != 0 & b/a - c > 0 );      //程序会因除以 0 的异常而中断
    System. out. println( a != 0 ^ b != 0   );          //a 和 b 中只有一个为 0
}
```

程序运行结果为：

```
false
true
```

2.3.3 位运算符

位运算是对操作数以二进制位为单位进行的操作和运算，位运算的运算对象只能是整型和字符型，结果为整型。Java 的位运算符如表 2-3 所示。

表 2-3 位运算符

运 算 符		功 能	示 例	运 算 规 则	实 现 效 果
移位运算	>>	右移	x>>a	x 各二进位右移 a 位	每右移一位，相当于除 2
	<<	左移	x<<a	x 各二进位左移 a 位	每左移一位，相当于乘 2
	>>>	不带符号右移	x>>>a	x 各二进位右移 a 位，左侧空位一律填 0	每右移一位，相当于绝对值除 2
按位运算	~	位反	~x	将 x 各位取反	
	&	位与	x&a	将 x 与 a 各二进位与	对若干位置 0，或取若干位
			位或	x|a	将 x 与 a 各二进位或	特定位置 1，其他位不变
	^	位异或	x^a	将 x 与 a 各二进位异或	将某些特定位翻转

【例 2-4】写出下列位运算的结果。

1) 15&37
2) 52|7
3) 85^127
4) -105>>2
5) 11<<2
6) -123>>>2

计算过程如下：

（1）位与运算

37		0010 0101	
15	（&）	0000 1111	
37&15		0000 0101	$(5)_{10}$

37 通过与 15（00001111）的位与运算，将高 4 位置为 0，取出低 4 位。

（2）位或运算

52		0011 0100	
7	（|）	0000 0111	
52|7		0011 0111	$(55)_{10}$

52 通过与 7（00001111）的位或运算，高 5 位保持不变，低 3 位置为 1。

（3）位异或运算

85		0101 0101
127	（^）	0111 1111

85^127	0010 1010	$(42)_{10}$

85 与 127 异或，低 7 位相异为 1，相同为 0，实现了低 7 位的 0/1 翻转。

（4）右移运算

-105	1001 0111	
（>>1）	1100 1011	$(-53)_{10}$
（>>1）	1110 0101	$(-27)_{10}$

-105 每带符号右移 1 位，相当于将其除以 2。

（5）左移运算

11	0000 1011	
（<<1）	0001 0110	$(22)_{10}$
（<<1）	0010 1100	$(44)_{10}$

11 每带符号左移 1 位，相当于将其乘以 2。

（6）-123 >>> 2

-123	1000 0101	
（>>1）	0100 0010	$(66)_{10}$
（>>1）	0010 0001	$(33)_{10}$

-123 每不带符号右移 1 位，相当于将其绝对值除以 2。

从上面的移位运算可以看出，左移右移一位即相当于乘除以 2，而移位乘除法直接基于二进制，所以计算速度要高于算术运算。

以"&"为例，它既是逻辑与运算符，也是位与运算符，编译器会根据运算对象的类型决定其功能，如果两个运算对象是整型，则代表位运算；如果运算对象是布尔值或布尔表达式，则代表逻辑运算。

【说明】此处说明位运算时为了解释方便均以 8 位为例，但实际长度需要根据数据类型在内存中的长度而定，例如 int 类型的变量长度为 32 位，-123 的编码实际为"11111111111111111111111110000101"，在右移" >>>2"运算时得到的是"00111111111111111111111111100001"。

【例 2-5】航班计算问题。设某航班周一、三、四、六飞行，当客户订票时如何根据客户的需求"星期几"获知该日是否有航班？

分析：解决此问题的一般思路是为标识航班的每日信息分配一个 7 个元素的数组，数组元素的状态 0/1 代表该日是否存在航班。当用户输入"星期几"后，找到对应的数组元素，判断其取值是否为 1。

但是，如果利用位运算，可以大幅降低存储空间的使用量，提高计算的速度。

用一个 byte 类型的变量（flagFight）标识航班每日信息，例如一、三、四、六飞行的航班信息存储和计算方法如下：

对应的星期		六	五	四	三	二	一	日
航班信息的二进制位数 flagFight byte flagFight = 90	0	1	0	1	1	0	1	0
想获取哪位信息时，通过左移运算将"1"移至该位，并与 flagFight 进行位与运算	0	0	0	0	0	0	0	1
	0	0	0	0	0	0	1	0
	……							

设用户输入的"星期几"信息为 n，则判断星期 n 是否有航班的算法如下：

```java
public static void main(String[] args) {
    byte    flagFight = 90;    //1,3,4,6 有航班
    //输入要查询的日期
    System.out.println("输入要查询的日期(星期几),星期日用 0 表示:");
    Scanner scn = new Scanner(System.in);
    int n = scn.nextInt();
    if((flagFight&(1 << n)) > 0) {
            System.out.println("该日有航班");
    } else {
            System.out.println("该日没有航班");
    }
}
```

说明：

1）书写表达式时需要注意" & "" << "和" > "3 个运算的优先级关系。

2）在控制台输入数据的方法。

Java 在控制台输入数据可以使用 Scanner 类。使用前，先使用它对系统的输入设备对象 System.in 进行包装：

```java
Scanner scn = new Scanner(System.in);
```

Scanner 提供一系列从控制台接收各种数据类型数据的方法，例如：

```java
scn.nextInt():获取一个整数
scn.nextDouble():获取一个 double 浮点数
scn.next():获取一个字符串
```

使用 Scanner 前，要将其导入：

```java
import java.util.Scanner;
```

2.3.4　赋值运算符

赋值运算符 = 用于将右侧表达式的值赋给左侧变量，结合方向是从右向左。

复合赋值运算符包括算术运算符和 = 复合而成的 += 、 -= 、 *= 、 /= 、%= ，以及位运算符与 = 复合而成的 & = 、|= 、^= 、 >>= 、 <<= 、 >>= 。复合赋值运算符只是使程序员在输入代码时减少几次击键而已。以 *= 为例：

```
s = s * (x - 1)
```

可简写为

```
s *= x - 1;
```

op1 *= op2 的运算规则：

op1 = op1 * (op2)

计算表达式的取值时，复合赋值运算符右边的表达式总是应当放置在括号内。

2.3.5　运算符的优先级与结合性

Java 语言规定了运算符的优先级（Priority）和结合性（Associativity），在表达式求值时，先按运算符的优先级别高低次序执行，相同优先级时，运算次序由结合方向决定。

结合性指的是当几个运算符的优先级相同时，运算是从左至右，还是从右至左。

Java 中各种运算符的优先级和结合性如表 2-4 所示。

表 2-4　Java 运算符的优先级和结合性

级别	运 算 符	含 义	运算对象目数	结合性
1	()	方法调用		自左至右
	[]	数组下标运算符		
	.	成员运算符		
2	!	逻辑非	单目	自右至左
	~	按位取反		
	++	自增		
	--	自减		
	+	正号		
	-	负号		
	()	强制类型转换		
	new	创建对象		
3	*	乘	双目	自左至右
	/	除		
	%	求余		
4	+	加法		
	-	减法		
5	>>	保留符号右移		
	<<	左移		
	>>>	不保留符号右移		
6	<，<=，>，>=	关系运算符		
	instanceof	判断引用的类型		
7	==	等于		
	!=	不等于		
8	&	位与，逻辑与		
9	^	位异或，逻辑异或		
10	|	位或，逻辑或		
11	&&	短路逻辑与		
12	||	短路逻辑或		

22

级别	运 算 符	含 义	运算对象目数	结合性
13	? :	条件运算符	三目	自右至左
14	=， +=， -=， *=， /=，%= &=、 |=、 ^=、 >>=、 <<=、 >>=	赋值运算符	双目	

优先级从低到高的大体排列：

赋值→三目→逻辑（不包括！）→位运算→关系→移位运算→算术→单目运算符→括号等运算符。

赋值运算符、三目运算符、单目运算符的结合性为自右至左，其余均为自左至右。例如，表达式：

a > b ? a : c > d ? c : d;

应解释为：

a > b ? a : (c > d ? c : d);

但是，从书写规范上讲，不提倡条件运算符等的嵌套形式。

2.4 表达式的类型转换

当表达式中运算对象的数据类型不同时，会存在不同数据之间的类型转换，有的由编译器自动完成，有的则需要由程序员强制完成。

2.4.1 数据类型自动转换的规则

当表达式中运算对象的数据类型不同时，编译系统会进行类型的自动转换，如图 2-1 所示。

图 2-1 中的实线箭头表示信息无丢失，是一种从少存储字节到多存储字节的无损自动转换，Java 中不允许反方向的类型转换。3 个虚线箭头表示数据的精度可能

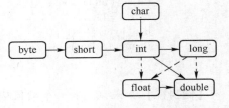

图 2-1　数值类型之间的自动转换规则

发生损失。例如，123456789 是一个大整数，它所包含的位数比 float 类型所能表达的位数多，当这个整数转换为 float 类型时，会失去一定的精度。

```
int big = 123456789;
float f = big;        //f 的值为 1.23456792E8,损失精度
```

另外，char 类型实际是 0～65535 的无符号数，其符号位可以认为是 0，从 char 转换到 int 类型时，缺少的高 16 字节位用 0 扩展。

【健身操】思考下面表达式执行后变量 i 的取值：int i = (char) -1;

【例 2-6】分析下面的赋值出错的原因。

```
public static void main(String[] args) {
    int a = 1.2345;        //编译出错 Type mismatch: cannot convert from double to int
    byte b = 1;
```

```
            b = b + 1;          //编译出错 Type mismatch：cannot convert from int to byte
            float c = 1.5;       //编译出错 Type mismatch：cannot convert from double to float
    }
```

分析：在 Java 中，整数类型（byte/short/int/long）常量默认类型为 int 型，浮点类型（float/double）常量默认为 double 型。

1）int a = 1.2345；试图将 double 类型的数值赋值给 int 类型，不符合如图 2-1 所示的自动转换规则，被禁止，编译报错。

2）b = b + 1；"1" 是默认的 int 类型的整数常量，当与 byte 类型的数据混合运算时，byte 类型升级为 int 型，因此计算结果为 int，而 int 类型不能反转为 byte 类型，编译报错。

3）float c = 1.5；"1.5" 是默认的 double 类型的浮点型常量，不能反转为 float 类型，编译报错。

如果要完成【例 2-6】中的各运算，则要借助强制类型转换。

2.4.2　强制类型转换

从多存储字节到少存储字节的转换会丢失一些信息，因此这种情况下，需要通过强制类型转换实现这个操作，即由程序员认可该转换，明确指明。强制类型转换的形式：

（数据类型）表达式

【例 2-6】中的 3 个错误赋值利用强制类型转换可写作：

```
public static void main(String[] args) {
        int a = (int)1.2345;
        byte b = 1;
        b = (byte)(b + 1);
        float c = (float)1.5;
    }
```

【健身操】如果试图将一个数值从一种类型强制类型转换为另一种类型，而又超出了目标类型的表示范围，结果就会截断成一个面目全非的值。例如，（byte）300 的取值为 44，思考原因。

2.5　流程控制

与其他程序设计语言一样，Java 使用条件分支语句和循环语句控制流程。

2.5.1　if 语句

if 语句使部分代码在满足特定条件下执行。
1. if 语句的一般格式

```
if(布尔表达式)
        语句 1；
else
        语句 2；
```

与 C/C++ 语言相同，如果希望在某个条件为真时执行多条语句，应该使用"复合语句"（block statement）｛｝，使原本只能放置一条简单语句的地方放置多条语句。

【说明】 在 Java 程序中，对于分支、循环语句的执行部分均习惯性地使用复合语句，无论该执行部分是简单语句，还是多条语句。

例如，判断某年 year 是否为闰年。

```
if( year%4 ==0 && year%100!=0 || year%400 ==0) {
    System. out. println( year + "是闰年");
} else {
    System. out. println( year + "不是闰年");
}
```

2. else 部分为空的 if 语句

```
if( 布尔表达式)
    语句 1;
```

例如，求某数的绝对值。

```
if( x < 0) {
    x = - x;
}
```

3. 嵌套的 if 语句

if 语句需要嵌套时，尽量嵌套在 else 部分。

```
if( 布尔表达式)
    语句块 1;
else if( 布尔表达式)
    语句块 2;
else if( 布尔表达式)
    语句块 3;
…
```

是一种最常见的分支嵌套结构。

【例 2-7】 根据输入的运算符（ +、-、*、/ ）组织运算。

```
public static void main( String[] args) {
    //输入运算符
    System. out. println( "输入运算符:");
    Scanner scn = new Scanner( System. in);
    char operator = scn. next(). charAt(0);    //获取输入字符串的第一位,得到一个字符
    //输入两个运算数
    System. out. println( "输入两个运算数:");
    double x = scn. nextDouble();
    double y = scn. nextDouble();
    if( operator ==' +') {
        System. out. println( "" + x + operator + y + " =" + (x + y));
```

```
        } else if( operator ==' -') {
            System. out. println( "" + x + operator + y + " = " + ( x - y ) );
        } else if( operator ==' *') {
            System. out. println( "" + x + operator + y + " = " + ( x * y ) );
        } else if( operator =='/') {
            System. out. println( "" + x + operator + y + " = " + ( x/y ) );
        } else {
            System. out. println( "运算符有误" );
        }
    }
```

【注意】 在书写代码时，要严格遵守缩进、对齐、复合语句块等的书写格式。

2.5.2　switch 语句

处理多个选项时，if – else 嵌套结构显得有些笨拙，switch 语句是多分支开关语句，一般格式如下：

```
switch( 表达式 ) {
    case 常量值 1: 语句 1;break;
    case 常量值 2: 语句 2;break;
    …
    case 常量值 n: 语句 n;break;
    [default:缺省情况的处理语句]
}
```

switch 语句的"表达式"可以是 byte、short、int、char 或枚举类型。每个分支后的"break"语句负责该分支被执行后离开 switch 语句（没有 break 语句的话，将无条件地顺序执行其后面的所有语句）。default 语句为可选，处理以上情况均不满足的情况。

例如，根据输入的运算符（ + – */）组织各种运算的 switch 表达。

```
switch( operator ) {
    case ' +': System. out. println( "" + x + operator + y + " = " + ( x + y ) );break;
    case ' -': System. out. println( "" + x + operator + y + " = " + ( x - y ) );break;
    case ' *': System. out. println( "" + x + operator + y + " = " + ( x * y ) );break;
    case '/': System. out. println( "" + x + operator + y + " = " + ( x/y ) );break;
    default : System. out. println( "运算符有误" );
}
```

很多多分支问题中给定的是多个连续区间，这样的多分支算法设计中，通常需要将连续的区间离散化，即将一个区间映像到一个或几个整数。其方法：用连续区间转折点的值除以各区间转折点的最大公约数。

【例 2-8】 已知一数学函数：

$$f(x) = \begin{cases} 0 & x < 0 \\ x & 0 \leqslant x < 10 \\ x + 10 & 10 \leqslant x < 30 \\ -x & 30 \leqslant x < 40 \\ -x - 10 & x \geqslant 40 \end{cases}$$

输入一个自变量（设 x 为整数），求函数值。

```java
public static void main(String[] args) {
    System.out.println("输入x:");
    Scanner scn = new Scanner(System.in);
    int x = scn.nextInt();
    int y;
    if(x < 0) {                            //去掉不能离散为具体数字的分支
        y = 0;
    } else {
    switch(x/10) {
        case 0: y = x; break;
        case 1:
        case 2: y = x + 10; break;        //case 2 与 case 1 使用相同的处理语句
        case 3: y = - x; break;
        default: y = - x - 10;            //排除了上述所有情况
        }
            System.out.println("f(x) = " + y);
    }
}
```

2.5.3　while 循环语句

while 语句控制循环结构，使代码块在条件的控制下重复执行。while 语句的一般格式如下：

```
while(布尔表达式)
    循环体语句块
```

【例 2-9】 随机生成一个整数（1～100），由用户进行猜数，每次给出大小的提示，并记录猜数的次数。

```java
public static void main(String[] args) {
    int x = (int) Math.random() * 100 + 1;    //Math.random()随机生成[0,1)的浮点数
    System.out.println("被猜的数" + x);
    Scanner scn = new Scanner(System.in);
    //开始猜数,初始化循环变量 guessNumber 和计数器 count
    System.out.println("输入你猜的数字:");
    int guessNumber = scn.nextInt();
    int count = 1;                            //猜数的次数
    while(guessNumber != x) {
        if(guessNumber < x) {
            System.out.println("小了");
        } else {
            System.out.println("大了");
        }
        System.out.print("输入你猜的数字:");
        guessNumber = scn.nextInt();
        count ++;
    }
    System.out.println("正确！猜了" + count + "次");
}
```

while 循环通常处理循环次数未知的不定数循环。

2.5.4　for 循环语句

for 循环语句可以非常方便地处理循环次数已知的定数循环（但不限于此）。for 语句的一般格式：

```
for(表达式 1;表达式 2;表达式 3)
    循环体语句块;
```

for 语句 3 个表达式通常对应着计数器变量的初始化、检测和更新。

例如，计算 1～100 的整数和。

```
int sum = 0;
for(int i = 1;i <= 100;i ++){
        sum + = i;
}
```

在 for 语句内部定义的变量（如变量 i），其作用域限定在 for 语句内部，在 for 语句外不能再使用。如此，不同的 for 语句可以定义同名的循环变量。例如：

```
int sum1 = 0;
for (int i = 1;i <= 100;i ++){
    sum1 + = i;
}
int sum2 = 0;
for (int i = 100;i <= 200;i ++){
    sum2 + = i;
}
```

【例 2-10】 输入一个日期，包括年、月、日 3 个数字，计算该日期是该年中的第几天。

```
输入一个日期(年月日): 2015    5    1
这是本年的第 121 天
输入一个日期(年月日): 2012    5    1
这是本年的第 122 天
```

分析：大月每月 31 天，小月每月 30 天，2 月根据是否闰年有 29 或 28 天。利用 for 循环累计总天数。

```
public static void main(String[] args){
    Scanner scn = new Scanner(System. in);
    System. out. print("输入一个日期(年月日):");
    int year = scn. nextInt();
    int month = scn. nextInt();
    int day = scn. nextInt();
    int days = 0;                      //循环前的初始化
    for(int m = 1;m < month;m ++){     //统计该日期前大月和小月的数量
            if(m == 1 || m == 3 || m == 5 || m == 7 || m == 8 || m == 10 || m == 12){
```

```
                            days + = 31;
            } else if ( m == 4 || m == 6 || m == 9 || m == 11) {
                days + = 30;
            }
        }
        if ( month > 2 ) {          //2 月份之后涉及是否是闰年
            if ( year% 4 == 0 && year% 100 != 0 || year% 400 == 0) {
                days + = 29;
            } else {
                days + = 28;
            }
        }
        System. out. println( "这是本年的第" + ( days + day) + "天");
    }
```

2.5.5 do – while 循环语句

do – while 语句与 while 语句、for 语句的区别是：它的循环体至少会被执行一次，因此也适用于循环体至少要执行一次的问题。do – while 的语句结构如下：

```
do {
        循环体语句块
} while ( 布尔表达式) ;
```

【例 2-11】 输入两个正数，并利用欧几里得算法（辗转相除法）求它们的最大公约数。

分析：为了防止用户输入的两个数不能满足都是正整数，使用循环结构控制用户的输入，当用户输入不满足都是正整数时即重新输入。"输入两个数"这个操作至少要被执行一次，这里使用 do – while 语句结构。

辗转相除法的原理：设 $m = na + r(0 \leq r < n)$，就是说 m 是 n 的 a 倍还多 r。那么，m 和 n 的最大公约数与较小数 n 和余数 r 的最大公约数相同。若 r 为 0，则 n 就是 m 和 n 的最大公约数。若 r 不为 0，再对 n 和 r 重复上面的操作，直到求出 r = 0 为止。

```
    public static void main( String[] args) {
        Scanner scn = new Scanner( System. in) ;
        int m,n,r;
        do {
                System. out. print( "请输入两个正整数:") ;
                m = scn. nextInt() ;
                n = scn. nextInt() ;
        } while ( m <= 0 || n <= 0) ;
        r = m% n;        //循环前初始化:第一次计算余数
        while ( r != 0) {
                m = n;
                n = r;
                r = m% n;
        }
        System. out. println( "它们的最大公约数是" + n) ;        //循环结束后的除数为最大公约数
    }
```

2.5.6　break 语句

break 语句可以使循环提前结束。for 循环结构中的 break 语句的执行过程如图 2-2 所示。

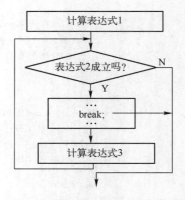

图 2-2　break 语句对 for 循环的影响

【例 2-12】判断某个数是否是素数。

分析：素数只能被 1 和它本身整除。以 36 为例，$2 \times 18 = 36$，判断 36 被 2 整除的同时相当于也判断了它能被 18 整除，依此类推，$3 \times 12 = 36$，$4 \times 9 = 36$，$6 \times 6 = 36$，36 的两个因子相遇，由此可知选择区间 $[2, \sqrt{n}]$ 内的整数分别作除数即可，这个区间比 $[2, n-1]$ 优化了许多。

```
for  (div = 2;div  <= Math. sqrt(n);div ++)
    …
```

比如 n = 27，div 取 [2，5] 范围内的整数。2 作除数时，不能被整除；3 作除数时能被整除，至此就已经可以得出 27 不是素数的结论，即此时使用 break 语句退出循环。

```
public static void main(String[] args){
    Scanner scn = new Scanner(System. in);
    System. out. print("请输入两个正整数:");
    int x = scn. nextInt();
    int div;
    for(div = 2;div <= Math. sqrt(x);div ++){
        if(x% div ==0){          //不是素数,div <= Math. sqrt(x)
            break;
        }
    }
    if(div > Math. sqrt(x)){      //全部除数扫描后均未整除
        System. out. println(x + "是素数");
    }else{
        System. out. println(x + "不是素数");
    }
}
```

break 还有一个很重要的用途：控制无穷循环的退出。比如，游戏的循环控制经常是无穷循环的形式：while(true) 或者 for(;true;)，只要是游戏者没有选择结束游戏或者没有被迫结束游戏，游戏就可以一直玩下去。那么无穷循环必须有一个出口，这个出口就由 break 控制。当游戏者选择结束游戏或者游戏应该结束的状况发生了，就执行 break。例如：

```
while   (true){
…
if   (KEY == ESC)   //如果用户按下〈ESC〉键
   break;
…
}
```

2.5.7 循环的嵌套

在一个循环体内又包含另一个完整的循环结构称为"循环的嵌套",处于外围的循环称为外层循环,被包含的循环称为内层循环。

嵌套循环执行的过程:每进入一次外层循环,内层循环要按照赋初值、判断循环条件、执行内层循环循环体这3个过程进行,直至内层循环条件不成立;接下来顺序地执行外层循环体中内层循环后的其他运算,外层循环体执行结束后返回外层循环条件判断;依此类推,直至外层循环条件为"假"。

嵌套循环设计时需要注意以下两个问题。

1)内外循环不能交叉。所谓"内外循环不能交叉"主要指内层循环的初始化不能写到外层循环初始化的地方。由于内层循环是嵌在外层循环里面,所以每次内层循环开始前必须对内层循环重新初始化,否则,无法再次进入内层循环。

2)内外循环的控制变量不能同名。内外循环分别由自己的循环控制变量,它们不能同名,否则会导致算法出错。

【例2-13】打印一个指定大小的 n×n 的棋盘,用星号表示落棋的位置,棋盘位置的编号用 0~9,a~z 依次表示,如图2-3所示。

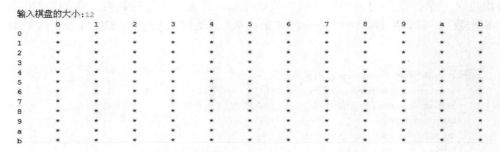

图2-3 棋盘示意图

棋盘由 n 行组成,每行包括行号、n 个星号的输出,形成了一个循环嵌套的结构。代码如下:

```java
public static void main(String[] args) {
    Scanner scn = new Scanner(System.in);
    System.out.print("输入棋盘的大小:");
    int column = scn.nextInt();          //打印的行数和列数
    //输出第一行抬头
    System.out.print("\t");
    for(int i = 0; i < column; i++) {
        if (i >= 0 && i < 10) {          //输出数字表示行号
            System.out.print(i + "\t");
        } else {                         //依次用字母 a,b... 表示行号
            System.out.print((char)('a' + i - 10) + "\t");
        }
    }
    System.out.println();
    //输出棋盘
```

```java
    for (int i = 0; i < column; i ++) {
        //输出行号
        if (i >= 0 && i < 10) {
            System. out. print(i + "\t");
        } else {
            System. out. print((char)('a' + i - 10) + "\t");
        }
        //输出 column 个星号
        for (int j = 1; j <= column; j ++)
            System. out. print("*\t");
        System. out. println();
    }
}
```

【例2-14】输出 n 以内的所有"亲密数"。

如果自然数 M 的所有因子（包括 1 但不包括自身）之和为 N，而 N 的所有因子之和为 M，则称 M 与 N 是一对"亲密数"。例如：220 的所有因子之和为 1 + 2 + 4 + 5 + 10 + 11 + 20 + 22 + 44 + 55 + 110 = 284，而 284 的所有因子之和为 1 + 2 + 4 + 71 + 142 = 220，因此 220 与 284 是一对"亲密数"。

输出每对"亲密数"时，小数在前、大数在后，并去掉重复的数对。例如：220 与 284 是一对"亲密数"，而 284 与 220 也是一对"亲密数"，此时，只输出 220 与 284 这对即可。代码如下：

```java
public static void main(String[] args) {
    Scanner scn = new Scanner(System. in);
    System. out. print("请输入求几以内的亲密数?");
    int n = scn. nextInt();
    int a, b, count = 0, sumDivB = 0;
    for (a = 1; a < n; a ++) {                    //亲密数之一:a
        b = 1;                                    //亲密数之二:b( a 的因子之和)
        for (int i = 2; i <= Math. sqrt(a); i ++) {  //因子在根号 a 范围内
            if (a % i == 0) {
                b = b + i + a/i;                  //i 和 a/i 同时都是 a 的因子
            }
        }
        if (a < b) {                              //只输出 a < b 的情况
            sumDivB = 1;                          //sumDivB:b 的因子之和
            for (int i = 2; i <= Math. sqrt(b); i ++) {
                if (b % i == 0) {
                    sumDivB = sumDivB + i + b/i;
                }
            }
        }
        if (sumDivB == a) {                       //b 的因子之和 sumDivB 与 a 相等
            System. out. println(a + "和" + b + "是一对亲密数");
            count ++;
        }
    }
    System. out. println("共有亲密数" + count + "对");
}
```

运行结果如下：

2.6　方法

在 Java 中，一个方法代表一个具体的逻辑功能，即方法所属的类的对象具有的一种行为或某种操作。

2.6.1　方法的定义

Java 中所有的方法都必须封装在类中，不能单独出现和使用。Java 中方法定义的基本格式：

```
[修饰符] 返回值类型 方法名([形式参数列表]){
    [方法体]
}
```

其中，"修饰符"定义方法在类中的存在属性（如公有/私有、是否可以被重载等，详见第4、5章）；"返回值类型"是任何合法的数据类型（Java 基本数据类型或自定义数据类型），如果方法没有返回值则定义为"void"；"形式参数列表"定义方法需要接收的数据及相应数据类型，参数列表可缺省；"方法体"由完成其逻辑功能的 Java 语句组成，亦可缺省。

【例 2-15】判断某数是否是素数的方法。

```java
public boolean isPrime(int x){
    for(int div = 2;div <= Math.sqrt(x);div ++){
        if(x% div ==0){
            return false;
        }
    }
    return true;
}
```

如果方法有返回值，则在方法体中使用"return"语句带回返回值，return 语句带回返回值的同时，也结束该方法的执行，回到主调方法。因此，在求素数的方法中，一旦发现整除的情况出现，即可以向主调方法返回非素数的结论 false，而不必像【例 2-12】中使用 break 退出循环；进而，如果循环正常结束则说明整除的情况未发生，返回 true。

2.6.2　方法的重载

方法的重载（Overloading）是在一个类中定义多个同名的方法，但方法有不同类型的参数或参数个数。Java 支持重载，重载机制为类似功能的方法提供了统一的名称，在使用时可以通过参数列表的不同而调用相对应的方法。匹配的过程由编译器完成，即重载解析（Overloading

Resolution），如果编译器找不到参数相匹配的方法，或者找出多个参数匹配的方法，就会产生编译错误。

在 Java 的 API 中存在大量的重载方法。例如，字符串类 String 中的 valueOf 方法，可以实现将各种类型的参数转换为 String 类型，如图 2-4 所示。

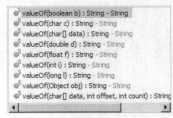

图 2-4　String 类中的 valueOf 方法

方法重载能减少程序员为方法命名的苦恼，使相同功能的方法使用统一的名称来调用。

【例 2-16】设计打印金字塔的方法 printPyramid()，可以打印数字金字塔，也可以打印字母金字塔。

完成不同功能的 printPyramid() 方法设计如下：

```
public void printPyramid(int n) {        //打印 n 行数字组成的金字塔
    …
}
public void printPyramid(char ch) {      //打印 'a'~ch 字母组成的金字塔
    …
}
```

通过编译器的解析，当调用：

```
printPyramid(7);
```

时，打印 7 行的数字金字塔，如图 2-5a 所示。

当调用：

```
printPyramid('g');
```

时，打印 'a'~'g' 组成的字母金字塔，如图 2-5b 所示。

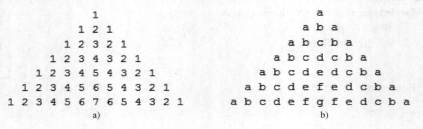

图 2-5　金字塔

a）数字金字塔　b）字母金字塔

【健身操】请试着完成打印金字塔的代码。

需要注意的是返回值类型不能作为区分方法重载的依据，也就是说，不能有两个名字相同、参数类型也相同的方法，即便它们的返回值类型不同。重载匹配的依据只有参数。

2.7　综合实践——简易算术计算器

功能：将几个算术运算功能组织为菜单的形式，供用户选择。

算术计算器为用户随机地提供两位整数的加、减、乘、除运算，用户可以自己选择练习的数量。

在这个问题中，除了菜单中提供的几个功能各自设计为方法外，再定义一个负责管理菜单使用的方法（run()），它根据用户的选项调度各项功能。

【说明】 因为 main 方法是 static 的（静态方法），而其他自定义方法需要被其调用，因此这些方法也需要"static"修饰（静态方法只能调用静态方法，详见4.5节）。

代码如下：

```java
public static void main(String[] args){
        //显示菜单
        System.out.println("***请按编号选择使用哪个功能***");
        System.out.println("1. 判断某数是否为素数");
        System.out.println("2. 获取亲密数");
        System.out.println("3. 算术练习器");
        System.out.println("0. 退出");
        run();
}
public static void run(){
        Scanner scn = new Scanner(System.in);
        System.out.print("输入菜单编号:");
        int option = scn.nextInt();
        int x;
        while(option!=0){
            switch(option){
            case 1:
                System.out.println("请输入一个数字:");
                x = scn.nextInt();
                if(isPrime(x)){
                    System.out.println(x + "是素数");
                }else{
                    System.out.println(x + "不是素数");
                }
                break;
            case 2:
                System.out.println("你想求几以内的亲密数:");
                x = scn.nextInt();
                int count = getIntimacy(x);
                if(count==0){
                    System.out.println("该范围内没有亲密数");
                }else{
                    System.out.println("共有亲密数" + count + "对");
                }
                break;
            case 3:
                System.out.println("输入要练习题目的个数:");
                x = scn.nextInt();
                excercise(x);
            }//switch end
            System.out.print("输入菜单编号:");
```

```
                    option = scn. nextInt();
                }
                System. out. println("再见!");
            }
            public static void excercise(int x){                //算术练习
                int m,n,op,resInput,resCalculate = 0 ;
                int countr = 0;                                   //计算正确的数量
                int countw = 0;                                   //计算错误的数量
                do{
                    do{//获取两个随机运算数(两位数)
                        m = (int)(Math. random() * 100);
                        n = (int)(Math. random() * 100);
                    }while(m < 10 || n < 10);
                    //随机得到一个运算符 0 ~ 3,0:加法;1:减法;2:乘法;3:除法
                    op = (int)(Math. random() * 4);
                    switch(op){
                        case 0: System. out. println(m + " + " + n + " = ");resCalculate = m + n;break;
                        case 1: System. out. println(m + " - " + n + " = ");resCalculate = m - n;break;
                        case 2: System. out. println(m + " * " + n + " = ");resCalculate = m * n;break;
                        case 3: System. out. println(m + "/" + n + " = ");resCalculate = m/n;
                    }
                    Scanner scn = new Scanner(System. in);
                    resInput = scn. nextInt();                    //用户输入的答案
                    if(resInput == resCalculate){
                        System. out. println("答案正确!");
                        countr ++ ;
                    }else {
                        System. out. println("答案错误!");
                        countw ++ ;
                    }
                }while((countr + countw) < x);
                System. out. print("你做对" + countr + "道题!");
                System. out. println("做错" + countw + "道题!");
            }
```

【健身操】 请补充完成另外两个方法。

```
            public static boolean isPrime(int x){
            }
            public static int getIntimacy(int n){
            }
```

2.8 习题

1) 下面哪些标识符符合 Java 对标识符的命名规定?

  $123   _123   123number $abc   class   Class   &time

2) 下面哪些标识符符合 Java 对标识符的命名规范?

① 类名 helloWorld HelloWorld helloworld

② 方法名 getName GetName isLetter letter

③ 变量名 ButtonWidth buttonWidth

④ 常量名 minHeight MIN – HEIGHT MINHEIGHT MIN_HEIGHT

3）关于字符及其编码的问题，写出下面程序的运行结果。

```java
public static void main(String[] args) {
    //关于字符及其编码
    System.out.println(0 == '0');
    System.out.println(0 == '\u0000');
    System.out.println('0' == '\u0000');
    System.out.println('8' == '5' + '3');
    System.out.println('8' == '5' + 3);
    System.out.println(8 == '5' + '3');
    System.out.println(8 == '5' + 3);
}
```

4）关于 + 运算符，写出下面程序的运行结果。

```java
public static void main(String[] args) {
    long x = 42L;
    long y = 44L;
    System.out.println("" + 7 + 2 + "");
    System.out.println(foo() + x + 5 + "");
    System.out.println(x + y + foo());
}
static String foo() {
    return "foo";
}
```

5）关于逻辑运算符和复合赋值运算符，写出下面程序的运行结果。

```java
public static void main(String[] args) {
    String s = "";
    boolean b1 = true;
    boolean b2 = false;
    if(b2 = false | (21 % 5) > 2) s += "x";
    if(b1 || (b2 == true)) s += "y";
    if(b2 == true) s += "z";
    System.out.println(s);
}
```

6）关于逻辑运算和自增运算，写出下面程序的运行结果。

```java
public static void main(String[] args) {
    int mask = 0;
    int count = 0;
    if((5 < 7 || (++count < 10)) | mask++ < 10) mask = mask + 1;
    if((6 > 8) ^ false) mask = mask + 10;
    if(!(mask > 1) && ++count > 1) mask = mask + 100;
    System.out.println(mask + " " + count);
}
```

7）设有若干行数据（rows）需要显示，且已规定每页显示数目（pageSize），计算这些数据需要分为多少页。

8）编写一个北京地铁按公里计价的程序。计价规则为：6 km（含）内3元；6～12 km（含）4元；12～22 km（含）5元；22～32 km（含）6元；32 km以上每加1元可乘坐20 km，如图2-6所示。

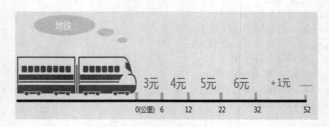

图2-6　北京地铁计价规则示意图

9）利用位运算取出一个整数从右端开始的4～7位。

10）某个公司传送数据时采用加密方式，数据是四位整数，加密规则如下：每位数字都加上5，然后用和除以10的余数代替该数字，再将第一位和第四位交换，第二位和第三位交换。

11）每个非素数都可以唯一地被分解为若干个素数的乘积，试编写代码对其进行验证。

12）如果一个素数逐次去掉低位后依然是素数，则称为超级素数，如317，797。输出1000以内的超级素数。

2.9　实验指导

1. 实验目的
1）掌握Java标识符命名、运算符及表达式使用、流程控制以及方法的定义。
2）综合训练使用Java语言编写代码的能力。

2. 实验题目
1）编写程序实现一个简单的二进制位查看器，要求程序运行时从命令行输入一个整数，将其在内存中的二进制位的形式输出出来。

说明：

① 该题目主要考查学生对整形的内存存储方式的理解以及位运算的运用。

② 要将整数的二进制形式输出，只需要让该整数与（1<<n）的值做逐位的与（&）运算，若结果为0则输出0；结果为非零则输出1。

2）已知2017年的第一天是星期日，打印2017年某月份的月历。打印效果如下：

```
*****2017年2月份*****          *****2017年5月份*****
日 一 二 三 四 五 六          日 一 二 三 四 五 六
         1  2  3  4             1  2  3  4  5  6
 5  6  7  8  9 10 11          7  8  9 10 11 12 13
12 13 14 15 16 17 18         14 15 16 17 18 19 20
19 20 21 22 23 24 25         21 22 23 24 25 26 27
26 27 28                     28 29 30 31
```

说明：

① 该题目主要考查学生利用方法组织规模较大问题的能力。

② 打印工作由标题行和该月每天的日期组成。需要计算指定月份的第一天是星期几，指定月份有多少天等，并对打印格式进行相应控制。

2.10 本章思维导图

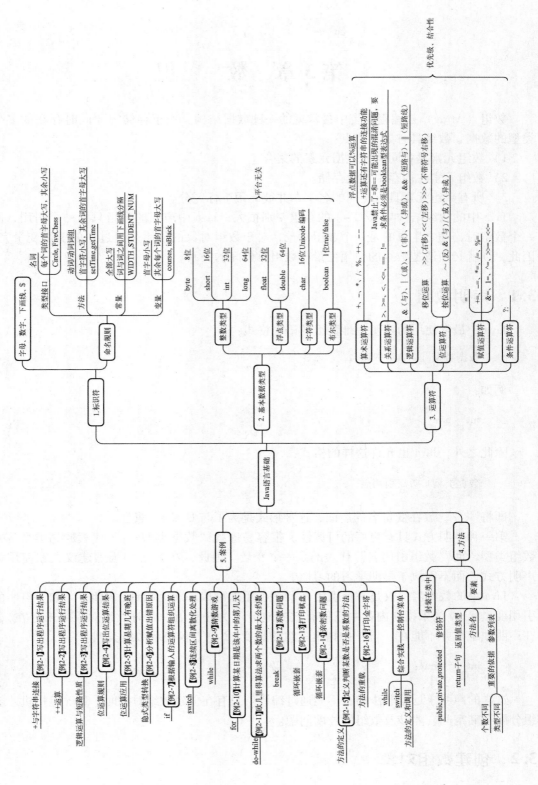

第3章 数　　组

数组（Array）是编程语言中最常见的一种数据结构，用于存储需要同时存在的多个相同类型的数据。数组具有如下特点：

1）数组元素是相同类型数据元素的集合。

2）数组元素在内存中连续存储。

3）所有数组元素具有相同的名字，并彼此用下标区分。

Java 中的数组结构与 C/C++ 的数组差别很大，Java 中声明的数组只是一个引用，而创建一个数组时，随之生成的是一个数组对象，对于数组对象的使用是通过它的引用变量完成的。因此，读者必须清楚数组的引用变量与数组对象间的关系。

3.1　声明数组

Java 中最常使用的声明一维数组的语法格式：

> 数据类型[] 数组引用名;

例如：

> **int**[] array;

除此之外，Java 也允许这样的格式：

> 数据类型 数组引用名[];

即将"[]"放在变量名的后面，这种形式是为了与 C/C++ 兼容。

第一种声明方式具有更好的可读性。很容易理解"数据类型 []"代表的是类型，并且是数组类型，而"数组引用名"代表的是一个变量。因此，在 Java 中强烈建议大家使用第一种声明方式，而不固执于早期学习的习惯。

Java 中的数组名仅仅是一个引用（所谓引用即可以理解为指针、地址），如上声明的数组引用变量 array 尚未指向内存中任何有效的地址（为任意值，此时数组对象尚未存在），因此在声明数组时并不能在"[]"中指定数组的长度，"[]"仅表示数组类型。

> **int**[5] array;

这样的声明永远是非法的，不能通过编译。只有在创建数组对象时，Java 虚拟机才会为数组分配存储空间，才涉及数组的长度问题。

3.2　创建数组对象

声明数组仅仅是指定了数组元素的类型和数组的名字，而并没有创建数组对象，没有为每个数组元素开辟存储空间。创建数组对象可以使用以下方式。

1. new 关键字

使用 new 关键字，并指定数组元素的个数（以确定分配内存空间的大小），new 关键字的创建格式如下：

> 数组引用名 = new 数组元素类型[数组元素个数];

例如：

> array = **new int**[5];

该语句分配了 5 个 int 类型变量的存储空间，并用引用变量 array 指向了这片连续空间的首部（即 array 中存储了数组对象的首地址）。如图 3-1 所示，引用变量存在于 Java 的栈内存，对象存在于 Java 的堆内存中。

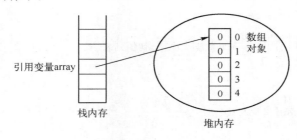

图 3-1　数组在内存中的存储示意图

用 new 关键字创建数组对象后，系统将为每个数组元素自动赋一个初值，这个初值取决于数组的类型。所有数值型数组元素初值均为 0；字符型数组元素初值为 Unicode 编码为 0 的不可见字符'\u0000'；布尔型初值为 false；如果数组元素的类型是类、接口或数组，则数组元素的初值为 null。

【刨根问底】Java 中的栈内存和堆内存。

Java 把内存分成两种，一种叫栈（Stack）内存，一种叫堆（Heap）内存。

图 3-2　JVM 栈内存示意图

每一个程序都有一个 JVM 栈内存为之服务，栈内存的生命周期与程序相同。程序中的每个方法被执行时都会创建一个栈帧用来存储该方法的局部变量等信息，如图 3-2 所示。局部变量包括各种基本类型的变量和数组/对象的引用变量。当在方法的一段代码块中定义上述的这些变量时，Java 就在栈中为它们分配内存空间，当离开变量的作用域后，Java 会自动释放掉为该变量分配的内存空间，该内存空间可以立刻被另作他用。

堆内存用于存放由 new 创建的对象和数组。在堆中分配的内存，由 Java 虚拟机的自动垃圾回收机制来管理。在堆中创建的数组或者对象，通常由栈中定义一个特殊的变量指向，这个变量的取值等于数组或者对象在堆内存中的首地址，在栈中的这个特殊的变量就是数组或者对象的引用变量。引用变量是普通变量，存在于栈内存中，引用变量在程序运行到作用域外时释放。

数组和对象存在于堆内存中，即使程序运行到创建数组和对象的语句所在的代码块之外，数组和对象本身占用的堆内存也不会被释放，以便重复利用（因为创建的成本通常比较大）。只有数组和对象已经没有引用变量指向、变成垃圾、不能再被使用时，其所占用的堆内存空间才会在随后的一个不确定的时间被 Java 的垃圾回收器释放。作为垃圾被回收之前，数组和对象依然存在于堆内存中。

【健身操】请画出"int[] array;"声明后数组在内存中的存储示意图。

声明数组和创建数组对象也可以合并在一起，用一条语句完成，格式如下：

数组元素类型[] 数组引用名 = new 数组元素类型［数组元素个数］；

例如：

int[] array = new int[5]；

如果不希望数组元素的初值为默认值，可以在创建数组的同时对数组元素赋初值，其格式如下：

数据类型[] 数组引用名 = new 数据类型[]｛初值列表｝；

例如：

int[] array = new int[]｛1,2,3,4,5｝；

这行代码声明了一个名为 array 的 int 型数组的引用变量，创建了一个长度为 5 的数组对象，用数值 1，2，3，4，5 为数组元素赋值，并将这个新数组对象的首地址赋给了引用变量 array，如图 3-3 所示。

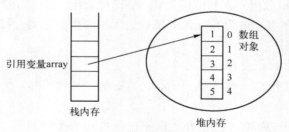

图 3-3 用初始化的方式创建数组对象的存储示意图

这种方式下，初值必须与数组元素的类型相符，由逗号分隔的初值的个数决定了数组的大小。

如果"**new int[]**｛1,2,3,4,5｝"独立存在，则为创建的一个匿名数组（没有引用变量指向它），它通常可以作为方法调用时的实参出现。例如：

```
public static void main(String[] args)｛
    int sum = getSum(new int[]｛1,2,3,4,5｝);        //匿名数组做参数
    …
｝
public static int getSum(int[] a)｛              //形参接收实参数组
    …
｝
```

2. 用初始化的方式创建数组对象

如果在声明数组的同时，不使用 new 关键字，直接给出初始化的初值列表，系统将先按照初值的个数在堆内存中创建数组对象，然后将初值依次存储在数组元素中。语法格式：

> 数据类型[]　数组引用名 = {初值列表};

例如：

> **int**[] array = {1,2,3,4,5};

效果与图 3-3 相同。

【说明】在 Java 中一旦创建了数组，就不能再改变它的大小。如果经常需要在运行过程中扩展数组的大小，可以使用另一种数据结构——ArrayList（详见第 8 章）。

【例 3-1】写出下面代码的运行结果。

```java
public static void main(String[] args) {
    int[] a = {1,2,3,4,5}, b;
    b = a;
    b[0] = 10;
    System.out.println("a[0] = " + a[0]);
}
```

分析：a[0] 的取值要么是 1，要么随 b[0] 是 10，如图 3-4 所示。

引用 a 和 b 都是数组对象的引用，执行 "b = a" 后，b 引用也指向了 a 引用所指的地址，所以如果将 b[0] 修改为 10，a[0] 也随之被改变。所以以上代码的运行结果为输出 "a[0] = 10"。

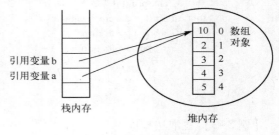

图 3-4　数组引用赋值示意图

3.3　使用数组

数组不能直接进行整体的赋值、输入、输出等运算，这些操作只能施加在每个数组元素上。

3.3.1　数组元素的引用

声明并创建好数组后，用户就可以在程序中使用数组元素。一维数组元素的引用方式：

> 数组名[下标]

其中，下标必须是整型或者可以转化为整型的量，且从 0 开始。

Java 能自动检测是否发生数组下标越界。例如数组 array 的长度为 5，下标应为 0~4，如果使用了 0~4 之外的下标，Java 将抛出一个名为 ArrayIndexOutOfBoundsException 的异常，并终止程序的执行。

数组最常用的操作就是遍历数组元素。所谓"遍历"是指按照一定的次序将数组中的每个元素访问一遍。Java 中数组有一个 length 属性，存储了数组元素的个数，利用它可以方便地组织数组的遍历。

【例 3-2】 输入 n 个学生的成绩，并打印成绩高于平均分的学生。

分析：在这个问题中，n 个学生的成绩需要同时存在，将其保存在一个数组中。n 在程序运行时从键盘输入（程序运行时决定到底有几个学生），那么 Java 中数组使用的好处就一目了然了。在声明数组时只出现了一个引用，此时不必也不能确定数组的大小；在程序运行的过程中，用 new 关键字动态创建数组对象，此时即可以传入已知的数组大小 n。

代码如下：

```java
public static void main(String[] args) {
    Scanner scn = new Scanner(System.in);
    System.out.print("输入学生的人数:");
    int n = scn.nextInt();
    double[] score = new double[n];        //依据输入值动态确定数组长度
    double sum = 0;
    for(int i = 0; i < score.length; i++) {
        System.out.print("输入学生的成绩:");
        score[i] = scn.nextDouble();
        sum += score[i];
    }
    double average = sum / n;
    System.out.println("平均成绩为:");
    System.out.println("高于平均分的学生有:");
    for(int i = 0; i < score.length; i++) {
        if(score[i] > average) {
            System.out.println((i + 1) + ":" + score[i]);
        }
    }
}
```

【例 3-3】 冒泡法排序。

冒泡法排序是常见的一种简单的排序方法。它用相邻数据的比较、交换的方式，在每一趟排序中将无序序列中的一个"大"数沉底，如图 3-5 所示。n 个数的排序需经过 n-1 趟排序完成。

比较次数	a[0]	a[1]	a[2]	a[3]	a[4]	a[5]	a[6]	说　　明
1	50	23	85	77	12	61	46	50 与 23 交换
2	23	50	85	77	12	61	46	50 与 85 未交换
3	23	50	85	77	12	61	46	85 与 77 交换
4	23	50	77	85	12	61	46	85 与 12 交换
5	23	50	77	12	85	61	46	85 与 61 交换
6	23	50	77	12	61	85	46	85 与 46 交换
结果	23	50	77	12	61	46	85	85 排在最后

图 3-5　一趟冒泡法排序示意图

冒泡法排序的代码如下：

```java
public static void main(String[] args) {
    Scanner scn = new Scanner(System.in);
```

```
System. out. print("输入排序元素的个数:");
int n = scn. nextInt();
int[] array = new int[n];//依据输入值动态确定数组长度
System. out. println("排序前的数据为:");
for( int i = 0;i < array. length;i ++ ){
    array[i] = (int)(Math. random() * 100);
    System. out. print(array[i] +"  ");
}

//冒泡法排序
for( int i = 0;i < array. length - 1 ;i ++ ){
    for( int j = 0;j < array. length - 1 - i;j ++ ){
        if( array[j] > array[j + 1] ){
            int tmp = array[j];
            array[j] = array[j + 1];
            array[j + 1] = tmp;
        }
    }
}
System. out. println();
System. out. println("排序后的结果为:");
for( int i = 0;i < array. length;i ++ ){
    System. out. print(array[i] +"  ");
}
}
```

【健身操】 试一试完成选择法排序、插入法排序等算法。

【例3-4】 为中国福利彩票编写一个双色球的抽奖程序。

中国福利彩票的双色球开奖规则:从编号是 01 ~ 33 的红色球中选取 6 个,从编号是 01 ~ 16 的蓝色球中选取一个。

模拟这个抽奖过程,将红色球和蓝色球各自保存在一个 boolean 数组中,数组元素下标代表球号(从下标 1 开始使用),数组元素取值 true/false 代表该球是否被选中(初始均为 false)。抽奖过程中生成随机数代表开奖球在数组中的编号,如果该球尚未被选出,则将其选中标记置为 true。

代码如下:

```
public static void main( String[] args){
    boolean[] red = new boolean[34];          //红色球,使用下标 1 ~ 33 的元素,默认值为 false
    boolean[] blue = new boolean[17];         //蓝色球,使用下标 1 ~ 16 的元素
    System. out. println("准备开奖…");
    //选择 6 个红球
    int count = 0;
    while( count < 6){                         //不足 6 个时继续选择红球
        int selectedPos = (int)(Math. random() * 33) + 1;    //生成 1 ~ 33 的随机数
        if( red[selectedPos] == false){        //未选过的红球可以被选
            red[selectedPos] = true;           //置已被选标记
            count ++ ;
        }
    }
    //开奖 -- 选择一个蓝色球
```

```
    int selectedPos = (int)(Math. random() * 16) + 1;
    blue[selectedPos] = true;
    //输出开奖结果
    System. out. print("红色球编号为:");
    for(int i = 1; i < red. length; i ++){
        if(red[i] == true){
            System. out. print((i < 10?"0" + i:i) + "   ");
        }
    }
    System. out. printf("\n蓝色球编号为:");
    for(int i = 1; i < blue. length; i ++){
        if(blue[i] == true){
            System. out. print((i < 10?"0" + i:i) + "   ");
        }
    }
}
```

3.3.2　Java 方法中的不定长参数与数组

在调用某个方法时，有时会出现方法的参数个数事先无法确定的情况，比如 printf 方法:

```
System. out. printf("%d",a);
System. out. printf("%d  %d",a,b);
System. out. printf("%d  %d %d",a,b,c);
```

它在定义时无法事先决定参数的个数。

Java SE 5.0 之后开始支持不定长参数（variable – length argument）用以解决这个问题。不定长度的形参实为一个数组参数，其定义的语法格式:

```
数据类型…　参数名
```

即声明参数时在类型关键词后加上"…"。

【例 3-5】定义一个对不定个数的一组数进行求和的方法。

分析:因为不确定被求和的数字的个数，所以使用不定长形参。

代码如下:

```
public static void main(String[] args){
    System. out. println("1 + 2 = " + getSum(1,2));              //2 个参数
    System. out. println("1 + 2 + 3 = " + getSum(1,2,3));        //3 个参数
    System. out. println("1 + 2 + 3 + 4 + 5 = " + getSum(1,2,3,4,5)); //5 个参数
}
public static int getSum(int... numbers){                       //可变长形参,本质为数组
    int sum = 0;
    for(int i = 0; i < numbers. length; i ++){                   //按数组的方式操作
        sum + = numbers[i];
    }
    return sum;
}
```

【注意】不定长形参只能处于形参列表的最后。一个方法中最多只能包含一个不定长参数。调用包含不定长参数的方法时，既可以向其传入多个参数，也可以向其传入一个数组。

3.4 多维数组

带有两个以上下标的数组称为多维数组。在 Java 语言中，多维数组被看作是数组的数组。例如，二维数组是一个特殊的一维数组，这个特殊的一维数组的每个元素又是一个一维数组。下面以二维数组为例说明，多维数组与之类似。

3.4.1 二维数组的声明和创建

二维数组声明的格式：

    数据类型 数组引用名[][];

与一维数组的创建类似，可以通过 new 关键字创建二维数组，例如：

    int[][] array;
    array = new int[2][3];

创建的同时可以赋初值：

    int[][] array = new int[][]{{1,2,3},{4,5,6}};

或者直接通过赋初值的形式创建：

    int[][] array = {{1,2,3},{4,5,6}};

系统会根据初始化列表给出的初值个数自动计算出每一维的大小，每一对 {} 代表了一行，{} 的个数决定了二维数组的行数，每对{}中初值的个数决定了该行的列数。

array 数组在内存中如图 3-6 所示。

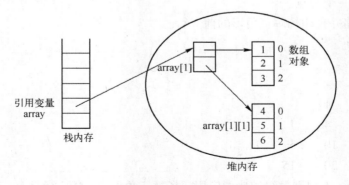

图 3-6　二维数组在内存中的存储示意图

从图中可以看到，Java 中的二维数组是数组的数组。array 指向一个长度为 2 的数组，这个数组的每个元素又是一个数组引用类型，各自指向了长度为 3 的一维数组。

3.4.2 不规则二维数组

创建二维数组对象可以进行动态分配，例如：

```
int[][]  b = new int[2][];
```

定义中只声明了此二维数组由两个元素组成，其中每个元素是一维数组，继续创建每个元素，二维数组中的每个元素的创建都是独立的，所以每个元素对应的一维数组的大小可以不同（当然也可以相同）。例如：

```
b[0] = new int[3];
b[1] = new int[5];
```

如图 3-7 所示，这样的数组为不规则数组。也就是说，在 Java 中的多维数组可以是非规则的。

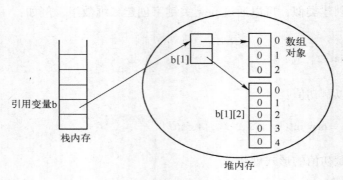

图 3-7　不规则二维数组示意图

3.4.3 二维数组元素的引用

Java 中的数组对象可以在程序运行的过程中根据需求动态创建，且可以是不规则的，这是区别于其他语言的一个亮点。

【例 3-6】存储并打印杨辉三角形的前 n 行。

```
1
1    1
1    2    1
1    3    3    1
1    4    6    4    1
1    5    10   10   5    1
1    6    15   20   15   6    1
```

分析：这是 Java 不规则数组的典型应用。杨辉三角形中，第 i 行只有 i 个元素，完全没有必要为此创建一个 n×n 的二维数组，而是令每行只有其所需个数的元素即可。

代码如下：

```java
public static void main(String[] args) {
    Scanner scn = new Scanner(System.in);
    System.out.print("输入要打印的杨辉三角形的行数:");
    int n = scn.nextInt();
    int[][] tri = new int[n][];                    //创建 n 行
    //第 1 行有一个元素,取值为 1
    tri[0] = new int[1];
    tri[0][0] = 1;
    for(int i = 1;i < tri.length;i ++) {           //从第 2 行开始逐行处理
        tri[i] = new int[i + 1];                   //行号 i 从 0 开始,第 i 行有 i + 1 个元素
        tri[i][0] = tri[i][i] = 1;                 //第一个和最后一个元素是 1
        //中间每个元素 = 上一行两个元素之和
        for(int j = 1;j < i;j ++) {
            tri[i][j] = tri[i - 1][j - 1] + tri[i - 1][j];
        }
    }
    //打印输出
    for(int i = 0;i < tri.length;i ++) {
        for (int j = 0;j < tri[i].length;j ++) {
            System.out.printf("%4d",tri[i][j]);
        }
        System.out.println();
    }
}
```

3.5　Java 中的 for each 循环

Java SE 5.0 中增加了一种循环结构，可以用来更便捷地遍历数组和集合（集合是一种特殊的数据结构，详见第 8 章）中的每个元素，称为 for each 循环。其语句格式：

```java
for(数据类型  迭代变量:数组|集合) {
    //迭代变量即为依次访问的数组或集合中的元素
}
```

例如：

```java
int[] array = new int[5];
for(int element:array) {
    System.out.print(element + " ");
}
```

这个循环读作"循环读取 array 数组中的每一个元素（for each Element in Array）"。for each 循环不需要循环条件，不需要迭代语句，这些都由系统完成，它等同于传统的 for 循环：

```java
for(int i = 0;i < array.length;i ++) {
    System.out.print(array[i] + " ");
}
```

但是，for each 循环语句显得更加简洁，不易出错（不必为下标的越界而操心）。如果要

处理一个数组或集合中的所有元素，for each 循环比传统 for 循环更便捷。但是，如果不是需要遍历数组或集合中的所有元素，或者需要使用数组或集合元素的下标的话，还是需要使用传统的 for 循环结构。

for each 循环也可以操作多维数组，以二维数组为例，外层 for each 循环控制行，二维数组的每一行是一维数组类型，所以迭代变量的数据类型为相应的一维数组类型；内层 for each 循环对每行的一维数组进行迭代，迭代变量是基类型的数组元素。比如用 for each 循环打印输出杨辉三角形的代码如下：

```
for(int[] rows：tri) {  //二维数组的每行是一维数组,迭代变量是一维数组元素类型 int[]
    for(int element :rows) {   //对每行进行迭代,迭代的对象为一维数组元素 rows
        System. out. printf("%4s",element);
    }
    System. out. println();
}
```

3.6 Arrays 类

为了方便数组的操作，Java 在 Arrays 类中封装了一些诸如排序、查找、赋值、比较等常用功能，Arrays 类在 java. util 包中。

3.6.1 sort() 方法

Arrays 类中的排序方法使用的是优化的快速排序算法 [该算法的平均时间复杂度为 $O(nlog_2 n)$，而一般的如冒泡法等简单排序算法的平均时间复杂度为 $O(n^2)$，更多的关于排序和时间复杂度的知识可以查看"数据结构"课程的相关知识]。

sort 方法是 Arrays 类中的静态方法（关于静态方法详见 4.5 节），可以通过类直接进行调用，对参数数组实现排序功能。sort 方法有各种参数类型的重载版本，可以实现对各种数据类型数组的排序。

【例 3-7】利用 Arrays 类对 int 型数组进行排序。

```
public static void main(String[] args) {
    int[] a = new int[]{32,32,96,10,29,55};
    System. out. println(Arrays. toString(a));  //以"[32,32,96,10,29,55]"形式打印输出
    Arrays. sort(a);                            //对数组 a 进行快速排序
    System. out. println(Arrays. toString(a));  //以"[10,29,32,32,55,96]"形式打印输出
}
```

其中，Arrays 中的 toString 方法可以将数组元素放在括号内，用逗号分隔的形式组织为一个字符串。直接打印数组 toString 的结果，可以省去迭代数组输出元素的循环。

3.6.2 copyOf() 方法

Arrays 类中的 copyOf 方法能够实现数组的复制，有两种格式：

```
type copyOf(type[] a,int length)
type copyOf(type[] a,int start,int end)
```

copyOf 实现的复制，已经使目标数组脱离了源数组，即复制得到一个新的数组对象，如图 3-8 所示。

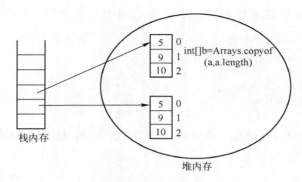

图 3-8　Arrays. copyOf 方法示意图

在 Arrays 类中还提供了 binarySearch() 方法利用二分查找算法实现快速查找，fill() 方法实现对所有数组元素的赋值，equals() 方法比较两个数组是否完全一致等，具体这些方法的使用可以查看 Java 的 API 文档。

3.7　综合实践——学生成绩查询系统

数组是最常用的一种数据结构，利用它可以解决很多较复杂问题。本案例通过一个"学生成绩查询系统"的设计，提高运用数组和编写较大规模代码的综合能力。

"学生成绩查询系统"中保存有学生姓名、课程名称以及学生的课程成绩。查询系统从控制台输入统计命令及参数，实现几种方式的成绩查询，如：

- avg Java：统计课程 Java 的平均分。
- avg song：统计学生 song 的平均分。
- get song Java：获取学生 song 的 Java 课程的成绩。
- sort Java：列出 Java 课程的成绩的排序结果。
- exit：退出程序。

如果查询的学生或课程不存在时，给出相应的提示。运行效果如图 3-9 所示。

```
        C       Java    mySQL   Linux   HTML
zhang   26      69      46      25      5
wang    27      10      24      66      58
li      44      58      0       82      75
zhao    6       68      92      9       84
liu     75      1       51      41      74
song    23      38      65      1       55
请输入命令:avg java
java的平均分是: 40.67
请输入命令:avg song
song的平均分是: 36.40
请输入命令:avg yan
你输入的既不是课程名,也不是学生名
请输入命令:get song java
song的java的成绩是: 38
请输入命令:get yan java
没有yan 这个人
请输入命令:get song c++
song没有 c++ 这门课程
请输入命令:sort java
名次      姓名      Java
1       liu     1
2       wang    10
3       song    38
4       li      58
5       zhao    68
6       zhang   69
请输入命令:sort c++
没有这门课程
请输入命令:exit
退出查询系统! byebye!
```

图 3-9　"学生成绩查询系统"的运行效果

3.7.1　查询系统的数据结构

在 main 方法中定义查询系统所需的数据结构。

将所有学生的课程成绩保存在一个二维数组中，每一行代表一个学生的成绩，每一列代表一门课程的成绩；将每门课程的名称保留在一个一维数组中（课程的下标序号与二维数组的列号匹配）；将每个学生的姓名保留在一个一维数组中（学生的下标序号与二维数组的行号匹配）。

学生数和课程数用常量的方式存储：

```
final int STUDENT_NUM = 6;
final int COURSE_NUM = 5;
```

学生姓名和课程名分别存储在一维字符串数组中，String 是 Java 中的字符串类型，学生姓名、课程名称均为字符串。

```
static String[] students = {"zhang","wang","li","zhao","liu","song"};
static String[] courses = {"C","Java","mySQL","Linux","HTML"};
```

学生成绩存储在二维数组中：

```
static int[][] score = new int[STUDENT_NUM][COURSE_NUM];
```

为了减少程序运行时的输入量，学生的成绩可以利用 Math. random()随机函数产生（0 ~ 100）。

3.7.2　模块化设计

如运行效果所示，查询系统的总体任务应该包括：
- 系统数据（学生成绩）的初始化。
- 显示成绩单。
- 查询系统的控制台命令调度。
- 查询某门课或某人的平均成绩。
- 查询某人某门课的成绩。
- 对某门课程的成绩进行排序。

采用"自顶向下，模块化"的方式组织代码，模块划分如图 3-10 所示。

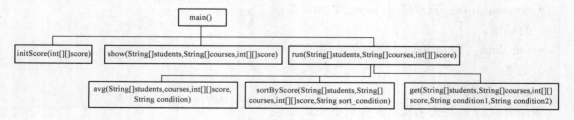

图 3-10　学生成绩查询系统的模块划分

3.7.3　控制台命令的读取和控制 run()

控制台读入命令的首个单词决定调用哪个方法处理相关业务，为了使程序适应用户在控制台输入的各种大小写命令的组合（例如用户输入"avg""AVG""Avg"…，它们都意味着求平均值的操作），匹配命令字符串时使用 equalsIgnoreCase 方法，匹配时忽略字符串的大小写。

另外，每个命令需要处理后续的一个或多个参数，如：

```
avg + 课程名
avg + 姓名
get + 姓名 + 课程名
sort + 课程名
```

所以确定命令后，要继续从控制台获取该命令所需的参数。

查询系统在未输入"exit"命令的情况下运行，可以在循环中使用"System. exit(0)"退出循环，并结束查询系统的运行。

控制台命令的读取和控制运行框架：

```java
public static void run(String[] students, String[] courses, int[][] score) {
    Scanner scn = new Scanner(System. in);
    while(true) {
        System. out. print("请输入命令:");
        String command = scn. next();

        if(command. equalsIgnoreCase("avg")) {//"avg"命令需要一个参数
            String parameter = scn. next();
            avg(students, courses, score, parameter);
        }
        if(command. equalsIgnoreCase("get")) {//"get"命令需要两个参数
            String parameter1 = scn. next();
            String parameter2 = scn. next();
            get(students, courses, score, parameter1, parameter2);
        }
        if(command. equalsIgnoreCase("sort")) {//"sort"命令需要一个参数
            String parameter = scn. next();
            sortByScore(students, courses, score, parameter);
        }
        if(command. equalsIgnoreCase("max")) {//"max"命令需要一个参数
            String parameter = scn. next();
            getMax(students, courses, score, parameter);
        }
        if (command. equalsIgnoreCase("exit")) {//退出查询系统
            System. out. println("退出查询系统! byebye!");
            System. exit(0);
        }
    }
}
```

3.7.4　查询某人某门课成绩 get()

get(String[] students, String[] courses, int[][] score, String condition1, String condition2)方法，先在 students 数组中查询是否有 condition1 指定的学生。如果有该学生，则记录下学生位置（作为成绩二维数组的行标），并继续在 courses 数组中查询是否存在 condition2 指定的课程，如果有该课程，则记录下该课程的位置（作为成绩二维数组的列标）；输出查找到位置上的成绩。

　　在未找到学生或课程的情况下给出相应的提示，并结束查询。

　　具体代码如下：

```java
public static void get(String[] students, String[] courses, int[][] score, String condition1, String condition2){
    int i_index = -1, j_index = -1;

    //查找是否存在该学生 i_index
    for(int i = 0; i < students.length; i++){
        if(students[i].equalsIgnoreCase(condition1)){
            i_index = i;
        }
    }
    if(i_index != -1){    //有此人,继续查找是否有此课程 j_index
        for(int j = 0; j < courses.length; j++)
            if(courses[j].equalsIgnoreCase(condition2)){
                j_index = j;
            }
    }else{
        System.out.println("没有 " + condition1 + " 这个人");
        return;
    }
    if(j_index != -1){
        System.out.println(condition1 + "的" + condition2 + "的成绩是:" + score[i_index][j_index]);
    }else{
        System.out.println(condition1 + "没有 " + condition2 + " 这门课程");
        return;
    }
}
```

　　【健身操】完成查询某门课或某人的平均成绩方法：

avg(String[] students, String[] courses, int[][] score, String condition)。

3.8　习题

　　1）解约瑟夫问题。约瑟夫问题是一个出现在计算机科学和数学中的经典问题，可以这样描述：N 个人围成一圈，从第一个开始报数，每报数到 M 的人出列，然后从下一个人开始重新报数，直到最后剩下一个人。编写程序，打印出列的顺序以及最后剩下人的序号。例如 N = 6，M = 5，出列的顺序：5，4，6，2，3，剩下 1。

　　2）输入一个十进制整数，将其转换为二进制数并将结果保存在数组中（每个数组元素相当于一个二进制位）。

　　3）用埃拉托斯（Eratosthenes）筛选法求 100 以内的素数，每行输出 10 个素数。

　　古希腊数学家 Eratosthenes 在公元前就已经发明了求比给定数小的素数的筛选法。筛选法的基本思想：

① 将给定范围内的自然数从小到大依次排列好。

② 划掉 1，因为它不是素数。

③ 从余下的数中圈起最小的数，并划掉它的倍数。

④ 重复③，直至给定数内的数要么被圈起，要么被划掉。被圈起的数即为找到的素数。

例如，划掉 1 后，应从余下的数中圈起 2 并划掉所有 2 的倍数；再从余下的数中圈起最小的数 3，划掉所有 3 的倍数（可能有些已经作为 2 的倍数被划掉），…，如下所示。

```
 1    ②    ③    4    ⑤    6    ⑦    8    9    10
11   12   13   14   15   16   17   18   19   20
21   22   23   24   25   26   27   28   29   30
31   32   33   34   35   36   37   38   39   40
```

4）用户经常需要将只包含数字和小数点的字符串转换为数，例如在数据库管理系统中，在命令行方式下输入一条命令 "list for　基本工资 > 3000"，系统以字符串的形式接收，但是系统在计算时必须将字符串 "3000" 还原为数字 3000 才行。

编写一个方法 atoint 实现字符串到 int 型整数的转换。例如 atoint（"123"）的结果为 123。

5）读入一句话（一行文本），统计 26 个大写字母各自出现的次数。

6）有一个已经排好序的数组。输入一个数，要求按原来的规律将它插入数组中。

7）检查一个二维数组是否关于对角线对称，即判断对于所有的 i、j，是否都有 matrix[i][j] = matrix[j][i] 成立。

8）打印如下所示的一张循环赛制的比赛对阵表。

	1	2	3	4	5
1	~~~~	1~2	1~3	1~4	1~5
2	2~1	~~~~	2~3	2~4	2~5
3	3~1	3~2	~~~~	3~4	3~5
4	4~1	4~2	4~3	~~~~	4~5
5	5~1	5~2	5~3	5~4	~~~~

3.9　实验指导

1. 实验目的

理解数组的逻辑关系，熟练掌握数组的操作方式。

2. 实验题目

【题目 1】为了防止对网站的恶意注册，用户在注册时通常被要求输入网站提供的验证码。编写一个为网站生成验证码的程序，设验证码是 4 位，不能重复，验证码由数字和大小写字母组成，但为了避免混淆，不能包含 1，l，L，0，o，O，2，z，Z，9，g。

【题目 2】扩充 3.7 节成绩查询系统的功能。在查询系统中增加如下新功能。

1）avg + all：计算所有课程、所有学生的平均分，并以如下表格的形式打印输出。

請輸入命令:avg all

	C	Java	mySQL	Linux	HTML	平均分
zhang	9	98	94	61	14	55.20
wang	87	42	62	24	55	54.00
li	78	95	3	54	67	59.40
zhao	14	59	26	74	30	40.60
liu	26	86	47	58	81	59.60
song	92	31	72	61	19	55.00
平均分	51.00	68.50	50.67	55.33	44.33	

2) max + 课程名：查询该课程的最高分。

max + 学生名：查询该学生的最高分。

运行效果如下：

请输入命令:max zhang
zhang 的 Java 课程分数最高:98
请输入命令:max c
song 的 c 课程分数最高:92
请输入命令:max unix
你输入的既不是课程名,也不是学生名

3.10　探究与实践——两人对弈的五子棋游戏

设计一个两人互玩的五子棋游戏。

游戏开始时要求在控制台输出以下棋盘，然后提示黑方或白方下子，玩家从命令行输入"6,8"，表示在（6,8）坐标位置落子，其中黑方的子用@表示，白方的子用 O 表示，每有一方落子，则要重新输出棋盘的状态，程序还要能判断某一方获胜，并终止游戏。

棋盘状态表示如图 3-11 所示，过程中的棋局如图 3-12 所示。

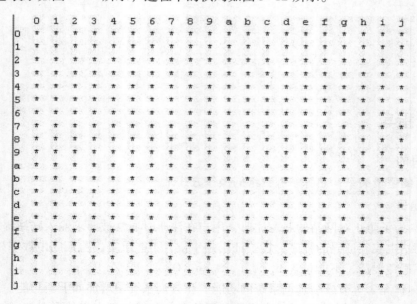

图 3-11　初始棋盘状态

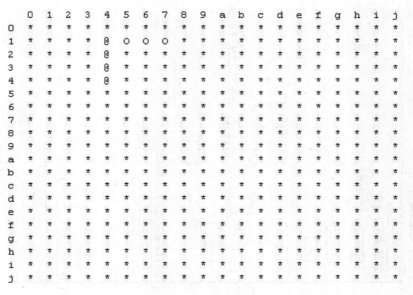

图 3-12　下棋过程中的棋局

根据游戏的流程，采用"自顶向下，模块化"的方式组织代码。

例如：某方落子后，判断当前棋局输赢时，包括水平、垂直、左斜、右斜 4 个方向的判断。为此，可以将判断当前棋局输赢设计为一个方法（isWin()），水平、垂直、左斜、右斜 4 个方向的判断各自设计为一个方法，供 isWin() 内部调用。

五子棋程序的模块划分结果如图 3-13 所示。

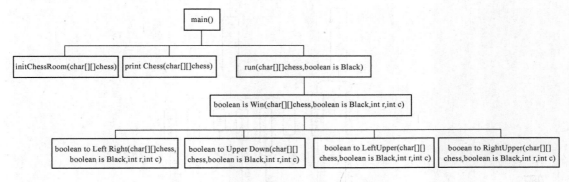

图 3-13　五子棋游戏模块划分示意图

因为使用 main() 方法直接调用各方法，所以各方法应设计为静态 static 方法。

模块化的组织方式使代码更清晰，增强了代码的逻辑性；同时，降低了各功能部分的代码量，更便于调试。

3.11 本章思维导图

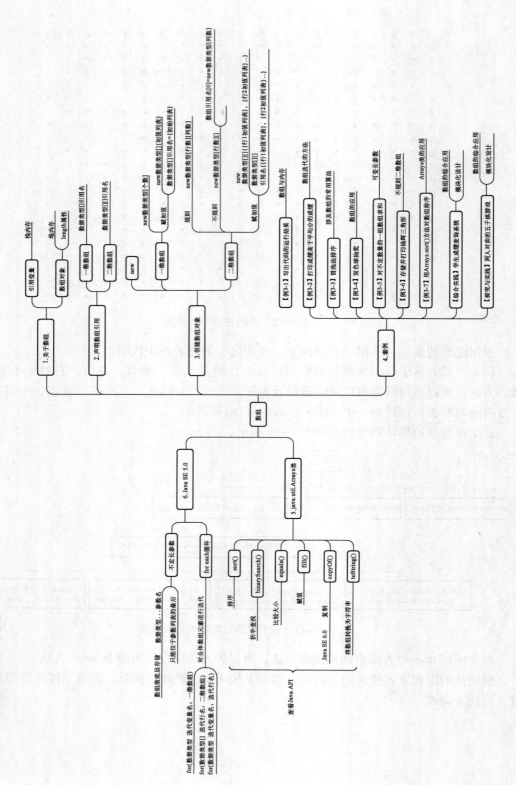

第4章 封装与类

面向对象（Object Oriented，OO）程序设计是替代传统的面向过程（Procedure Oriented，PO）程序设计的一种程序设计方法。

面向对象出现以前，结构化程序设计是程序设计的主流，结构化程序设计又称为面向过程的程序设计。面向过程的程序设计中，问题被看作一系列需要完成的功能模块，函数（泛指高级语言实现功能模块的实体）用于完成这些任务，解决问题的焦点是编写函数，函数是面向过程的，它关注如何依据规定的条件完成指定的任务。

在多函数程序中，许多重要的数据被放置在全局数据区，这样它们可以被所有的函数访问（每个函数还可以具有它们自己的局部数据），这种数据和对数据操作相分离的结构很容易造成全局数据在未知的情况下被改动，因而程序的正确性不易保证。

面向对象的程序设计将数据和对数据的操作行为封装在一起，作为一个相互依存、不可分割的整体——类。类中的大多数数据只能为本类的行为处理，类会提供公开的外部接口与外界进行通信。

面向对象的程序模块间关系简单，程序的独立性高、数据安全。面向对象的显著特点包括：封装性、继承性和多态性。封装隐藏了内部实现，继承实现了现有代码的复用，多态在代码复用的基础上可以改写对象的行为。这些性质使软件具有良好的可重用性，降低了开发和维护的成本。

本章学习面向对象的封装性，第5章学习面向对象的继承性，第6章学习面向对象的核心思想——多态性。

【弦外之音】面向对象的分析设计是一门独立的学科，区别于面向对象的编程。理解并掌握面向对象的设计思想绝非一日之功，但没有接触过面向对象的实例，也很难学习面向对象设计中的抽象概念。本书在讲述面向对象编程的同时加入面向对象设计的基本理论，使编程遵循面向对象的设计之本。读者若想获得更加详细的面向对象设计的知识，可以阅读面向对象分析与设计、面向对象模式等方面的书籍。

4.1 封装的意义

面向对象是现实世界模型的自然延伸。现实世界中的任何实体都可以看作是对象，对象之间通过消息相互作用。封装（Encapsulation）作为面向对象方法的重要原则，就是把对象的属性和操作结合为一个独立的整体，并尽可能隐藏对象的内部细节。

"封装"有两个含义：一是把对象的全部属性和全部服务结合在一起，形成一个不可分割的独立单位；二是实现"信息隐蔽"，尽可能隐藏对象的内部细节，对外界形成一个边界，只保留有限的外部接口与外界进行联系。

对象的数据封装特性彻底消除了面向过程的方法中数据与操作相分离带来的种种问题，提高了程序的可复用性和可维护性，减轻了程序员维护与操作分离的数据的负担。

对象的数据封装性还可以把对象的私有数据和公有数据分离开,保护了私有数据,减少了模块间的干扰,达到降低程序复杂性、提高可控性的目的。所以说,封装的目的在于把对象的设计者和对象的使用者分开,使用者不必知晓行为实现的细节,只需用设计者提供的接口来访问该对象。封装给予了对象"黑盒"特性,例如,一个类可以修改数据存储的方式,但只要仍提供相同的方法操作数据,其他对象就不会知道或者不会关心底层所发生的变化。就像一个公司如何运作客户通常无从知晓,也不需要知晓,无论它的内部如何调整,只要这个公司对外办公的业务接口没有发生变化,客户就不会受到影响。

4.2 定义类

类作为一个抽象的数据类型,用来描述相同类型的对象。面向对象编程就是定义这些类。

4.2.1 面向对象的分析

类由对象抽象而来,"抽象"是面向对象设计中的重要环节。过程化程序设计采用自顶向下的设计方式,而面向对象设计中没有所谓的"顶部",所以习惯了面向过程编程的学习者此时会感觉无从下手。实际上,面向对象编程首先从设计类开始,然后向类中添加方法。

面向对象的思维方式就是以对象为中心来思考问题,分析对象的行为、状态,抽取出类的设计。识别类的简单规则是在分析问题的过程中寻找名词(对象),而方法对应着动词(对象的行为)。

例如:

> 有一个酒店,酒店有若干客房,向客户提供查询、入住、退房等功能。

上述描述中有"酒店""客房""客户"这样一些名词,这些名词所对应的对象很可能抽象为类(是否最终被定义为类,要视系统的功能需求而定)。

接下来查看动词,描述中"查询""入住""退房"这些动词表达了酒店对象的行为,是酒店类中应包含的成员方法。

客房描述了酒店的静态信息,作为酒店类的成员变量存在。这样,Hotel 类设计如图 4-1 所示。

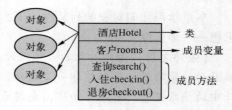

图 4-1 从描述中定义的 Hotel 类

【说明】 以上是很简单的面向对象分析过程,目的是让大家对面向对象分析有一个大致的了解。面向对象分析中面对的实际问题会更复杂,不是这样的一定之规就完全行得通的。

定义好的类,作为数据类型用于创建类的对象,类好比生成对象的模板。程序的执行表现为一组对象间的交互通信。

4.2.2 使用 class 定义类

Java 中定义类的格式:

```
[类修饰符]  class <类名>{
    <类体>
}
```

其中，关键字 class 表示定义类；类修饰符可以用 public 或者默认（即不写类修饰符），它们可以与 final、abstract 组合（详见第 5 章）；类名是合法的标识符名（从提高可读性方面，Java 类名由一个或多个有意义的词连缀而成，每个单词首字母大写）；类体部分声明类的一组成员，通常包括数据成员（field）、构造方法（Constructor）和一些处理业务的行为方法。

【例 4-1】 定义一个酒店类 Hotel。

代码如下：

```java
public class Hotel {
    //下面为描述类所属对象的性质和状态的数据成员
    private String hotelName;  //酒店名
    private String[][] rooms;  //酒店客房,存储客房的状态(EMPTY/入住客人名)
    /**
     * Hotel()和 Hotel(String,Strng[][])为类的构造方法
     */
    public Hotel() {
        super();
    }
    public Hotel(String hotelName, String[][] rooms) {
        this.hotelName = hotelName;
        this.rooms = romms;
    }
    /**
     * setHotelName()和 getHotelName()方法为类向外界提供的数据访问接口
     */
    public String getHotelName() {
        return hotelName;
    }
    public void setHotelName(String hotelName) {
        this.hotelName = hotelName;
    }
    /***
     * 以下为类所属对象的行为方法
     */
    public void search() {//查询所有客房状态
    }
    public void search(String roomNo) {//查询指定客房状态
    }
    public void checkin(String customer, String roomNo) { //入住
    }
    public void checkout(String roomNo) { //退房
    }
}
```

说明：

（1）类的访问控制符

Hotel 类用 public 关键字加以修饰，表示 Hotel 类可以被其他类使用，且文件的名字必须与类名称相同，也就是文件取名为 Hotel. java。

类的访问控制符可以省略，代表其访问范围为默认的 package（详见 4.6 节）。

（2）数据成员

数据成员也称成员变量，是类中记录对象性质和状态的变量，在类中声明的形式：

> ［修饰符］数据类型　成员名［＝默认值］；

数据成员的修饰符可以是 public、protected、private，或者不写时默认为 package（四者选一），它们也可以与 static、final 组合。

数据成员的数据类型可以是 Java 允许的任何数据类型，包括基本类型和引用类型。

数据成员名需要是合法的标识符，从提高可读性的角度，数据成员名应该由一个或多个有意义的词连缀而成，第一个首字母小写，后面每个词首字母大写，词与词之间不要任何分隔符。

（3）数据成员的 set 和 get 方法

定义类时有一个基本原则：信息的最小化公开。也就是说，尽量使用方法来操作对象，不直接对数据成员进行存取。这样做是为了避免程序设计者随意操作数据成员而造成错误。

通常采用的方式是将数据成员私有化，声明为 private，只允许在类的内部直接存取，外界则使用类声明的两个公开的接口（set 和 get 方法）进行访问。也就是说，如果类允许外界存取数据成员的话，则会定义这两个接口，对访问的合法性进行授权。

设置和读取一个数据成员 variable 的 set、get 方法是命名为 setVariable、getVariable。set 方法传入一个参数对数据成员进行赋值，没有返回值；get 方法返回数据成员的取值，没有参数。两个方法均为 public 修饰。

例如，Hotel 中数据成员 hotelName 的 set、get 方法定义如下：

```java
public String getHotelName() {
    return hotelName;
}
public void setHotelName(String hotelName) {
    this.hotelName = hotelName;
}
```

set 方法中的参数通常取名与被赋值的数据成员同名，这样在 set 方法内部出现了两个同名的变量：局部变量（参数）hotelName 和数据成员 hotelName。

方法访问数据采用就近原则，所以 set 方法会认为 hotelName 指的是局部变量，所以对于数据成员 hotelName 的访问在其前面加上 "this" 予以区分。

this 是调用该方法的当前对象，具体见 4.3.2 节。

（4）构造方法

构造方法是一种特殊的方法，用于为新创建的对象分配存储空间和对数据成员进行初始化，它只能在创建对象时用 new 命令调用。Java 中定义构造方法时，构造方法与类名相同，通常用 public 修饰，没有关于返回值的定义。

构造方法通常被重载以提供无参、有参等多种初始化的形式，程序运行时，编译系统会根据创建对象的参数情况匹配相应的构造方法。如果一个类中未定义构造方法，编译系统会为之提供一个缺省的无参、方法体为空的构造方法，这个构造方法使数据成员的取值均为系统默认值。例如：

```
    public Hotel() {
    }
```

它对应着无参创建对象的方式：

```
Hotel hotel  = new Hotel();
```

但是，一旦类中自行定义了其他的构造方法后，编译系统将不再提供这个默认的无参构造方法，也就是说，类似于"**new** Hotel()"这样的创建方式不再被支持（而这种形式的创建往往经常用到）。

【谆谆教导】无论怎样，都需要在类中自定义一个无参的构造方法。

有参构造方法定义时，参数取名一般与被初始化的数据成员同名，所以与 set 方法相同，在数据成员前加"this"予以区分。

```
    public Hotel( String hotelName, String[][] romms) {
        this. hotelName = hotelName;
        this. romms = romms;
    }
```

该构造方法对应着创建对象的方式如下：

```
new Hotel( "MiniHilton", new String[10][20]);
```

【说明】如果类中包含了多个重载的构造方法，而这些重载方法之间存在完全包含的关系，那么从软件设计的角度，不要把重复的代码书写多次，可以用一个构造方法去调用另一个构造方法。因为构造方法只能使用 new 创建对象时被调用，所以在构造方法中用一种特殊的方式调用自己的其他构造方法：this。this 调用只能在构造方法中使用，且必须是构造方法执行体的第一条语句。使用 this 调用重载的构造方法时，编译系统会根据 this 括号中的参数匹配与之对应的构造方法。

例如：

```
public class Hotel {
    private String hotelName;
    private String[][] romms;
    public Hotel() {
            super();
    }
    public Hotel( String hotelName) {
            this. hotelName = hotelName;
    }
    public Hotel( String hotelName, String[][] romms) {
            this( hotelName) ;    //this()调用已存在的构造方法
            this. romms = romms;
    }
    …
}
```

4.3 对象和引用

创建后的对象存在于堆内存中，通过它的引用变量才能访问到，引用变量位于栈内存。使用 Java 编程时，必须清晰地知晓对象、引用，堆内存、栈内存这些概念以及它们之间的关系。

4.3.1 对象和引用的关系

对象是类的一个实例（instance），比如酒店是一个类，那么某个酒店就是一个对象，它是酒店这个类的实例。类是抽象的，而对象是具体的。

对象是通过 new 关键字调用某个构造方法创建的，并为该对象分配内存空间，按照构造方法的方法体对对象的数据成员赋初值，创建好的对象在堆内存中。

Java 不允许直接访问堆内存中的对象，只能通过对象的引用变量操作该对象，引用变量在栈内存中（栈内存和堆内存的概念见 3.2 节）。打个比方，对象好比一台电视机，而对象的引用好比电视机的遥控器。对象和引用的关系如图 4-2 所示。

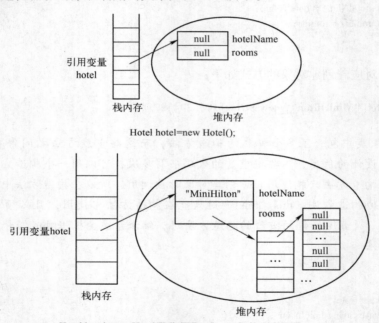

图 4-2 对象和引用的关系

【说明】Java 中的 String 类型变量为引用类型，其默认的初值为 null。

引用变量只存储了对象的地址，与对象建立了指向的关系。使用对象的成员时使用以下形式（当然是在该数据成员或方法允许访问的情况下）。

> **引用变量 . 数据成员**
> **引用变量 . 成员方法**

堆内存中的对象可以有多个引用，即多个引用变量指向同一个对象。例如：

```
Hotel hotel = new Hotel("MiniHilton", new String[10][20]);
Hotel hotel2 = hotel;
```

则 hotel2 也指向了相同的对象，不论是访问 hotel 的数据成员/方法，还是访问 hotel2 的数据成员/方法，实际上都是同一个 Hotel 对象的数据成员/方法，将会返回相同的结果。例如：

```
hotel2.setHotelName("MiniStarwood");          //修改堆内存中对象的 hotelName
System.out.println(hotel.getHotelName());    //获取到修改后的 hotelName
```

如果堆内存中的对象没有任何引用变量去指向，那么程序将无法再访问到该对象，这个对象就成为垃圾，在 Java 的垃圾回收机制的控制下将在某个时刻将其回收，释放该对象所占的内存区域。

4.3.2　this 引用

前面，在 set 方法、带参数的构造方法中曾使用过 this 区分局部（参数）变量和类的数据成员。

Java 中提供的 this 关键字代表一个引用，指向正在调用该方法的当前对象。

当使用引用变量调用对象的方法时，系统会将对象的这个引用通过 this 告知方法。例如：

```
hotel2.setHotelName("MiniStarwood");
```

hotel2 调用 setHotelName 方法时，系统就会向 setHotelName 方法同时传递一个 this（即当前引用 hotel2 的取值）。所以，在 setHotelName 方法中可以使用 this：

```
public void setHotelName(String hotelName) {
    this.hotelName = hotelName;
}
```

实际上，方法中书写的每一个数据成员实际都隐含了一个 this 引用。例如：

```
public String getHotelName() {
    return hotelName;
}
```

中的 return 语句，实际为

```
return this.hotelName;
```

因此，这个被隐含使用的 this 当然也可以显式地指定。在局部变量与数据成员同名时，为了避免局部变量的作用范围覆盖了数据成员的作用范围（就近原则），必须明确使用 this 指定数据成员；而局部变量和数据成员不同名时，则不用特意指定。

4.4　方法的参数传递

方法是类或对象的行为特征的抽象，是类或对象最重要的组成部分。从功能上讲，方法完全类似于面向过程程序设计中的函数，只不过在 Java 中方法不能独立存在，所有的方法都必

65

须定义在类中。Java 中的方法在逻辑上要么属于类，要么属于对象（属于类的方法详见 4.5.1 节），永远都不能独立执行方法，执行方法必须使用类或对象。如，同一个类的不同方法之间的调用，虽然调用时通常直接写方法名，但实际上在方法名前相当于省略了"this."，其实还是使用对象来调用的。

声明方法时定义的参数为形参，调用方法时必须向这些形参传递参数值，这些参数称为实参。Java 中的参数传递方式只有一种值传递，即将实参的副本传入方法，无论实参是基本数据类型还是引用类型，实参的取值都不会受到方法的影响。

【例 4-2】设计 swap() 方法交换两个 Hotel 的对象。

代码 1：

```java
public class Hotel {
    private String name;
    public Hotel() {
        super();
    }
    public Hotel(String name) {
        this. name = name;
    }
    public String getName() {
        return name;
    }
    public void setName(String name) {
        this. name = name;
    }
}
public class SwapReferenceDataType {
    public void swap(Hotel h1, Hotel h2) {
        Hotel h;
        h = h1;h1 = h2;h2 = h;    //交换两个引用变量的指向
    }
    public static void main(String[] args) {
        SwapReferenceDataType test = new SwapReferenceDataType(); //创建测试类对象
        Hotel h1 = new Hotel("Hilton");
        Hotel h2 = new Hotel("Starwood");
        System. out. println("交换前:h1:" + h1. getName() + ",h2:" + h2. getName());
        test. swap(h1,h2);
        System. out. println("交换后:h1:" + h1. getName() + ",h2:" + h2. getName());
    }
}
```

上述代码的运行结果：

```
交换前:h1:Hilton,h2:Starwood
交换后:h1:Hilton,h2:Starwood
```

分析：

Java 中根据定义变量的位置，可以将变量分为数据成员和局部变量两种。

数据成员指的是在类的范围内，任何方法之外定义的变量。局部变量指的是在方法里定义的变量，包括方法的参数。局部变量的作用域是它所在的代码块。

所以上面的代码中，main()方法中的 h1、h2 是 main 中的局部变量，只在 main()方法内有效；swap()方法中的 h1、h2 是 swap 中的局部变量，只在 swap()方法内有效（因为它们都是各自方法中的局部变量，所以即便同名也互不影响）。当调用 swap()方法时，实参 h1 和 h2 被复制一份，传递给形参 h1 和 h2，从此形参和实参不再发生联系。

在 swap()中，形参 h1 和 h2 的指向的确进行了交换，如图 4-3 所示，但是 h1 和 h2 以及它们交换的结果都随着 swap 方法的结束而被释放了。调用 swap()方法前后 main()方法中的 h1 和 h2 的指向并未受到影响。

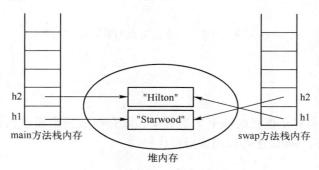

图 4-3　交换形参引用变量效果示意图

这就是 Java 中方法的值传递机制，即便传递的是引用，也不会享有什么特权。那么，如何实现两个对象的交换呢？

代码 2：

```java
public class SwapReferenceDataType {
    public void swap( Hotel h1, Hotel h2) {
        String name;
        //交换两个对象在堆内存中的取值
        name = h1. getName();
        h1. setName( h2. getName());
        h2. setName( name);
    }

    public static void main( String[] args) {
        SwapReferenceDataType test = new SwapReferenceDataType ();
        Hotel h1 = new Hotel( "Hilton");
        Hotel h2 = new Hotel( "Starwood");
        System. out. println("交换前:h1:" + h1. getName() + ",h2:" + h2. getName());
        test. swap( h1,h2);
        System. out. println("交换后:h1:" + h1. getName() + ",h2:" + h2. getName());
    }
}
```

这段代码成功地实现了两个对象的交换，运行结果：

```
交换前:h1:Hilton,h2:Starwood
交换后:h1:Starwood,h2:Hilton
```

分析：这段代码中的 swap()方法，通过两个引用变量找到堆内存中的两个对象的数据成员，交换了它们数据成员的取值，从物理上真正交换了两个对象，如图 4-4 所示。

67

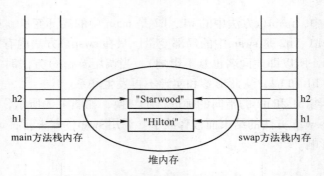

图 4-4　利用引用变量交换对象的数据成员示意图

4.5　关于 static

在 Java 中有些成员属于该类的某个实例对象，而有些成员则属于该类的所有对象，后者使用 static 修饰。此外，static 还可以用来修饰代码块。

4.5.1　static 成员

对于每一个基于相同类创建的对象而言，它们会拥有各自的数据成员，然而有时，设计者可能想要这些对象共享某个数据成员。比如说，设计了一个 Person 类，其中需要国籍这个信息，而已知所有的 Person 类对象的国籍均为 "Chinese"，那么此时就不需要每个 Person 对象拥有各自的数据成员来保存国籍了。

```
public class Person {
    public static String nationality = "Chinese";
    …
}
```

static 这个关键字用来声明数据成员和方法是属于类的（默认是属于对象的）。static 成员可以通过类直接引用：

```
类 . 成员名
```

【注意】虽然 static 成员也可以通过对象来引用，但是，不鼓励这个方式。建议使用类名 . 的形式进行存取，以区别于非 static 成员。

static 数据成员通常是为类的对象所共享的数据，static 方法通常是工具方法，不必创建对象直接使用类名即可调用。例如，Java SE 提供的数学类 Math 中，所有的数学常量和数学方法都是 static 的，通过 Math 这个类名即可使用，如 Math. PI，Math. random()，Math. sin() 等。

由于 static 成员属于类而不是对象，所以调用 static 方法时，系统不会传入对象的 this 引用，也就是说，在 static 方法中不允许使用非 static 成员（非 static 成员的引用实际都是省略了 this. 前缀）。这也是之前第 3 章的代码为什么将方法都加上 static 修饰的原因，因为这些方法都是被 static 的 main() 方法直接或间接调用的。

这个问题还可以从成员的生命周期的角度来讨论。属于对象的成员是在使用 new 创建对象时产生的，而属于类的 static 成员是在类加载时就随之产生的（类的加载当然在使用类之前）。

也就是说，static 成员的出现要早于非 static 成员，当然在 static 方法中也就不允许使用非 static 的成员了（因为它们很可能还未出现）。

【例 4-3】定义含有 static 数据成员的 Person 类。

代码如下：

```java
public class Person {
    public static String nationality = "Chinese";      //static 成员
    private String name;                               //非 static 成员
    public static String getNationality() {
            return name + ":" + nationality;           //static 方法访问非 static 成员, 报错
    }
    public static void setNationality(String nationality) {    //static 方法访问 static 成员
            Person. nationality = nationality;
    }
    public void sayHello() {                           //非 static 方法可以引用 static 成员
            System. out. println("hello," + nationality + "!");
    }
    public static void main(String[] args) {
            new Person(). sayHello();    //创建 Person 类的匿名对象调用 sayHello 方法
    }
}
```

如果试图在 static 方法 getNationality 中访问非 static 成员 name，则在编译时会出现"cannot make a static reference to the non - static field name"的错误信息。

反过来，非 static 方法是能够访问 static 成员的，如 sayHello() 方法能够正常地访问 static 成员 nationality。

4.5.2　变量的使用规则

变量应该定义为数据成员，还是局部变量？如果是数据成员，是让它属于每个对象，还是属于类？何时使用方法局部变量，何时使用代码块局部变量？

单纯地从实现代码的角度来讲，将变量定义为数据成员，而不使用局部变量几乎可以解决所有的问题，但是这样做的坏处是增大了变量的生存周期（数据成员存在于堆内存中，其释放由 Java 的垃圾回收机制控制），导致更大的内存开销，同时也扩大了变量的作用域，使程序的内聚性降低（软件设计的基本原则是高内聚、低耦合）。

【例 4-4】变量的使用规则示例。

对比下面几段代码。

代码段 1：

```java
public class TestScope1 {
    static int i;        // 定义一个类数据成员作为循环变量
    public static void main(String[] args) {
            for(i = 0; i < 10; i ++) {
                    System. out. println(i);
            }
    }
}
```

代码段 2：

```
public class TestScope2 {
    public static void main(String[] args) {
        int i;      // 定义一个方法局部变量做循环变量
        for(i = 0; i < 10; i ++) {
            System. out. println(i);
        }
    }
}
```

代码段 3：

```
public class TestScope3 {
    public static void main(String[] args) {
        for(int i = 0; i < 10; i ++) {    // 定义一个代码块局部变量作为循环变量
            System. out. println(i);
        }
    }
}
```

3 段代码中第 3 个最符合软件开发规范：对于一个循环变量而言，只需要在循环内有效。

需要将变量定义为数据成员的情形大致包括以下几种：

1）如果变量用于描述对象的静态信息，而且这个信息是与每个对象相关的，将其定义为对象的数据成员。如酒店的名字是酒店对象固有的信息，每个酒店都具有这个信息，所以应定义为 Hotel 对象的数据成员。

2）如果信息是与类相关的，即所有这个类的对象都具有相同的信息，将其定义为类的数据成员。如"中国人"这个类中的国籍信息，定义为类的数据成员（static 成员）。

3）如果某个信息需要在类的多个方法之间共享，则将其定义为数据成员。例如酒店前台管理系统中的酒店客房信息 String[][] rooms，它记录了酒店所有客房的状态，在查询、入住、退房等方法中均需要使用，应设置为数据成员。

对于局部变量，应尽可能缩小它的作用域，作用域越小，它在内存中停留的时间就越短，占用的系统资源就越少。因此，能用代码块局部变量的地方，就不要将其定义为方法局部变量。

4.5.3 static 代码块

如果在加载类时希望先进行一些特殊的初始化动作，可以使用 static 定义一个代码块，将期望最早执行的初始化任务写在代码块中。

【例 4-5】静态代码块示例。

```
public class StaticBlockTest {
    static {
        System. out. println("static 代码区,类正在被加载…");
    }
    public StaticBlockTest() {
        System. out. println("创建类的对象…");
    }
    public static void main(String[] args) {
```

```
            new StaticBlockTest();
            new StaticBlockTest();
        }
    }
```

上述代码的执行结果：

```
    static 代码区,类正在被加载…
    创建类的对象…
    创建类的对象…
```

类在加载时会预先执行 static 代码块中的代码，且只执行一次。

【说明】静态代码块一般用来在类加载以后初始化一些静态资源时候使用，如：加载配置文件。

4.5.4　类常量的定义

在 Java 中，final 关键词可以放在变量声明前，表示该变量一旦被赋值后，就不能再改变其取值，即通常意义上的符号常量。如果这个常量属于类的每一个对象，则可以在其定义前加上 static 修饰。

例如，Hotel 类定义时，关于客房的层数和每层客房数可以通过类常量的形式定义，并在创建对象时使用这些常量。

```
public class Hotel {
    private static final int HEIGHT = 10;              //层数
    private static final int WIDTH = 12;               //客房数
    private String hotelName;                          //酒店名
    private String[][] rooms;        //酒店客房,存储客房的状态(EMPTY/入住客人名)
public Hotel() {
            rooms = new String[HEIGHT][WIDTH];
    }
    …
}
```

4.6　包

随着程序架构越来越大，类的个数越来越多，类名称的维护成为一件很重要的事，尤其是遇到同名问题时。例如在程序中，已经定义了一个类 Hotel，但现在需要另一个也叫 Hotel 的类，它的设计与前者有所不同，如果给某个 Hotel 另起一个能表达其意义的命名，显然有些得不偿失。

在 Java 中用"包"（package）的方式管理类，包与磁盘的文件系统结构相对应，一个包就相当于一个文件夹，包中的类相当于文件夹下的文件。Java 为类定义不同的包，即定义不同的存储位置的方式解决同名类的冲突。同时包也提供了类的分类管理，使类可以按功能、来源等分为不同的集合，便于组织和使用。

Java 的类库就是被划分为若干个不同的包（解压缩 Java 安装路径下的 src. zip 文件可以看

到与包对应的文件夹结构），每个包中都有若干个具有特定功能和相关关系的类及接口（接口的概念详见 6.3 节）。例如，常用的 Java 包包括以下几种。

- java. lang：包含了 Java 语言的核心类，如 String、Math、System 等，这个包下的类在程序运行时自动导入。
- java. util：包含了大量实用的工具类和集合等，如 Scanner、Date、Arrays、List 等。
- java. text：包含了一些与 Java 格式化相关的类。
- java. awt：包含了构建图形用户界面的类。
- java. io：包含了输入/输出相关的类。
- java. sql：包含了 JDBC 数据库相关操作的类。
- javax. swing：包含了轻量级的构建图形用户界面的类。

4.6.1　包的创建

创建包使用 package 语句，它必须是整个 Java 文件的第一条语句，指明该文件中定义的类的字节码文件所在的包。创建包的语句格式：

package 包名[. 包名[. 包名]…];

Java 包的名字都是由小写字母组成，"."指明包（文件夹）的层次。例如：

package　com. ustb. chap4;

表示该源文件中所有类的字节码文件将位于\com\ustb\chap4 文件夹下。与子文件夹的概念相同，一个包的下一级包称为子包。

4.6.2　类的导入

同一个包中的类可以互相访问，但如果一个类要访问位于另一个包中的类（设这个类允许被访问），则前者必须通过 import 语句导入这个类。

在当前文件中的类要使用 Scanner 类，而 Scanner 位于 java. util 包下，那么通过：

import java. util. Scanner;

这句话导入 Scanner 类（前面已经使用过多次）。使用 import 可以导入一个包中的所有类：

import java. util. *;

但这样做的效率很低，编译器需要花费更多的时间完成导入，所以并不提倡。

需要注意的是，import 不能自动导入包的子包，必须用显式声明的方式导入子包。例如：

import java. awt. *;
import java. awt. event. *;

再如，java. lang 包无须显式导入，它总是被编译器自动调入，但如果要使用 java. lang 子包下的类，仍需显式导入：

```
import java. lang. reflect. * ;
```

【注意】导入类时，要注意类的访问控制权限，如果类的访问修饰符是 public，则 import 这个类没有问题；如果类的访问修饰符是默认的（没有写，默认为 package），则这个类只能在定义它的包内使用，禁止使用 import 导入，子包、父包均如此。

例如：在 test 包下有 public 类 Class1 和 package 类 Class2，则 Class1 类可以为 test 包外的类导入使用，而 Class2 只能被 test 包中的类使用。

进一步，设在 test 下有子包 sub，其下有 package 类 Class3，那么 Class3 也只能在 test. sub 下被使用，test 虽然是它的父包，但仍无权导入和使用它。test 包下的 Class2 也不能被 test. sub 下的类导入使用。

总之，只有 public 的类才能被 import。

【说明】如果想使用某个类，但又未进行导入，可以直接在类名前加上包的前缀名。例如：

```
java. util. Scanner scn = new java. util. Scanner( System. in) ;
```

显然这样的使用更烦琐，所以并不提倡。但是在某些情况下，例如 java. util 和 java. sql 下都有 Date 日期类，而在数据库的相关操作中经常是这两个包下的 Date 类都要使用，所以用哪个包下的 Date 就将包前缀随之写出，起到区分的作用：

```
new java. util. Date(…) ;
java. sql. Date    birth = …;
```

4. 6. 3　含包定义的类的编译及执行

设在 d:\java_source 文件夹下有一个源文件 Hotel. java，它的定义如下：

```
package chap4. swap;
public class Hotel {
    …
}
```

1. 编译

为了建立与包对应的文件系统结构，使用 javac 命令编译源文件时加入 - d 参数，并指定产生的类文件（ * . class 文件）要存储在哪一个文件夹下。

下面这个命令：

```
d:\java_source > javac  - d .   Hotel. java
```

使用 javac 命令编译当前文件夹 "d:\java_source" 下的文件 Hotel. java，指定 - d 参数和 "." （"."代表的当前文件夹），表示将生成的 * . class 类文件存储在当前文件夹 "d:\java_source" 下的与包对应的新建文件夹 chap4\swap 下（即类文件为 d:\java_source\chap4\swap\

Hotel. class）。

使用 javac 命令编译含包定义的类时的 3 个参数：

参数 1　"-d"指定编译时在文件系统中创建与包对应的文件夹结构，必须使用。

参数 2　指定类文件（包结构+class 文件）的存储位置，该参数由程序设计者按需指定。

参数 3　指定被编译的源文件，一定要保证按照路径可以找到被编译的源文件。

再看两个例子：

```
d:\java_source > javac  -d \   Hotel. java
```

参数 2 指定存储类文件的路径是当前盘的根目录（"\"表示根目录），所以编译好的类文件存储在"d:\chap4\swap"下。

如果当前路径（提示符代表了当前路径）下没有源文件，则在源文件前加上相应的路径保证可以正确地找到它，例如：

```
f:\ > javac  -d d:\ d:\java_source\Hotel. java
```

它表示，当前路径是 F 盘的根目录，要编译 d:\java_source 下的 Hotel. java，将创建好的包文件夹放在"d:\"下。

2. 执行

编译成功后，在指定位置上生成了相应的类文件。而 package 的设置使包名成为类名的一部分。也就是说，**完整的类名是包名·类名**，如：chap4. swap. Hotel。也就是说，在执行 Hotel 类时，必须按照 chap4 \ swap 这样的结构找到 Hotel. class 文件，而"包名·类名"就是这个路径的表达方法。

使用 java 命令执行该类时，需要保证：

1）在当前路径下可以按照包名结构找到被执行的类文件。

2）必须使用完整的类名。

例如，设 Hotel 编译后存放在包结构对应的"d:\"下，当前路径为 D 盘，执行 Hotel 的命令：

```
d:\ >java   chap4. swap. Hotel
```

如果不能在当前路径下找到对应的包结构，则会出现"java. lang. NoClassDefFoundError"的错误提示。

4.6.4　classpath 环境变量的设置

保证总是从顶层包的上一级文件夹开始执行 java 命令，这个要求有些苛刻。如何能够更方便地找到类文件呢？像环境变量 path 为寻找可执行文件提供路径一样，环境变量 classpath 可以设置查找类文件的路径。

classpath 的设置方法在 1.4.2 节中提到过，只是当时还没有"包"这个概念的出现。

出现包后，classpath 的取值为顶层包所在的路径。如：如果包 chap4. swap 位于 d:\下，则 classpath 的取值为 d:\；如果 chap4. swap 位于 d:\java_source 下，则 classpath 的取值为 d:\java_source，依此类推。

4.6.5 Eclipse 下创建 package

在 Eclipse 中，package 的管理将源文件和类文件合二为一。

创建好一个 Java Project 之后，项目下的“src”文件夹用于存放类源文件，在“src”下可以创建 package，在 package 下还可以创建子 package。

Eclipse 中创建 package 的方法：在窗口中选中要建立包的位置（src 或者其他 package），右击，从弹出的快捷菜单选择“new”→“Package”命令，为 package 命名即可。

创建类时，先选中类应在的 package，右击，从弹出的快捷菜单选择“new”→“Class”命令，该类则创建在该包下。Eclipse 自动在该源文件的第一句添加创建包的 package 语句。

与源文件的管理相对应，Eclipse 将编译生成的所有类文件按照对应的包结构存储在项目下的“bin”文件夹中（src 的同级文件夹），形成了源文件路径与类文件路径的统一管理。

4.7 综合实践——酒店前台客房管理系统

设计一个酒店前台客房管理系统包括酒店客房状态的查询，用户的入住、退房等功能。系统命令如下。

search all：查询并输出酒店所有客房的状态。

search 客房编号：查询该客房状态。

in 客房编号　用户名：用户入住，例如，“in 0306 Grace”表示姓名为 Grace 的客人入住 0306 客房。

out 客房编号：该客房退房，例如“out 0306”表示 0306 客房退房。

quit：退出程序。

search all 命令和入住 in 命令的运行效果如图 4-5 所示，入住时需要检测输入的客房编号是否正确，检测该客房是否已有客人。

```
欢迎您入住MiniHilton酒店
请输入您的指令：
search all
0101    0102    0103    0104    0105    0106    0107    0108    0109    0110

------------------------------------------------------------------------------
0201    0202    0203    0204    0205    0206    0207    0208    0209    0210

------------------------------------------------------------------------------
0301    0302    0303    0304    0305    0306    0307    0308    0309    0310

------------------------------------------------------------------------------
请输入您的指令：
in 0306 Grace
0306:Grace入住成功
请输入您的指令：
in 0306 Hellen
该房间已有客人入住，请更换其他的房间
请输入您的指令：
in 0311 Hellen
没有这个房间
请输入您的指令：
in 0308 Hellen
0308:Hellen入住成功
请输入您的指令：
search all
0101    0102    0103    0104    0105    0106    0107    0108    0109    0110

------------------------------------------------------------------------------
0201    0202    0203    0204    0205    0206    0207    0208    0209    0210

------------------------------------------------------------------------------
0301    0302    0303    0304    0305    0306    0307    0308    0309    0310
                                        Grace           Hellen
------------------------------------------------------------------------------
```

图 4-5　查询和入住命令运行效果图

按客房编号进行查询的命令和退房命令同样需要检测输入的客房编号是否正确，检测该客房是否已有客人，效果如图4-6所示。

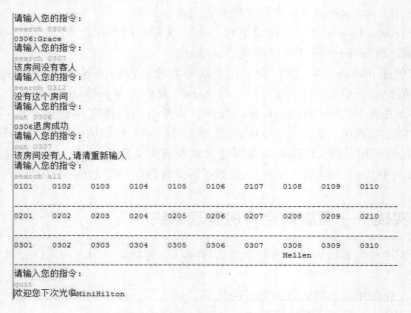

图4-6　按客房编号查询命令和退房运行效果图

4.7.1　类的设计——组合关系

在酒店前台管理系统1.0版本中，每个客房有自己的客房编号和该客房入住的客人，所以将客房对象抽象为客房类Room，将客房编号和入住客人的姓名作为数据成员。客房是酒店的静态信息，并且这个信息在查询、入住、退房等方法中被共享，所以在酒店类Hotel中包含描述所有客房的数据成员，即使用一个Room类型的二维数组存储所有的客房信息。

这里的Hotel和Room类间的关系可以用"has a"来描述，是面向对象设计中的一种组合（Composition）关系，即一个类的成员可以是其他类的引用。"HAS－A"关系体现了面向对象设计中类的专属性，类的专用化程度越高，在其他应用中就越可能被复用，面向对象设计不提倡用单独的类来完成大量不相关的操作。Hotel中包含了Room类的引用，客房的信息管理交给Room类，Hotel专心于酒店本身的业务操作：查询、入住、退房等。组合是面向对象设计中大量存在的类间关系。

如图4-7所示是描述此系统的类图。

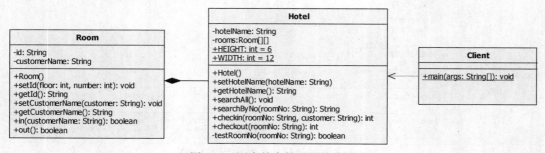

图4-7　酒店前台管理系统类图

76

类图是描述系统中的类以及各个类之间关系的静态视图，能够让程序开发者在正确编写代码以前对系统有一个全面的认识。类图使用统一建模语言（Unified Model Language，UML）描述，关于 UML 模型的知识可以参见相关书籍。

4.7.2 客房编号的处理方法

在 Room 类中，数据成员 id 表示客房编号，为 String 类型；客房用户的信息用 String 类型存储，即存储用户的姓名，无人入住时为 null（String 类型的默认初值）。

关于客房编号的使用规则如下。

1. 客房编号的初始化

因为 Hotel 中用 Room 的二维数组存储客房，所以设二维数组的行标代表客房所在楼层，列标代表客房在该楼层的编号。

初始化 Room 对象的客房编号时，由二维数组的行标、列标拼成客房编号，如 i = 0、j = 0 时对应 1 层 1 号客房，编号为"0101"；若 i = 11、j = 11，则客房编号为"1212"。拼接字符串的操作在 Room 类的 setId() 方法中完成。

```
public Hotel() {
    //创建数组对象
    rooms = new Room[HEIGHT][WIDTH];
    for(int i = 0; i < rooms. length; i ++ ) {
            for(int j = 0; j < rooms[i]. length; j ++ ) {
                    //创建并初始化每一个 Room 对象
                    rooms[i][j] = new Room();
                    rooms[i][j]. setId(i + 1, j + 1);
            }
    }
}
public class Room {
    private String id;//客房编号
    private String customerName;//客人姓名
    public void setId(int floor, int number) {
            id = (floor <=9 ? "0" + floor : "" + floor) + (number <=9? "0" + number : "" + number);
    }
    …
}
```

【注意】引用类型的数组在使用时务必区分创建数组对象和创建数组元素所保存对象二者间的不同。new Room［HEIGHT］［WIDTH］在堆内存中创建了数组，其每个元素的取值均被初始化为 null；只有创建了 Room 对象并存储在数组中后，数组元素才能真正被使用，否则就会出现 java. lang. NullPointerException 错误提示信息。

2. 客房编号参数的解析

命令行输入的客房编号参数 roomNo 为 String 类型，为了加快运算速度，不采用在二维数组中查询 Room 对象客房编号的方式，而是将合法的客房编号参数分解、前两位转换为它所对应的数组元素的行，后两位转换为它所对应的数组元素的列（在数组中的查找比对数组元素的直接定位要耗费时间）。

例如：命令行输入的客房编号是字符串"0306"，代表 03 层 06 号客房，将"03""06"字符串分解出来后转换为数字，使其所对应数组元素 rooms[2][5]，实现对数组元素的直接存取。

截取字符串的子串可以使用 String 类中的 substring() 方法，注意 substring(from,to) 截取的是[from,to)区间内的字符，即不包括 to 位置的字符。

将整数数字字符串转换为对应的整数，使用 int 类型的包装类 Integer（详见 7.3 节）的parseInt()解析方法。提取过程如下：

```
int height = Integer. parseInt( roomNo. substring(0,2) ) ; //截取前两位
int width = Integer. parseInt( roomNo. substring(2,4) ) ;   //截取后两位
```

3. 客房编号的合法性判断

客房的楼层和客房数由 Hotel 的 static 常量 HEIGHT 和 WIDTH 指定，客房楼层编号在 0 ~ HEIGHT − 1 范围内，各层客房编号在 0 ~ WIDTH − 1 范围内。在查询、入住和退房操作中，都需要判断给定客房参数的合法性，因此，设计一个只在 Hotel 内部使用的方法（private）testRoomNo()负责检测客房编号的合法性，供其他方法调用。

```
private boolean testRoomNo( String roomNo) {
    int height = Integer. parseInt( roomNo. substring(0,2) ) ;          //去掉后两位
    int width = Integer. parseInt( roomNo. substring(2,4) ) ;           //后两位
    if ( height < 1 || height > HEIGHT || width < 1 || width  >  WIDTH) {
            return false;
    } else {
            return true;
    }
}
```

4.7.3 Room 类设计

这里的 Room 类中包含有入住客人的信息，因此将客人入住和退房的行为封装在 Room 中，供 Hotel 类的 checkin 和 checkout 两个业务调用。它们对当前客房的状态进行判断（客户名 null 表示空，不空表示已有人入住），决定是否能入住或退房，并更新客房的客人信息。

```
public boolean in( String customerName) {              //入住
    if( this. customerName == null) {                  //空
            this. customerName = customerName;
            return true;                               //入住成功
    } else {
            return false;                              //入住失败,该客房已有客人
    }
}

public boolean out() {                                 //退房
    if( this. customerName != null) {                  //非空
            customerName = null;
            return true;
    } else {                                           //该客房没有客人
            return false;
    }
}
```

4.7.4 Hotel 类设计

Hotel 的核心方法在于处理酒店的查询、入住和退房业务。

1. 查询所有客房

search all 命令用二维表的形式显示打印酒店所有客房编号及其状态，如果客房未入住显示为空白，否则显示入住客人的名字。客房的 id 和客人信息均由 Room 类的方法获取。

```java
public void searchAll() {
    for( int i = 0; i < rooms. length; i ++) {
        //输出客房编号
        for( int j = 0; j < rooms[ i]. length; j ++) {
            System. out. print( rooms[ i][ j]. getId() + " \t");
        }
        System. out. println();
        //输出客房状态
        for( int j = 0; j < rooms[ i]. length; j ++) {
            System. out. print( rooms[ i][ j]. getCustomer() == null? " \t":rooms[ i][ j]
. getCustomer() + " \t");
        }
        System. out. println();
        for( int j = 1; j <= 8 * WIDTH; j ++)
            System. out. print( " – ");
        System. out. println();
    }
}
```

2. 查询指定客房

按客房编号查询状态时，需要对客房编号参数进行验证，只有合法的客房编号才被分解为该客房的位置信息。

```java
public void searchByNo( String roomNo) {
    if( testRoomNo( roomNo)) {
        //分解客房编号
        int height = Integer. parseInt( roomNo. substring(0,2));  //截取前两位
        int width = Integer. parseInt( roomNo. substring(2,4));    //截取后两位
        System. out. println( rooms[ height – 1][ width – 1]. getCustomerName() == null ?"该客房
没有客人": roomNo + " \t" + rooms[ height – 1][ width – 1]. getCustomerName());
    } else {
        System. out. println( "没有这个客房");
    }
}
```

3. 入住

入住首先对客房编号进行检测，合法情况下调用 Room 类的 in() 方法，入住有 3 种结果：返回 1 表示成功入住；返回 2 表示该客房已有客人，入住失败；返回 3 表示客房编号参数错误，不存在该客房。

```java
public int checkIn( String roomNo, String name) {
    if( testRoomNo( roomNo)) {
```

```java
                        //分解客房编号
                        int height = Integer.parseInt(roomNo.substring(0,2));      //截取前两位
                        int width = Integer.parseInt(roomNo.substring(2,4));       //截取后两位
                        if(rooms[height - 1][width - 1].in(name)){                //入住
                                return 1;                                          //成功入住
                        }else{
                                return 2;            //该客房已有客人入住
                        }
                }else{
                        return 3;                    //没有这个客房
                }
        }
```

4. 退房

退房首先对客房编号进行检测，合法情况下调用 Room 类的 out() 方法，退房有 3 种结果：返回 1 表示退房成功；返回 2 表示该客房没有客人，退房失败；返回 3 表示客房编号参数错误，不存在该客房。

```java
public int checkout(String roomNo){
        if(testRoomNo(roomNo)){
                //分解客房编号
                int height = Integer.parseInt(roomNo.substring(0,2));      //截取前两位
                int width = Integer.parseInt(roomNo.substring(2,4));       //截取后两位
                if(rooms[height - 1][width - 1].out()){
                                return 1;                                  //退房成功
                }else{
                                return 2;                                  //该客房没有人
                }
        }else{
                return 3;    //没有这个客房
        }
}
```

4.7.5 客户端 Client 类实现

Client 类用于实现酒店前台的工作流程，它在 main() 方法中创建 Hotel 对象，并根据控制台输入的指令调用相应的方法实现酒店前台管理。

控制台读入命令的第一个词决定调用哪个方法，根据不同的命令继续接收后续的多个参数。控制方法如第 3 章的"学生成绩查询系统"。

```java
public class Client {
        public static void main(String[] args){
                Hotel hotel = new Hotel("MiniHilton");
                System.out.println("欢迎您入住" + hotel.getHotelName() + "酒店");
                Scanner scn = new Scanner(System.in);
                System.out.println("请输入您的指令:");
                String command = scn.next();   //第一个词
                String roomNo;
                while(!command.equalsIgnoreCase("quit")){ //输入"quit"退出
                        if (command.equalsIgnoreCase("search")){ //search()方法
                                String para = scn.next();
```

```
                                        if( para. equals( "all" ) ) {
                                                hotel. searchAll() ;
                                        } else {
                                                hotel. searchByNo( para) ;
                                        }
                                } else if ( command. equalsIgnoreCase( "in" ) ) {
                                        roomNo = scn. next() ;         //客房编号
                                        String name = scn. next() ;       //客户姓名
                                        int res = hotel. checkin( roomNo, name) ;     //调用入住方法
                                        if( res == 1) {
                                                System. out. println( name + "成功入住!" ) ;
                                        } else if ( res == 2) {
                                                System. out. println( "该客房已有客人!" ) ;
                                        } else if( res == 3) {
                                                System. out. println( "客房编号输入错误" ) ;
                                        }
                                } else if ( command. equalsIgnoreCase( "out" ) ) {
                                        roomNo = scn. next() ;         //客房编号
                                        int res  = hotel. checkout( roomNo) ;        //调用退房方法
                                        if ( res == 1) {
                                                System. out. println( roomNo + "成功退房!" ) ;
                                        } else if ( res == 2) {
                                                System. out. println( "该客房没有客人!" ) ;
                                        } else if ( res == 3) {
                                                System. out. println( "客房编号输入错误" ) ;
                                        }
                                } else {
                                        System. out. println( "没有该指令" ) ;
                                }
                                System. out. println( "请输入您的指令:" ) ;
                                command = scn. next() ;  //第一个词
                        } //while
                        System. out. println( "欢迎您下次光临" + hotel. getHotelName() ) ;
                        System. exit( 0) ;
                }
        }
```

4.8　习题

1）如果一个类中有 static 代码段、static 方法、static 数据成员和对非 static 数据进行初始化的构造方法,那么这些初始化的顺序是怎样的?编写一段代码验证结论。

2）写出下面代码的执行结果。(知识点:引用变量和对象)

```
public class Hotel {
    private String name;
    public Hotel() {
    }
    public Hotel( String name) {
        this. name = name;
    }
```

```java
        public String getName() {
                return name;
        }
        public void change1(Hotel hotel) {
                hotel = new Hotel("Starwood");//令引用变量指向新的 Hotel 对象
                System. out. println("in the change1:" + hotel. name);
        }
        public void change2(Hotel hotel) {
                hotel. name = "Starwood";//修改引用变量所指向对象的 name 域
        }
}
public class HotelTest {
        public static void main(String[] args) {
                Hotel hotel = new Hotel("Hilton");
                System. out. println("in the main before change1:" + hotel. getName());
                hotel. change1(hotel);
                System. out. println("in the main after change1:" + hotel. getName());
                System. out. println();
                System. out. println("in the main before change2:" + hotel. getName());
                hotel. change2(hotel);
                System. out. println("in the main after change2:" + hotel. getName());
        }
}
```

3）写出下面代码的执行结果。（知识点：static）

```java
public class StaticDemo {
        static int b;
        static int m = 10;
        static int n;
        static void method(int a) {
                System. out. println("a = " + a);
                System. out. println("b = " + b);
                System. out. println("m = " + m);
                System. out. println("n = " + n);
        }
        static {
                System. out. println("static block is initalized. ");
                n = m * 5;
        }
        public static void main(String[] args) {
                method(15);
        }
}
```

4）写出下面代码的执行结果。（知识点：重载）

```java
public class Foo {
        public int add(int a, int b) {
                System. out. println("add(int,int)");
                return a + b;
        }
```

```
            public long add( long a, long b) {
                    System. out. println( "add( long, long) ");
                    return a + b;
            }

                    public int add( int a, int b, int c) {
                    System. out. println( "add( int, int, int) ");
                    return a + b + c;
            }
    }
    public class OverloadDemo {
        public static void main( String[] args) {
                    Foo f = new Foo( );
                    System. out. println( f. add( 1, 1) );
                    System. out. println( f. add( '0', 1) );
                    System. out. println( f. add( 1L, 1) );
            }
    }
```

5）选择下面代码的执行结果。（知识点：参数）

```
    public class ParamaterDemo {
        public static void main( String[] args) {
                    int a = 1;
                    Koo k = new Koo( );
                    add( a);
                    add( k);
                    int[] ary = {1,2};
                    add( ary);
                    System. out. println( a + "," + k. a + "," + ary[0]);
            }
        public static int add( int a) {
                    return ++a;
            }
        public static int add( Koo koo) {
                    return ++koo. a;
            }
        public static int add( int[] ary) {
                    return ++ary[0];
            }
    }
    class Koo {
        int a = 1;
    }
```

A. 1,1,1   B. 1,2,2   C. 2,2,2   D. 1,1,2

6）编写一个坐标系中的"点"类 Point。

① 编写构造方法用 x、y 坐标初始化某个点 public Point(int x, int y);

② 重载构造方法初始化对角线上的点，public Point(int x);

③ 编写 distance()方法计算当前点到原点的距离 public double distance();

④ 重载 distance()方法，计算当前点到另外一个坐标的距离：

```
public double distance( int x, int y)
```

⑤ 重载 distance 方法，计算当前点到另外一个点的距离：

```
public double distance( Point other)
```

⑥ 编写测试类 PointTest，创建几个点，计算它们之间的距离。

说明： 尽量减少重复代码的书写，能够借用已有方法的通过调用已有方法完成。

7）设计一个圆 Circle 类，包含圆心和半径两个数据成员。

① 编写合理的构造方法。

② 编写计算圆面积的方法 getArea()。

③ 编写计算圆是否包含指定的点 contains(Point)，contains(int x, int y)。

8）用面向对象的程序设计方法改写第 3 章的 "学生成绩查询系统"。

4.9 实验指导

1. 实验目的

1）掌握类的设计，包括数据成员（static、非 static）、构造方法、set/get 方法、行为方法等的定义。

2）掌握对象数组的创建和使用。

3）掌握类间组合关系的建立和使用。

2. 实验题目

【题目 1】编写一个学生类，包括学号、姓名、性别、年龄和记录学生总数的数据成员。

1）编写合理的重载构造方法。

2）编写各数据成员的 set、get 方法。

3）编写一个 public String toString()方法将学生的信息拼成一个字符串返回。

4）编写测试类创建几个学生，打印他们的信息和当前学生总数。

5）在测试类中创建学生数组存储学生对象，打印数组中每个学生的信息和当前学生总数。

【题目 2】定义一个学生类和一个课程类，表示现实生活中一个学生可以选择多门课程的情况。课程类包括课程名称和学分两个数据成员，学生类包括学生姓名、年级、选课数组共 3 个数据成员，类图如图 4-8 所示。

1）编写构造方法和各数据成员的 set、get 方法。

2）编写 Student 类的 getHours()方法，计算学生选课的总学分。

3）编写 Student 类中的 showMessage()方法，打印输出学生信息（姓名、年级、所有选课的名称、学分以及总学分）。

4）编写一个测试类，在控制台输入课程与学生的信息，打印输出这些学生的选课信息。

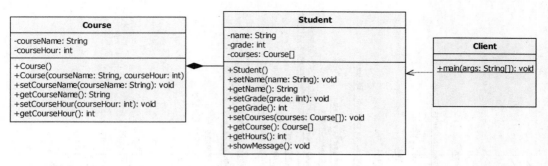

图4-8 学生选课类图

运行效果如下：

```
输入学生的人数:2
输入第 1 个学生的姓名:Lucy
输入第 1 个学生的年级:2
输入第 1 个学生选几门课程:2
输入第 1 门课程的名称:C
输入第 1 门课程的学分:2
输入第 2 门课程的名称:DS
输入第 2 门课程的学分:3
输入第 2 个学生的姓名:Hellen
输入第 2 个学生的年级:3
输入第 2 个学生选几门课程:3
输入第 1 门课程的名称:Java
输入第 1 门课程的学分:3
输入第 2 门课程的名称:linux
输入第 2 门课程的学分:2
输入第 3 门课程的名称:html
输入第 3 门课程的学分:2
第 1 学生信息如下:
Lucy 2 年级
选修的课程包括:
(1)C      2 分
(2)DS      3 分
总学分:5
第 2 学生信息如下:
Hellen 3 年级
选修的课程包括:
(1)Java 3 分
(2)linux 2 分
(3)html 2 分
总学分:7
```

4.10 本章思维导图

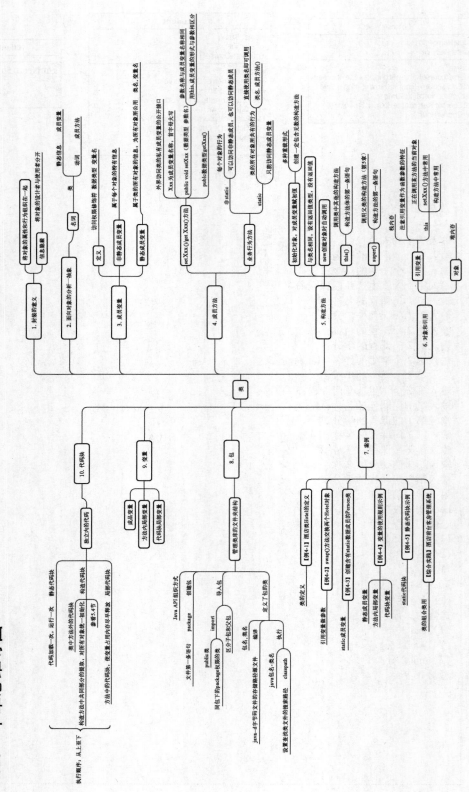

第5章 类的继承

继承（Inheritance）是面向对象程序设计的重要特性。利用继承，用户可以基于已存在的类构造一个新类，复用这个类的成员，再添加一些成员以满足新的需求。继承是代码复用的一种手段，4.7节中"类的组合"是代码复用的另一个手段，在本章的5.5节将对两种复用方式进行比较，可以说继承更关键的意义在于实现多态性，通过多态增强代码的可扩展性、可维护性。

5.1 继承

继承体现了类之间"is a"的关系，使用关键字"extends"实现，类中成员能否被继承由它们的访问控制权限决定。

5.1.1 继承的概念

继承是类之间的一种"is a"关系的体现。假设有一个购物网站，销售很多种商品，每种商品会有一些共性的信息，如它们都有名称、关于商品的描述、上架时间、销售价、关键词等信息；而每种商品也有自己特有的信息，比如书籍需要作者、出版社、出版时间、字数、版次、ISBN号等信息；服装需要有颜色、尺码等信息…。

显然，不需要为每种商品都管理一份大家共有的基本信息，书是一种商品，服装是一种商品，在购物网站的设计中，可以将商品的基本信息封装在商品Product类中，书籍类Book和服装类Clothes对其进行继承。它们使用继承的方式重用Product中已经编写的代码，并各自增加新的成员。Book、Clothes与Product之间存在着明显的"is a"关系，它们之间的关系描述如图5-1所示。

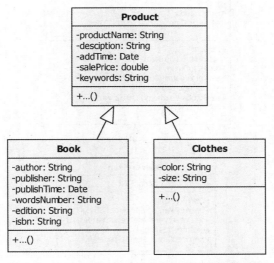

图5-1　Book、Clothes与Product之间的继承关系

在继承关系中，已存在的类称为超类（super class）、基类（base class）或者父类（parent class）；新类称为派生类（derived class）或子类（subclass）。本书中使用父类和子类这两个名词。

继承分为单继承和多继承。单继承是指一个子类只有一个父类，多继承是指一个子类有两个及两个以上的父类。因为多继承会带来二义性，比如说类 A 有一个名字为 f() 的方法，类 B 中也有一个名字为 f() 的方法，类 C 同时继承了类 A、类 B，那么类 C 的对象调用 f() 方法时就出现了二义性。Java 语言中类的继承只支持单继承，接口支持多继承（详见 6.3 节），也就是说，Java 中的多继承是通过接口来间接实现的，多继承接口不会产生二义性。

5.1.2　继承的实现

Java 中使用 extends 作为继承父类的关键词。语法格式如下：

```
[类修饰符] class 子类名 extends 父类名{
    数据成员定义；
    方法成员定义；
}
```

【例 5-1】通过继承 Person 类派生 DeliveryMan 类。

假设有一个快递公司，公司有很多员工，有着不同的业务分工。如果要管理这个公司的所有员工，在设计类时，顶层显然会有一个 Person 类，它定义了所有员工的共同属性：员工编号、身份证号、姓名、生日等数据成员，以及这些成员的 public 接口。公司员工则在继承 Person 类的基础上，根据各自的业务分工，再增添新的数据成员和方法成员。

例如，快递员 DeliveryMan 类继承 Person 类，新增数据成员配送区域 deliveryArea、获取配送区域方法 getDeliveryArea()、获取快递员信息方法 getInfo()、判断某区域是否在配送范围内方法 isArrived()。Person 类是父类，快递员 DeliveryMan 类是它的子类，它们的关系如图 5-2 所示。

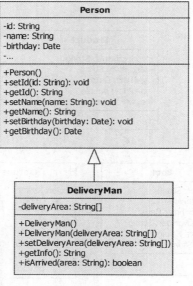

图 5-2　Person 与 DeliveryMan 类图

Person 类定义如下：

```
public class Person {
    private String id;
    private String name;
    private Date birthday;

    public String getId() {
            return id;
    }
    public Person() {
    }
    public Person(String id, String name, Date birthday) {
            super();
            this. id = id;
            this. name = name;
            this. birthday = birthday;
    }
    public void setId(String id) {
            this. id = id;
    }
    public String getName() {
            return name;
    }
    public void setName(String name) {
            this. name = name;
    }
    public Date getBirthday() {
            return birthday;
    }
    public void setBirthday(Date birthday) {
            this. birthday = birthday;
    }
}
```

DeliveryMan 类继承 Person 类，定义如下：

```
public class DeliveryMan extends Person {
    //新增数据成员
    private String[] deliveryArea;
    //新增方法
    public void setDeliveryArea(String[] deliveryArea) {
            this. deliveryArea = deliveryArea;
    }
    public String getInfo() {//拼写快递员信息字符串
            String str = getId() + "," + getName() + "\n 配送范围:";
            int i;
            for(i = 0; i < deliveryArea. length - 1; i ++) {//除最后一个外,都有一个逗号
                    str += deliveryArea[i] + ",";
            }
            return str + deliveryArea[i];
    }
}
```

```
    public boolean isArrived(String area){//检查 area 是否在配送范围
            for(String d: deliveryArea){
                    if(d. equalsIgnoreCase(area)){
                            return true;
                    }
            }
            return false;
    }
}
```

继承某个类后，该类的所有 public 成员都可以在子类中被使用，而 private 成员则不可以。这个例子中，DeliveryMan 中的 getInfo()方法，在拼接字符串时：

```
    String str = getId() + "," + getName() + "\n 配送范围:";
```

id、name 属性虽然从父类继承到了，但它们是父类中的 private 成员，在 DeliveryMan 中不能直接使用，可以通过从 Person 类继承的 public 方法 getId()、getName()获取它们。

【提示】要区分"存在"与"可见"之间的关系。private 的成员与其他成员一样都被继承到子类中（是存在的），只是它们不能被子类直接使用而已（不可见）。

写一个测试类如下：

```
    public class Test {
        public static void main(String[] args) {
                DeliveryMan dm = new DeliveryMan();
                //从父类继承的方法
                dm. setId("007");
                dm. setName("Bang");
                //子类新增方法
                dm. setDeliveryArea(new String[]{"南锣鼓巷","烟袋斜街","雨儿胡同","帽儿胡
同","黑芝麻胡同"});
                System. out. println("快递员信息:" + dm. getInfo());
                if(dm. isArrived("方家胡同")){
                        System. out. println("欢迎光临,可以配送至方家胡同");
                }else{
                        System. out. println("对不起,不能配送至方家胡同");
                }
        }
    }
```

测试类中，DeliveryMan 对象调用的 setId()、setName()方法虽然在 DeliveryMan 类中没有定义，但通过继承，它们已经从父类扩展到子类中。对于它们，DeliveryMan 对象就像使用自己的方法一样，这就是继承实现的代码的复用。

5.1.3 类成员的访问控制

除了前面章节使用过的 public 成员和 private 成员外，类还有 protected 成员和包成员。

1. protected 成员

在之前的示例中，类中的数据成员都被设定为 private，这样的成员只能在类内部使用，即便该类的子类也无法直接存取这样的成员。

然而有些时候，用户希望子类也能直接存取父类中的成员，而不是通过 public 接口，这时可以将这样的成员声明为受保护（protected）的权限。"保护"的意思是存取该成员是有条件限制的，这个成员可以被同一个包的所有类以及不同包的子类访问（即不同包的无继承关系的类不能直接访问 protected 成员）。这样，无论子类位于哪一个包下都有权访问父类的 protected 成员。

2. 包成员

如果一个成员前没有使用任何访问控制符，它即为默认的包（package）访问权限，可以被同包的所有类访问（当然也包括同包的子类）。但如果子类与父类位于不同的包下，则子类仍无权访问父类中的 package 成员。

总结一下，类的数据成员的访问权限有 public、protected、package（默认）和 private 4种，它们的访问权限如表 5-1 所示。

表 5-1　成员的访问控制权限

类 A 成员的 访问控制符	类 A 对类 A 成员 的访问权限	第三方类对类 A 成员 的访问权限		子类 B 对类 A 成员 的访问权限	
		与 A 同包	与 A 不同包	与 A 同包	与 A 不同包
public	√	√	√	√	√
protected	√	√	×	√	√
package（默认）	√	√	×	√	×
private	√	×	×	×	×

【例 5-2】分析同包下无继承关系的类之间成员的访问控制权限。

```
package chap5. example. access;
    public class C {
    public int a = 1;
    protected int b = 2;
    int c = 3;
    private int d = 4;
    public int getD() {return d;}
}
package chap5. example. access;
public class AccessDemo {
    public static void  main(String[] args) {
        C coo = new C();//类 C 与 AccessDemo 类在同包下
        System. out. println(coo. a);        //可以访问类 C 的 public 成员
        System. out. println(coo. b);        //可以访问类 C 的 protected 成员
        System. out. println(coo. c);        //可以访问类 C 的 package 成员
        //System. out. println(coo. d);      //不可以访问类 C 的 private 成员
```

```
                System. out. println( coo. getD( ) ) ;           //可以通过 public 接口获取 private 成员
        }
    }
```

本例中，类 AccessDemo 和类 C 是平行关系，存在于同一个包下，它可以访问到 C 对象中的 public、protected、package 成员。

【例 5-3】分析不同包下子类对父类成员的访问控制权限。

```
    package chap5. example. access. sub;
        public class C {
        public int a;
        protected int b;
        int c;
        private int d;
        public int getD( ) { return d;}
    }
    package chap5. example. access;
    import chap5. example. access. sub. C;
    public class AccessDemo extends C {          //子类 AccessDemo 与父类 C 不在同一包下
        public void getInfo( ) {
                System. out. println( a) ;          //可以访问类 C 的 public 成员
                System. out. println( b) ;          //可以访问类 C 的 protected 成员
                System. out. println( c) ;          //不可以访问类 C 的 package 成员
                System. out. println( d) ;          //不可以访问类 C 的 private 成员
        }
    }
```

本例中，类 AccessDemo 是类 C 的子类，但不处于同一个包下，它可以访问到 C 中的 public、protected 成员。

总之，对于父类中希望子类可以直接访问的数据成员，还有父类中允许子类直接使用的工具方法可以声明为 protected。

【说明】在实际类的设计过程中，并不是一开始就决定将哪些数据成员或方法设置为 protected，通常数据成员和非 public 的方法都会先声明为 private。当设计继承并考虑扩大成员的职责到子类时，才开始考虑将哪些成员改为 protected。

5.2 重写父类方法

子类重写父类的方法是以面向对象的角度看世界的合理表现，同时也是实现面向对象的多态性的必备条件。

5.2.1 重写及其意义

子类扩展父类，大多数是子类以父类为基础，额外增加新的数据成员和方法。但除此之外，重写（override）父类的方法也是普遍存在的。

在面向对象的程序设计中，重写父类的方法是一个利器，程序的扩展性、可维护性通常就是利用重写后的多态性而实现的。本章重点学习如何重写父类的方法，重写后的效果将在第 6

章详细展示。

为什么要重写呢？本章从现实世界的角度来说。设一个动物 Animal 类中有一个表示动物行动方式的 move() 方法（它的功能可能仅仅是告诉你动物是可以运动的）。而子类 Bird 中 move 的方式是飞翔，子类 Fish 中 move 的方式是游水，子类 Wolf 中 move 的方式是奔跑…可见，这些子类都需要重写父类的 move() 方法以表达自身的更为贴切的行为方式。

【例 5-4】定义 Animal 类的子类 Bird，并重写它的 move() 方法。

```
public class Animal {
    public void move() {
        System. out. println("我可以 move…");
    }
}
public class Bird extends Animal {
    public void move() {
        System. out. println("我可以在天空飞翔…");
    }
    public staticvoid main(String[] args) {
        Bird bird = newBird();
        bird. move();    //输出"我可以在天空飞翔…"
    }
}
```

运行上面的程序可以看到，执行 bird. move() 时不再是 Animal 类的 move() 方法，而是 Bird 类重写的 move() 方法。

方法的重写遵循"两同两小一大"的规则。"两同"指方法名称相同、形参列表相同；"两小"指子类方法返回值类型小于或等于父类方法返回值类型（返回值是基本类型时，要求必须一致；返回值是引用类型时，可以放宽为父类返回值的子类类型），子类方法抛出的异常小于或等于父类方法抛出的异常（关于异常详见第 9 章）；"一大"指子类方法的访问权限大于或等于父类方法的访问权限。同时，重写方法时不能改变方法的 static 或非 static 性质。

【注意】如果父类方法是 private 权限，那么该方法在子类中是不可见的，即子类无法重写该方法。如果子类定义了一个与父类 private 方法具有相同名称、相同形参列表、相同返回值的方法，这并不是重写，而是新定义了一个方法。

5.2.2　Object 类与重写 toString() 方法

Java 中所有类都继承自 java. lang. Object，它是所有类的直接或间接父类。当有：

```
public class Animal{ }
```

定义时，实际上相当于：

```
public class Animal extends Object{ }
```

只是没必要这样写。

Object 类中定义了 9 个方法，包括 protected 权限的 clone()、finalize()，以及 public 权限的 toString()、equals()、hashCode()、notify()、notifyAll()、wait()、getClass()。除了 getClass()、 notify()、notifyAll()、wait()之外（它们被声明为 final，见 5.4 节），其他的方法都可以重写。

Object 类的这些方法都非常重要，应用在各个环节。equals()方法和 hashCode()方法在第 8 章介绍。notify()、notifyAll()、wait()是有关线程的方法，在第 11 章介绍。本章介绍 toString() 和 clone()方法。

toString()方法是对对象的文字描述，返回一个字符串。

例如：

```
Bird bird = newBird();
System. out. println( bird);
```

系统在会自动调用 Bird 类从 Object 继承而来的 toString()方法，打印一个该对象的字符串描述（全名@ hashCode 编码）。如：

```
chap5. example. override. Bird@ 1fc4bec
```

如果在新创建的类中重写 toString ()方法，返回一个与该类具体相关的字符串，则打印对象的操作将变得非常简单，直接调用 System. out. println()方法即可。正因为如此，toString()方法通常都会被重写。

【例 5-5】在 DeliveryMan 类中重写 toString 方法。

```
public class DeliveryMan extends Person {
    private String[] deliveryArea;
    …
    public String toString() {
        String str = getId() + "," + getName() + "\n 配送范围:";
        int i;
        for(i = 0; i < deliveryArea. length - 1; i++) {//除最后一个外,都有一个逗号
            str + = deliveryArea[i] + ",";
        }
        return str + deliveryArea[i];
    }
}
public class Test {
    public static void main(String[] args) {
        DeliveryMan dm = new DeliveryMan();
        dm. setId("007");
        dm. setName("Bang");
        dm. setDeliveryArea(new String[]{"南锣鼓巷","烟袋斜街","雨儿胡同","帽儿胡
同","黑芝麻胡同"});
        System. out. println("快递员信息:" + dm);
    }
}
```

这里重写的 toString()方法，取代了【例 5-1】中的 getInfo()方法，使 System. out. println()可以直接使用对象引用变量做参数，由系统自动指向 toString 方法的调用。

重写 toString()方法时，方法名称、参数列表（空）、返回值类型均与 Object 中的定义一致。

94

5.2.3 调用父类被重写的方法

如果子类重写了父类的方法，那么子类对象默认调用的是自己重写后的方法，如何能调用父类被重写了的方法呢？可以使用 super。super 是 Java 提供的一个关键字，用于对象调用它从父类继承得到的数据成员或方法（通常在子类成员与父类成员同名的情况下使用，否则是"画蛇添足"）。与 this 一样，super 也不能出现在 static 修饰的方法中。

【例 5-6】利用 super 调用父类的同名方法。

```java
public class Animal {
    public void move() {
        System.out.println("我可以 move…");
    }
}
public class Bird extends Animal {
    public void move() {
        super.move();        //调用父类的 move()方法
        System.out.println("我可以在天空飞翔…");
    }
    public static void main(String[] args) {
        Bird bird = new Bird();
        bird.move();      //输出"我可以 move…我可以在天空飞翔…"
    }
}
```

5.2.4 Object 类的 clone()方法与深、浅复制

Java 中将对象的复制分为浅复制与深复制两种（复制也称克隆（clone））。浅复制指被复制对象的所有数据成员都含有与原来对象相同的值，包括引用类型的数据成员，即不复制引用类型数据成员所指向的对象。深复制实现的是数据成员的全面复制，包括复制产生引用成员所指向的对象的副本。

Object 类中的 clone()方法可以将对象复制一份并返回给调用者，程序在运行时，clone()方法可以识别要复制的对象，然后为新对象分配存储空间，并将原始对象的内容——复制到新对象的存储空间中。方法签名如下：

```java
protected Object clone() throws CloneNotSupportedException
```

【说明】"throws CloneNotSupportedException"为 Java 中异常处理的一部分，"异常"将在第 9 章详细学习。此处只要按照 Eclipse 的提示，在调用 clone()方法的错误提示处选择帮助"Surround with try/catch"操作即可。

【例 5-7】在 Student 类中重写 Object 的 clone()方法，实现 Student 对象的深复制。

首先，因为 Object 类中的 clone()方法的访问修饰符是 protected，所以试图用下面的方式复制对象是错误的。

```java
public class Student {
    private String name;
```

```
            private int age;
            public Student() {}
            public Student(String name, int age) {
                    this.name = name;
                    this.age = age;
            }
    }
    public class Test {
        public static void main(String[] args) {
                Student stu1 = new Student("Lucy",15);
                Student stu2 = null;
                try {
                        //此句报错(the method clone() from the type Object is not visible)
                        stu2 = (Student)stu1.clone();
                } catch (CloneNotSupportedException e) {
                        e.printStackTrace();
                }
                …
        }
    }
```

    Test 类相对于 Student 类来讲，身份是"第三方类"（既不是 Student 类本身，也不是 Student 的子类），且它与 clone()方法所在的 Object 类也不在同一个包下，所以它没有权力访问继承得到 protected 修饰的 clone()方法。

    因此，需要在 Student 类中重写 Object 类中的 clone()方法，但具体的复制工作仍由 Object 类中的 clone()方法完成。

    【弦外之音】当然，Student 中实现复制功能的方法也可以不命名为"clone"（这样也就不涉及方法的"重写"）。但是，的确没有比"clone"更合适的名称了。

    具体实现方法如下：

    1）在 Student 类中重写 Object 类的 clone()方法，并将 clone()方法的访问修饰符改为 public（重写父类方法时，访问修饰符可以比父类更宽泛）。

    2）在 clone()方法中用 super.clone()的形式调用父类 Object 中的 clone()方法，完成复制行为。

    3）此外，依照语法规则，Student 类要实现 Cloneable 接口（接口将在第 6 章学习），该接口仅仅起到标识该类的对象是可以复制的作用，并没有实际功能。

    Student 类的代码如下：

```
    public class Student implements Cloneable{    // implements Cloneable 表示实现 Cloneable 接口
        private String name;
        private int age;
        …
        public Student clone() { //重写 Object 类的 clone()方法
                Student stu = null;
                try {
                        stu = (Student)super.clone();    //调用 Object 类的 clone()功能完成复制
                } catch (CloneNotSupportedException e) {
                        e.printStackTrace();
                }
                return stu;
        }
    }
```

测试类 Test 代码如下，可以验证完成了 Student 对象的复制功能。

```
public class Test {
    public static void main(String[] args) {
        Student stu1 = new Student("Lucy",15);
        Student stu2 = stu1. clone();
        System. out. println(stu1);
        System. out. println(stu2);
    }
}
```

接下来，向 Student 中组合一个 Teacher 类的引用成员。

```
public class Teacher implements Cloneable{
    private String name;
    public Teacher(String name) {this. name = name;}
    public Teacher() {}
    public String getName() {return name;}
    public void setName(String name) {this. name = name;}
}
public class Student implements Cloneable{
    private String name;
    private int age;
    private Teacher teacher; //增加 Teacher 类型的引用成员
    public Student() {}
    public Student(String name, int age, Teacher teacher) {
        this. name = name;
        this. age = age;
        this. teacher = teacher;
    }
    public Teacher getTeacher() {return teacher;}
    public void setTeacher(Teacher teacher) {this. teacher = teacher;}
    public Student clone() {
        Student stu = null;
        try {
            stu = (Student)super. clone();
        } catch (CloneNotSupportedException e) {
            e. printStackTrace();
        }
        return stu;
    }
    public String toString() {
        return name + "," + age + "," + teacher. getName();
    }
}
```

【健身操】请思考下面代码的运行结果是什么？

```
public class Test {
    public static void main(String[] args) {
        Teacher teacher = new Teacher("Grace");
        Student stu1 = new Student("Lucy",15, teacher);
```

```
                    Student stu2 = stu1. clone();
                    stu1. getTeacher(). setName("Kenzo");
                    System. out. println("stu1:" + stu1);
                    System. out. println("stu2:" + stu2);
          }
    }
```

在测试类中，完成 stu1 的复制后，将其 teacher 信息进行了重新赋值，那么 stu2 的 teacher 信息随之改变吗？

事实上，这段程序的运行结果是这样的：

```
    stu1:Lucy,15,Kenzo
    stu2:Lucy,15,Kenzo
```

显然，stu2 中的 teacher 信息也随之发生了改变。也就是说，Object 类的 clone() 方法实现的是浅复制，引用变量所指向的对象未被复制，新对象和原对象的引用变量指向的是同一个对象。那么，怎样实现对象的深复制呢？

方法：在 Teacher 类中定义与 Student 类似的 clone() 方法，并在 Student 的 clone() 方法中调用，增加对引用变量所指对象的复制环节。

代码改进如下：

```
public class Teacher implements Cloneable{
    ...
    public Teacher clone() {//重写 clone 方法
            Teacher tea = null;
            try {
                    tea = (Teacher) super. clone();
            } catch (CloneNotSupportedException e) {
                    e. printStackTrace();
            }
            return tea;
    }
}
public class Student implements Cloneable{
    ...
    public Student clone() {
            Student stu = null;
            try {
                    stu = (Student) super. clone();
            } catch (CloneNotSupportedException e) {
                    e. printStackTrace();
            }
            stu. setTeacher(this. teacher. clone());   //复制引用成员所指对象
            return stu;
    }
}
```

也就是说，实现深复制时，如果对象中包含引用成员，则该引用成员所属类也需要重写 clone() 方法。在复制对象时，再单独复制引用成员所指对象。

98

5.3 子类对象的构造

构建子类对象的过程会沿着继承链一直向上追溯，即先构建父类部分，再构造子类部分。设计构造方法时可以使用 this 调用本类的构造方法，也可以使用 super 调用父类的构造方法。

5.3.1 子类对象的构造过程

默认情况下，Java 构建子类对象时，总是会先隐式调用父类无参的构造方法先构建父类对象（super()），并一直向上追溯执行上级父类的构造方法，直到 java.lang.Object 的构造方法。所以非常重要的，第 4 章曾经叮嘱过的，在编写类时，一定要定义该类无参的构造方法，到了继承层次中，它已经是必不可少的一员了。

【例 5-8】已知如图 5-3 所示的圆 Circle→椭圆 Ellipse→形状 Shape 的继承关系，查看 Circle 对象构建的过程。

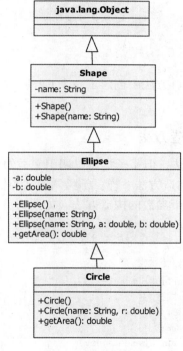

图 5-3　继承层次图

说明：本例代码中每个类只有一个无参的构造方法。

```
public class Shape {
    private String name;
    public Shape() {
        System.out.println("Shape()…");
    }
    …
}
public class Ellipse extends Shape {
```

```
            private double a;          //短轴
            private double b;          //长轴
            public Ellipse() {
                    System. out. println("Ellipse()…");
            }
            …
    }
    public class Circle extends Ellipse{
        public Circle() {
                System. out. println("Cicle()…");
        }
    }
```

在测试类中创建一个 Circle 对象:

```
    new Circle();
```

则程序的输出:

```
    Shape()…
    Ellipse()…
    Cicle()…
```

可以看到，虽然只是在 main() 方法中创建了一个 Circle 对象，但是系统在底层完成了一个复杂的链式操作。

5.3.2 super 与 this 调用构造方法

子类不会继承父类的构造方法，但是子类可以调用父类的构造方法，如同一个类的构造方法可以用 this() 调用自己的重载构造方法一样。子类调用父类构造方法使用 super() 完成。

在【例 5-8】的代码中增加带参数的构造方法（如图 5-3 设计）。

```
    public class Shape {
        private String name;
        public Shape() {
                System. out. println("Shape()…");
        }
        public Shape(String name) {
                this. name = name;
                System. out. println("Shape(String)…");
        }
    }
    public class Ellipse extends Shape{
        private double a; //短轴
        private double b;  //长轴
        public Ellipse() {
                System. out. println("Ellipse()…");
        }
        public Ellipse(String name) {
                super(name);//调用 Shape 的带参构造方法
                System. out. println("Ellipse(String)…");
        }
    }
```

```
            public Ellipse(String name, double a, double b) {
                this(name);    //调用本类的重载构造方法
                this. a = a;
                this. b = b;
                System. out. println("Ellipse(String,double,double)…");
            }
    }
    public class Circle extends Ellipse{
        public Circle() {
                System. out. println("Cicle()…");
        }
        public Circle(String name, double r) {
                super(name,r,r);    //调用 Ellipse 的构造方法
                System. out. println("Circle(String,double)…");
        }
    }
}
```

在测试类中创建一个 Circle 对象：

```
new Circle("圆",100);
```

则程序的输出：

```
Shape(String)…
Ellipse(String)…
Ellipse(String,double,double)…
Circle(String,double)…
```

可以看到，super() 与 this() 非常相似，只不过 this() 调用的是本类重载的构造方法，而 super() 调用的是父类的构造方法。与 this() 调用相同，如果 super() 存在，它必须是该构造方法中的第一个语句（所以 this() 和 super() 不可能同时出现在一个构造方法中）。

总地来说，构造方法调用的过程是这样的：

1）子类构造方法的第一行使用 super() 显式调用父类的构造方法，编译系统根据 super 的实参列表调用对应的父类构造方法。

2）子类构造方法的第一行使用 this() 显式调用本类重载的构造方法，编译系统根据 this 的实参列表调用对应的本类构造方法。执行本类另一个构造方法时会显式或隐式地调用父类的构造方法。

3）如果子类构造方法中既没有 super 调用，也没有 this 调用，系统会在执行子类构造方法前隐式调用父类无参的构造方法（【例5-8】所示）。

【健身操】完成 Eclipse 和 Circle 类中 getArea() 方法的定义，并进行测试。

5.4 Java 修饰符

通过前面的学习我们看到，在定义类或类成员时可以使用 public、protected、private、static 等修饰符，除此之外，Java 中还有一个常见的修饰符 final，它可以修饰类、方法以及变量。

5.4.1 final 修饰符

final 关键字具有"不可变"的含义，可以修饰类、方法和变量。final 修饰类时，类不能

被继承；final 修饰方法时，方法不能被重写；final 修饰变量时，变量只能被赋值一次。

1. final 类

final 修饰的类不能有子类。如 java. lang. String、java. lang. Math 等就是 final 类，不能被继承，它们的方法禁止被重写。

当子类继承父类时，可以访问到父类内部的数据、可以重写父类的方法，这些可能导致一些不安全的因素。如果可以确定某个类不会再被扩展，或其实现的细节不允许有任何改动，可以使用 final 修饰这个类。例如：

```
public final classFinalClass{ }
```

如果试图对该类进行继承，则会出现编译错误。

【提示】在实际项目开发中，原则上不允许使用 final 类。像 Struts 2、Spring、Hibernate 等框架经常使用动态继承的方式代理程序员自定义的类，使用 final 的类可能造成这些框架的工作问题。

2. final 方法

final 修饰的方法不能被重写，例如 java. lang. Object 类中的 getClass() 方法。Object 类是一定会被继承的（它是所有类直接或间接的父类），但是 Java 不希望子类重写这个方法，所以使用 final 把它保护起来。Object 中的 final 方法还有 notify()、notifyAll() 和 wait()，其他方法没有 final 修饰，均可以被重写。

同样，在实际项目开发中，原则上不允许使用 final 方法。

3. final 变量

final 修饰变量时包括 final 成员变量、final 局部变量和 final 方法参数。无论 final 修饰哪种变量，无论这种变量在何处被赋初值，final 变量的赋值永远只能有一次。

（1）final 成员变量

对 final 成员变量赋初值，可以在定义该成员变量时，可以在构造方法中，也可以利用初始化代码块。

【例 5-9】final 修饰成员变量示例。

下面程序示范了 final 成员变量赋初值的方法，其中，static 代码块下面的"{ initstr = "在构造代码块中赋初值"…}"; 是构造代码块，它位于类体内但在所有方法之外，其作用是提取构造方法中的共同部分，对所有对象中的该成员进行统一的初始化。

```
public class FinalField {
    final String defineInitStr = "在定义时赋初值…";
    final static String staticInitStr;
    final String initStr;
    final String constructorInitStr;
    static{
            staticInitStr = "在静态代码块中赋初值…";
    }
    {
            initStr = "在构造代码块中赋初值…";
    }
    public FinalField( String constructorInitStr) {
            this. constructorInitStr = constructorInitStr;    //在构造方法中赋初值
```

```
            }
            public void changeFinalField() {
                    defineInitStr = " a " ;              //编译错
                    staticInitStr = " b " ;              //编译错
                    initStr = " c " ;                    //编译错
                    constructorInitStr = " d " ;         //编译错
            }
            public static void main(String[] args) {
                    FinalFieldff = newFinalField("在构造方法中赋初值…");
            }
    }
```

从 changeFinalField()方法可以看到，这些 final 成员被赋初值后就不允许再次赋值（定义时初始化、代码块初始化、构造方法初始化均早于执行 changeFinalField()方法）。

【说明】如果 final 成员没有在任何一个地方被初始化，它们的值一直保持系统的默认值（0 或 null 等），那么它们的存在也就失去了意义。所以 Java 中规定，final 成员变量必须由程序员显式地指定初值。

（2）final 局部变量

final 局部变量必须由程序员显式地指定初值，可以在定义局部变量时指定，也可以在第一次使用它之前赋以初值。方法中 final 修饰的形参在每次调用方法时初始化，在方法内部禁止再次被赋值。

【例 5-10】final 修饰局部变量示例。

```
    public class FinalLocalVariable {
        public void test(final String paraStr) {
                    paraStr = "在方法内部禁止对 final 参数再次赋值…";      //编译错误
                    final String innerStr = "定义时赋初值…";
                    final String str;
                    str = "使用前赋初值…";
                    System. out. println(paraStr);
                    System. out. println(innerStr);
                    System. out. println(str);
        }
        public static void main(String[] args) {
                    newFinalLocalVariable(). test("调用方法时对 final 参数赋初值…");
                    newFinalLocalVariable(). test("再次调用方法时对 final 参数赋初值…");
        }
    }
```

5.4.2 Java 修饰符之间的关系

到目前为止，关于 Java 中的修饰符已经接触了一些，有些可以修饰类，有些可以修饰成员，有些可以修饰局部变量，它们的用途如表 5-2 所示。

表 5-2　Java 修饰符使用列表

	public	protected	默　认	private	static	final
类	√		√			√

103

103

	public	protected	默　认	private	static	final
数据成员	√	√	√	√	√	√
方法成员	√	√	√	√	√	√
局部变量						√

【注意】要区分 final 和 static 的不同，虽然它们经常一起出现，但 final 强调的是"不能改变"，static 强调的是"只有一份"。

5.5　继承和组合

面向对象系统中，功能复用的两种最常用技术是继承和组合。

继承允许根据其他类的实现来定义一个新类，这种生成子类的复用通常被称为白箱复用（Whitebox reuse）。"白箱"是相对可视性而言，在继承方式中父类的内部细节对子类可见，所以称为白箱。

组合是类继承之外的另一种复用选择，新的更复杂的功能通过组合对象来获得，这种复用被称为黑箱复用（Blackbox reuse），被组合的对象的内部细节是不可见的，对象只以"黑箱"的形式出现（被组合的对象必须定义了良好的数据访问接口）。

5.5.1　继承复用

首先，继承不是根据数据成员的取值不同而来的。例如，对于用户 User 类，有人可能派生出管理员用户 AdminUser、消费者用户 CustomerlUser 两个子类，如果从一般到特殊的角度看，它们确实可以看作 User 的子类。但是从程序设计的角度，完全没必要设计这两个类，只要在 User 类中增加一个描述用户类型的 type 属性，即可以区分不同的 User 对象。所以，设计继承绝不是单纯的数据共享、功能复用。

何时需要从父类派生子类呢？

1）保证子类和父类之间存在"is a"的特殊到一般的关系。

2）子类需要额外增加数据成员，而不仅仅是数据成员取值的改变。例如从商品类 Product 派生出 Book 类，在 Book 类中增加作者、出版社、出版时间等数据成员。

3）子类是在父类功能上的扩展，而不仅仅是父类功能的借用。子类在保持父类某些功能的基础上，继续增加自己独有的行为方式，可以增加新的方法，或者重写父类的方法（为实现多态做准备）。例如，Person 类派生出快递员 DeliveryMan 类，增加判断快递员是否能执行某区域的配送业务的方法 isArrived()。

继承是实现复用的重要手段，但继承是一把双刃剑，在复用的同时继承，会破坏了类的封装。子类扩展父类时，子类可以从父类继承得到数据成员和方法，如果访问权限允许的话（protected），子类可以直接访问父类的成员，但是这种高复用的同时，也严重地破坏了父类的封装性。在第 4 章介绍封装时讲到每个类应该隐藏它的内部信息和实现细节，只向其他类公开必要的接口。但继承关系中子类可以直接访问、修改父类数据成员和方法（内部信息），使子类严格耦合于父类的细节。

5.5.2 组合复用

在 4.7 节构建酒店前台管理系统时，酒店 Hotel 类组合复用了客房 Room 类。组合是类之间另一种关系"has a"的描述，同样实现了复用。

相比继承方式而言，在组合方式中，当前对象（A）只能通过它所包含的那个对象（B）去调用属于 B 的 public 方法，所以 B 的内部细节对 A 是不可见的，A 与 B 是一种低耦合关系，如果修改对象 B 类的代码，只要 B 提供的接口不改变，A 调用 B 的代码就不会受到影响。

由此可见，如果仅仅是实现复用的话，组合比继承更具灵活性和稳定性。在面向对象设计时有一个原则：优先使用组合复用，而不是继承复用（只有前述的继承条件满足时才考虑使用继承）。

5.6 习题

1）设有如下几个类的定义：

```java
package access;
public class A {
    public int a;
    protected int b;
    int c;
    private int d;
    public int getD() { return d; }
}
package access;
public class AccessDemo1 {…}
package access.sub;
public class AccessDemo2 {…}
package access;
public class AccessDemo3 extends A {…}
package access.sub;
public class AccessDemo4 extends A {…}
```

请问在 AccessDemo1、AccessDemo2、AccessDemo3、AccessDemo4 中各自可以访问类 A 中的哪些成员？（知识点：类成员的访问控制）

2）下面各选项可以在类 A 的子类中使用的是（　　）。（知识点：重写父类方法）

```java
public class A {
    protected int method(int a, int b) {
        return 0;
    }
}
```

A. public int method (int a, int b) { return 0; }

B. private int method (int a, int b) { return 0; }

C. private int method (int a, long b) { return 0; }

D. public short method (int a, int b) { return 0; }

3）下列代码是否有误？（知识点：final + private + 重写父类方法）

```java
public class Foo {
    private final void test() { }
}
class Koo extends Foo {
    private void test() { }
}
```

4）关于下面代码说法正确的有（　　）。（知识点：static 成员 + final 成员）

```java
public class FinalStaticFieldDemo {
    public static void main(String[] args) {
        Foo f1 = new Foo();
        Foo f2 = new Foo();
        System.out.println(f1.id + "," + f2.id + "," + Foo.index);
        f1.id = 10;
    }
}
class Foo {
    static int index = 0;
    final int id;
    public Foo() {
        id = index++;
    }
}
```

A. 输出 1,2,3　　　　B. 输出 0,1,2　　　　C. 输出 2,2,2　　　　D. 编译出错

5.7　实验指导

1. 实验目的

掌握继承层次下的类的设计、构造方法的设计和调用，以及父类方法的重写。

2. 实验题目

【题目 1】现有类 Account 表示银行账户，FixedDepositAccount 表示定期存款账户，BankingAccount 表示理财账户，它们的关系如图 5-4 所示。

要求：

1）为 FixedDepositAccount 和 BankingAccount 提供参数为（String idCard，double balance）的构造方法，在该构造方法中调用 Account 的构造方法。

2）在 FixedDepositAccount 和 BankingAccount 中重写 getInterest（）方法计算利息。

3）在 FixedDepositAccount 和 BankingAccount 中重写 toString 方法，输出账户的所有信息，如：

001 账户 100000.00 元存款的 36 月存款利息：10500.00（年利率为 3.50%）

002 账户 100000.00 元存款的 182 天的存款利息：2592.88（年利率为 5.20%）

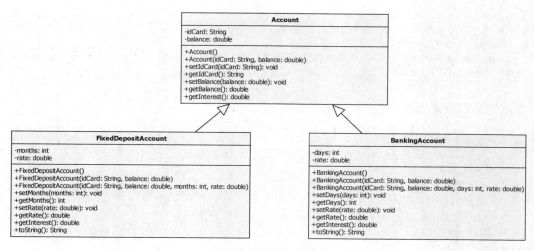

图 5-4　账户间关系

说明：定期存款账户以月为利息的计算单位，计算利息的公式：利息 = 余额 × 年利率 × 月数/12。理财账户以天作为利息的计算单位，计算利息的公式：利息 = 余额 × 年利率 × 天数/365。

【题目 2】编写一个简单的考试程序，在控制台完成出题、答题的交互。试题（Question）分为单选（SingleChoice）和多选（MultiChoice）两种。其中，单选题和多选题继承试题类，如图 5-5 所示。

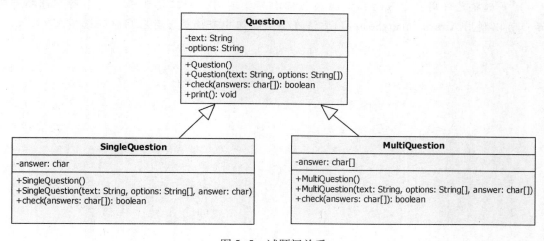

图 5-5　试题间关系

要求：

1）在 MultiChoice 类中实现参数为（String text，String[] options，char[] answers）的构造方法。在 SingleChoice 实现参数为（String text，String[] options，char answer）的构造方法。

2）在 MultiChoice 和 SingleChoice 类中重写 Question 类 check()方法，分别实现多选题的验证答案和单选题的验证答案方法。

3）设计测试类进行考试、答题。

例如，初始化如下试题：

new MultiQuestion("三国演义中的三绝是谁?", new String[]{"A. 曹操","B. 刘备","C. 关羽","D. 诸葛亮"},new char[]{'A','C','D'});
new SingleQuestion("最早向刘备推荐诸葛亮的是谁?",new String[]{"A. 徐庶","B. 司马徽","C. 鲁肃","D. 关羽"},'B');

考试的运行效果如下:

```
三国演义中的三绝是谁?
A. 曹操        B. 刘备        C. 关羽        D. 诸葛亮
请选择:cad
恭喜,答对了!
最早向刘备推荐诸葛亮的是谁?
A. 徐庶        B. 司马徽      C. 鲁肃        D. 关羽
请选择:A
还得努力呀!
```

说明:

1) 用户输入答案时,大小写均应支持。提示:可以利用 Character. toUpperCase()方法将用户输入的答案字符转换为大写字母后再进行比较(标准答案为大写字母)。

2) 判断单选题正误时,如果用户未答题,或者选项多于 1 个均视为答错。

3) 判断多选题正误时,如果用户未答题,选项多或者少于标准答案,或者选项错误均视为答错(多选题答案需要连续输入,选项之间不能有空格、回车等字符)。

4) 多选题允许用户输入的答案次序与标准答案不同,即只要正确选择了所有选项即可。

提示:可以利用 Arrays. binarySearch()方法在答案数组中查询是否存在用户的选项。

5.8 本章思维导图

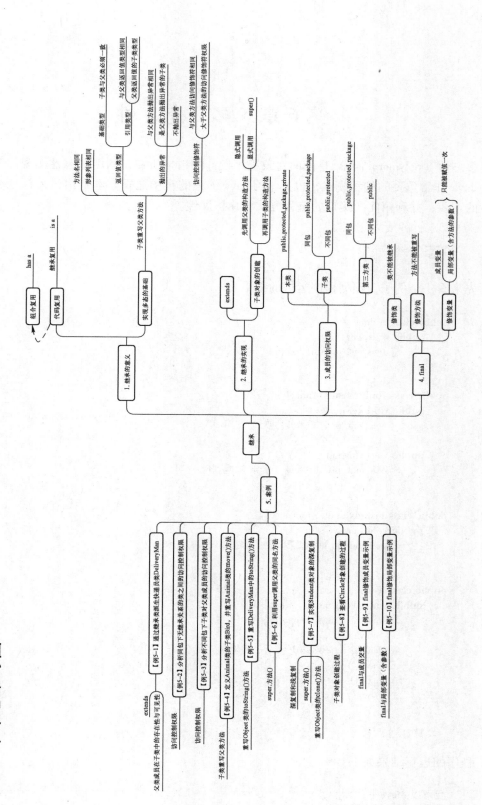

第6章 多 态 性

多态性（polymorphism）是面向对象程序设计的精华所在，利用多态性实现面向接口的编程是 Java 非常重要的编程模式，也是学习 Java 编程的重中之重。本章由浅入深地介绍程序扩展性的重要，并利用面向接口的编程方式构建扩展性。

6.1　多态

先来看一个例子，预测程序运行的结果。

```java
public class Animal {
    public void move() {
        System.out.println("我可以 move…");
    }
}
public class Bird extends Animal {
    public void move() {
        System.out.println("我在天空飞翔…");
    }
    public void singing() {
        System.out.println("鸟儿会清脆地歌唱…");
    }
}
public class Fish extends Animal {
    public void move() {
        System.out.println("我在水里游泳…");
    }
}
public class Test {
    public static void main(String[] args) {
        Animal a1 = new Animal();
        a1.move();
        Animal a2 = new Bird();//子类对象送给父类引用
        a2.move();
        Animal a3 = new Fish();
        a3.move();
    }
}
```

程序的运行结果如下：

```
我可以 move…
我在天空飞翔…
我在水里游泳…
```

这段程序中，我们熟悉的是在继承一章中频繁出现的子类重写父类的方法，而与继承不同的是，没有将子类对象送给子类的引用变量，而是送给了父类的引用变量。有趣的是，Java 不仅接受这件事情，而且展示了一个新的现象——多态。

6.1.1 多态性

多态性是指在继承层次结构中，父类中定义的行为被子类继承重写后所表现出的不同的效果，它使得同一个行为在父类及其各个子类中具有不同的语义。

例如前例中，Bird 类和 Fish 类对 Animal 类进行了继承，并重写了 Animal 中的 move() 方法。测试时虽然 a1，a2，a3 都是 Animal 类型的引用变量，但是 a1.move()，a2.move()，a3.move() 的行为表现完全不同，这就是多态。

在 Java 语言中，一个引用变量既可以指向相同类型的类的对象，也可以指向该类的任何一个子类的对象。如同前例中，Animal 类型的引用既指向了 Animal 对象，也指向了 Bird 和 Fish 对象。将子类对象直接赋值给父类引用的过程称为向上转型（upcasting），向上转型不需要强制类型转换，由系统自动完成，正如同它们之间既已存在的"is a"关系一样，子类本就是一种特殊的父类（反之，不能将一个父类对象赋值给子类引用变量，鸟是一种动物，但动物不都是鸟）。

在 Java 语言中，Object 是所有类的直接或间接父类，也就是说，任何类型的对象都可以赋值给 Object 引用。

【说明】 如果把子类对象赋给父类引用（将子类对象当作父类对象看待），那么就只能调用父类中已有的方法。

例如，Bird 类中有一个 Animal 中没有的 sing() 方法，如果有：

```
Animal a2 = new Bird();
```

那么：

```
a2.singing();
```

的调用就是被禁止的。

既然已经将子类的特殊性抹去，作为一般的父类对象看待，那么它自然失去了特性，只保留了一般性。也就是说，在编译阶段，编译器只按照引用变量的类型调用其包含的方法。

【说明】 如果子类把父类方法覆盖了，再把子类对象赋给父类引用，通过父类引用调用该方法时，调用的是子类重写之后的方法。

程序运行期间，JVM 会判断引用对象的实际类型，并根据指向对象的类型进行动态绑定（详见下节），从而调用最合适的方法。例如，a2.move() 执行时，JVM 清楚 a2 指向的是 Bird 类型的对象，从而按照 Bird 的行为方式运行，也就是说对象的行为方式不会因为我们把它当作什么而改变。

【画龙点睛】 在继承层次中，把子类对象赋给父类引用后：父类中没有的方法不能调用；子类没有重写的方法，执行父类方法行为；子类重写的方法，执行子类的方法行为。

在 Java 中，只要类之间满足存在继承关系、子类重写了父类的方法、父类引用指向了子类对象 3 个条件，动态绑定就会发生，从而实现多态。

多态不仅能改善代码的组织结构，更关键的是可以消除类之间的耦合关系，增加程序架构的弹性和可维护性。

6.1.2 静态绑定和动态绑定

Java 虚拟机的动态绑定技术支持了多态性，而编译器工作采取的是静态绑定技术。总的来说，调用对象方法的执行过程如下。

（1）编译器获取所有可能被调用的候选方法

编译器查看对象的声明类型和方法名，例如调用：

> **a. f(param) ;**

其中 a 为 A 类对象。因为 A 类可能存在 f()方法的多个重载形式，编译器会将它们一一列出，同时编译器也会找到 A 类父类中访问属性为 public 的所有 f()方法。

（2）编译器根据实参类型从候选方法中匹配出应该调用的方法

编译器查看调用方法时提供的实参类型，如果在所有名为 f 的方法中存在一个与提供的实参类型完全匹配的，就选择这个方法（这个过程被称为重载解析 overloading resolution）。如果编译器没有找到与实参完全匹配的方法，或者发现经过类型转换后有多个方法与之匹配，就会报告一个错误。

（3）静态绑定

如果是 private 方法、static 方法、final 方法或者是构造方法，那么编译器将可以准确地知道应该调用哪个方法，这种调用方式称为静态绑定（static binding）。

（4）动态绑定

上述 4 种方法之外的方法的调用依赖于对象的实际类型，这时，由编译器生成一条调用 f()方法的指令，例如：

> **a. f(String) ;**

由 JVM 在运行时实现动态绑定。JVM 一定会调用与 a 所指向对象的实际类型最合适的那个类的方法。假设 a 的实际类型是 B，它是 A 类的子类，如果 B 类中定义了方法 f(String)，就直接调用它；否则，继续在 B 类的父类 A 中寻找 f()方法，依此类推。

这个过程也印证了前面总结的把子类对象赋给父类引用后调用方法的 3 个层次。如果子类中有 f()方法，不管它是否重写了父类的方法，执行的都是子类中自己的方法；如果子类中没有 f()方法，则按照继承的层次向上追溯到各父类，最终在父类中找到 f()方法则执行，没有找到则报错。

6.1.3 instanceof 运算符

因为 Java 程序中的引用变量只能调用它编译时类型的方法，而不能调用它运行时类型的方法。如前例中：

> **Animal a2 = new Bird() ;**

a2 只能调用编译时类型 Animal 类中的方法（可以 a2. move()），而不能调用运行时类型

Bird 类中的方法（不可以 a2. singing()）。

如果想让这个引用变量调用它运行时类型的方法，就需要将引用变量强制类型转换为运行时类型。然而，强制类型转换必须是合理的，比如说，用户不能将 Bird 强转为 Fish 类型。但是，编译器对于强制类型转换采取的是一律放行的原则，如：

```
Animal a2 = new Bird();
Fish f = (Fish)a2;
```

这样的强制类型转换在编译阶段并不会报错，编译器只看到右侧强转的 Fish 与左侧引用类型 Fish 是一致的；但到了运行时，JVM 会发现 a2 本身并不是一个 Fish，这个强转是非法的，JVM 会抛出 ClassCastException 的异常（异常的概念见第 9 章）。

为此，Java 中提供了 instanceof 运算符，用来判断给定的某对象是否是某类型的实例，以此保证强转的合理性。

instanceof 的格式如下：

引用类型变量　instanceof　类名

它用于判断引用变量指向的对象是否是后面指定类或其子类的实例。如果是，则返回 true，否则返回 false。

假设有：

```
Animal a1 = new Animal();
Animal a2 = new Bird();        //自动类型转换
Animal a3 = new Fish();
```

则 a2 **instanceof** Animal 和 a3 **instanceof** Animal 的结果均为 true。a1 **instanceof** Fish 的结果为 false。

所以，将父类引用强转回其子类类型（向下转型）之前，一定先用 instanceof 判断其指向的对象是否是它的某个子类类型，是的情况下再执行强转（也就是说，强转的前提是对象原本就是该子类类型）。例如：

```
Animal a2 = new Bird();        //子类对象送给父类引用
if( a2 instanceof Bird) {
    ((Bird)a2). singing();     //强制类型转换
}
```

在强制类型转换之后，a2 就可以调用其运行时类型 Bird 中的方法了。

【例 6-1】在 Employee 类中重写 java. lang. Object 中的 equals()方法。

设有员工 Employee 类，包含工号 id、姓名 name、工资 salary 等属性。

Object 类中的 equals()方法的源代码如下。

```
public boolean equals(Object obj) {
    return this == obj;
}
```

可以看到，equals()方法比较的是当前对象（this）和指定对象（obj）的引用值。

看下面一段代码：

```
Employee e1 = new Employee("001","zhang",5000);
Employee e2 = e1;
Employee e3 = new Employee("001","zhang",5000);
System. out. println(e1. equals(e2));        //true
System. out. println(e1. equals(e3));        //false
```

因为 e1 和 e2 的引用值相同，所以比较的结果为 true。而 e3 是另外创建的一个对象，所以 e1 和 e3 的比较结果为 false。

但是，从现实世界的角度，人们关心的通常是对象的属性值间的关系，而不是它们在内存中的地址关系，所以 equals()方法经常会被重写。

equals()方法中的形参 obj 的数据类型为最高级别的 Object（能够接收任意类型的对象），如果与当前对象的属性取值进行比较的话，必须将其向下转型为当前类类型。究竟向下转型是否合法，使用 instanceof 进行判断，instanceof 失败的对象一定与当前对象不相等，返回 false；通过 instanceof 的对象，强转后按照相等的规则返回比较的结果，比如 Employee 中，则以工号 id 与姓名 name 均相同作为相等的依据。代码如下：

```
public boolean equals(Object obj){
    if (obj instanceof Employee){        //判断是否能向下转型
        Employee e = (Employee) obj;
        return e. id. equals(this. id) && e. name. equals(this. name);
    }
    return false;                //类型不一致
}
```

6.2　抽象类

Java 依赖于抽象类或接口实现多态。

6.2.1　抽象类及抽象方法的定义

通过继承，子类可以获得父类的数据成员和方法，例如 Animal 类中定义的 move()方法，子类 Bird 自动拥有了该方法，Bird 不满意 Animal 类的 move()方法，将 move()进行了重写。同时，Animal 类还有其他子类，都会各自重新实现 move()方法。也就是说，实际上父类实现的 move()方法对于子类是没有意义的。这种情况下，可以在父类中只声明 move()方法，而不做任何的实现，即没有方法体，将其留给子类按照自己的方式去实现。

Java 中，只有声明没有实现的方法称为抽象方法（abstract method），语法格式如下：

```
abstract   返回值类型   抽象方法名([形参列表]);
```

例如：

```
public abstract void move();
```

含有抽象方法的类必须声明为抽象类（abstract class），声明时也要加上 abstract 关键字。例如：

```
public abstract class Animal {
    private String name;
    public abstract void move();          //抽象方法
    public Animal() {                     //构造方法,抽象类中可以有构造方法
    }
    public String getName() {             //非抽象方法,抽象类中可以有非抽象方法
        return this.name;
    }
}
```

子类继承 Animal 后，对继承的抽象方法进行重写：

```
public class Bird extends Animal {
    public void move() {    //子类实现父类的抽象方法
        System.out.println("我可以在天空飞翔…");
    }
}
```

抽象类的子类必须实现父类的所有抽象方法后才能实例化，否则这个子类仍是抽象类，抽象类是不能被实例化的。

【注意】抽象类中不一定所有方法都是抽象方法，可以在抽象类中定义非抽象方法。尽管抽象类不能实例化，但是抽象类可以有构造方法，为其子类的创建做准备。

6.2.2　为什么设计抽象类

在面向对象的设计中，所有的对象都是通过类来描绘，但是反之并不成立，并不是所有的类都是用来描绘对象的。如果一个类中没有包含足够的信息来描绘一个具体的对象，这样的类就是抽象类。

抽象类通常用来表征对问题领域进行分析、设计后得出的抽象概念，是对一系列看上去不同，但是本质上相同的具体概念的抽象。比如说，如果进行一个图形编辑软件的开发，就会发现问题领域存在着圆、三角形这样一些具体概念，它们是不同的，但是它们又都属于"形状"这样一个概念，形状这个概念在问题领域是不存在的，它就是一个抽象概念。正因为抽象的概念在问题领域没有对应的具体概念，所以用以表征抽象概念的抽象类是不能够实例化的。

可以构造出一组行为的抽象描述，但是这组行为却能够有任意一个可能的具体实现方式。这个抽象描述就是抽象类，而这一组任意一个可能的具体实现则由所有可能的派生类表现。

6.2.3　开闭原则

1. 开闭原则的含义

开闭原则（Open – Closed Principle，OCP）是面向对象设计的一个最核心的原则，它定义了满足开闭原则的软件实体应具有两个主要特征：对于扩展是开放的，对于修改是关闭的。也就是说一个软件实体应该通过扩展来实现变化，而不是通过修改已有的代码来实现变化。

任何软件产品只要在生命期内，都需要面临一个很重要的问题，即它们的需求会随时间的

推移而发生变化。当软件系统面对新的需求时，应该尽量保证系统的设计框架是稳定的。如果一个软件设计符合开闭原则，那么可以非常方便地对系统进行扩展，而且在扩展时无须修改现有代码，使得软件系统在拥有适应性和灵活性的同时具备较好的稳定性和延续性。随着软件规模越来越大，软件寿命越来越长，软件维护成本越来越高，设计满足开闭原则的软件系统也变得越来越重要。

下面通过一个案例来理解开闭原则如何能适应系统需求的变化。

【例6-2】为某个系统设计方案，要求能显示各种类型的图表，如饼图和柱状图等。

方案一：如图6-1所示，饼图 PieChart 类和柱状图 BarChart 类直接耦合在 ChartDisplay 类中，通过 Show()方法的参数加以区分。

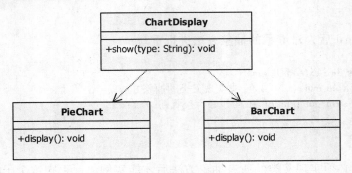

图6-1　初始设计方案结构图

在 ChartDisplay 类的 Show()方法中存在如下代码：

```
if( type. equalsIgnoreCase( "pie" ) ) {
    PieChart chart = new PieChart() ;
    chart. display() ;
} else if( type. equalsIgnoreCase( "bar" ) ) {
    BarChart chart = new BarChart() ;
    chart. display() ;
}
```

系统投入使用，正常地显示了饼图和柱状图，但是用户有了新的需求，需要增加显示一种新的图表——折线图。方案一在设计好折线图类 LineChart 后，需要修改 ChartDisplay 类的 Show()方法的源代码，增加新的判断逻辑：

```
else if( type. equalsIgnoreCase( "line" ) ) {
    LineChart chart = new LineChart() ;
    chart. display() ;
}
```

显然，方案一的设计违反了开闭原则，没有实现对修改是关闭的。

接下来对该系统进行重构（reconsitution），使之符合开闭原则，方案二如图6-2所示。

方案二：采用抽象化的方式对系统进行重构：

1）增加一个抽象图表类 AbstractChart，将各种具体图表类作为其子类。

2）ChartDisplay 类针对抽象图表类 AbstractChart 进行编程。将抽象类 AbstractChart 的引用 chart 作为自己的数据成员，在 Show()方法中调用 chart 对象的 display()方法显示图表（多态性的应用），如图 6-2 所示。

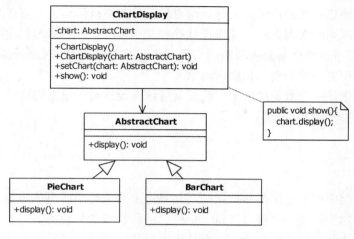

图 6-2　重构后的结构图

由客户端通过 setChart() 方法（或构造方法）向 ChartDisplay 注入具体图表对象，客户端代码如下：

```java
public class Client {
    public static void main(String[] args) {
        ChartDisplay chartDisplay = new ChartDisplay();
        PieChart pie = new PieChart();
        chartDisplay.setChart(pie);          //向 ChartDisplay 注入具体图表对象
        chartDisplay.show();
        BarChart bar = new BarChart();
        chartDisplay.setChart(bar);          //向 ChartDisplay 注入具体图表对象
        chartDisplay.show();
    }
}
```

此时，如果需要增加一种新的图表，如折线图 LineChart，只需要将 LineChart 也作为 AbstractChart 的子类，在客户端向 ChartDisplay 中注入一个 LineChart 对象即可，无须修改现有源代码，方案二符合了开闭原则。

方案二的设计架构中引入了抽象类作为中间层，通过扩展它的子类使系统适应了需求的变化，保持了历史代码的不变，从而提高了系统的稳定性。

2. 开闭原则的实现方法

如方案二的做法，为了满足开闭原则，需要对系统进行抽象化设计，把系统的所有可能的行为抽象成一个抽象层。它要预见所有可能的扩展，使任何情况下系统的抽象层不需修改（对修改是关闭的）；同时，通过从抽象层导出一个或多个新的具体实现，从而改变系统的行为（对扩展是开放的）。

Java 语言通过抽象类、接口（见 6.3 节）等机制为系统定义一个相对稳定的抽象底层，从而将不同的实现行为移至具体的实现层中完成。如果需要修改系统的行为，无须对抽象层进行任何改动，只需要增加新的具体类来实现新的业务功能即可，实现在不修改已有代码的基础上扩展系统的功能，达到开闭原则的要求。

开闭原则具有理想主义的色彩，它是面向对象设计的终极目标，一直以来都有面向对象设计的专家研究开闭原则的实现方式。像里氏代换原则（LSP）、依赖倒转原则（DIP）、接口隔离原则（ISP）等都可以看作是开闭原则的实现方法（相关知识可以参看面向对象设计模式方面的书籍，从比编程更高的视角认识面向对象）。

总之，既然变化是一个既定的事实，我们就应该在设计时尽量适应这种变化，提高系统的稳定性和灵活性，去"拥抱变化"。

6.3 接口

如果一个抽象类中所有方法都是抽象的，并且这个抽象类中所有的数据成员都是 final 的，那么这个抽象类实际上就是一个接口（interface），一种特殊的抽象类。

接口是抽象方法和常量值的集合，主要从需求的角度描述类具有哪些功能，而并不给出每个功能的具体实现，即定义了一个行为规范。例如，java. util. Arrays 类中的 sort()方法承诺可以对对象数组进行排序，但要求对象所属类已经实现了 Comparable （可比较的）接口。

```
interface Comparable{
    int compareTo( Object other) ;
}
```

也就是要求对象所属类去实现 compareTo()方法，定义比较的规则。实现了 Comparable 接口，制定了比较的规则后，Arrays 的 sort()方法就可以据此进行排序了。所以，Java 的 Comparable 接口用来描述要利用 Arrays. sort()方法排序的对象所属类应具有的功能。

6.3.1 接口的定义和实现

设计者可以根据需求定义自己的接口。接口声明的格式如下：

［public］interface　接口名　［extends　父接口列表］

关键字 interface 用于定义接口，接口通常都定义为 public 类型。

接口具有以下特性：

1）接口中的常量默认且只能为 public static final。即，定义接口中的常量时前面的修饰符均可以省略，但注意定义的同时要为其赋初值。

2）接口中只能定义抽象方法，默认且只能是 public abstract。即声明方法时前面的修饰符也均可以省略。

3）Java 中允许接口的多继承，每个接口可以使用 extends 关键字继承一个或多个父接口。接口继承其他接口时，可以增添新的常量和抽象方法。因为接口中全部都是抽象方法，所以接口的多继承不会产生二义性。

4）不能创建接口的实例，但是可以定义接口类型的引用变量，用于指向实现了该接口的类的实例（实现多态）。

例如，描述一个微机系统 PCI 插槽的功能的接口：

```
public interface PCI {
    public static final int bits = 64;      //64 位 PCI 接口,静态常量
    public void start();                     // 插槽设备启动,抽象方法
    public void stop();                      //插槽设备停止,抽象方法
}
```

有了 PCI 接口的定义,插到上面的声卡、显卡、网卡等都可以作为它的实现类,依据它的规范去实现 start() 和 stop() 方法。

实现接口使用 implements 关键字。格式如下:

[修饰符]   class   类名   extends   父类   implements 接口 1,接口 2…

一个类可以实现一个或多个接口,重写的方法必须显式声明为 public。例如:

```
public class SoundCard implements PCI{
    public void start() {
        System. out. println( "Du du. . . " ) ;
    }
    public void stop() {
        System. out. println( "soundCard stop. . . " ) ;
    }
}
```

【例 6-3】为一个用户管理系统的前台管理设计抽象接口层,并写一个实现类。

已知一个用户管理系统的前台向用户提供注册、登录功能。用户类 User 包含 userName、password 等数据成员。

按照开闭原则的实现方式,此处利用接口为系统定义一个抽象层,描述用户管理系统中应具有的行为。比如,注册对应着向系统中添加用户的行为,登录对应着在系统用户中按照用户名和密码进行查询的行为。定义接口如下:

```
public interface UserDao {
    public boolean addUser( User user) ;
    public User getUser( String userName,String password) ;
}
```

下面用数组保存所有的用户信息,并用 count 成员记录当前用户的数量,实现类 UserDao-ForArray 定义如下:

```
public class UserDaoForArray implements UserDao{
    private User[] data;
    private int count = 0;
    public UserDaoForArray() {
        data = new User[10] ;
    }
    public boolean addUser( User user) {
        if( count == data. length) {      //用户上限已达到
            return false;
        }
```

```
                    //查找用户名是否已存在
                    for(int i = 0;i < count;i ++){
                        if(data[i].getUserName().equals(user.getUserName())){
                            return false;
                        }
                    }
                    //添加新用户
                    data[count] = user;
                    count ++ ;
                    return true;
                }
                public User getUser(String userName,String password) {
                    for(int i = 0;i < count;i ++){
                        if(data[i].getUserName().equals(userName) && data[i].getPassword().equals(password) ){
                            return new User(userName,password);
                        }
                    }
                    return null;    //用户名,密码不匹配返回 null 表示失败
                }
            }
```

6.3.2　接口与抽象类的区别

在 Java 语言中，抽象类和接口是支持开闭原则中抽象层定义的两种机制，正是由于它们的存在，才赋予了 Java 强大的面向对象能力。尽管抽象类和接口对于抽象层定义的支持具有很大的相似性，甚至可以相互替换，但它们彼此还是有很大区别的。

1) 从语法层面上抽象类和接口的区别很明显，抽象类可以有非常量的数据成员，也可以有非抽象的方法，甚至可以有构造方法（虽然抽象类不能创建实例，但是构造方法为其子类对象的创建做好准备）；而接口只能有静态、常量的数据成员，只能有抽象方法，不能有构造方法。抽象类支持单继承；接口支持多继承。但是，语法上的区别并不是问题的实质。

2) 从编程的角度看，抽象类中的非抽象方法可以定义对象的默认行为方式，而接口中的方法永远只有一个躯壳，没有行为方式。

如果说，系统没有维持住抽象层的稳定性，需要修改抽象层，比如添加新的方法，或者为已有的方法添加参数，那么接口作为抽象层的方案就会非常麻烦，其所有实现类均需随之修改。但如果是抽象类作为抽象层的话，可能就只需要添加或修改方法后，为该方法定义默认的行为，让这种默认行为被其下的所有子类自动继承，而不必逐一修改。

但这仍然不是问题的实质。

3) 面向对象的设计实际是看世界的一个过程，所以设计理念上的区别才是抽象类和接口的本质不同。我们应该在对问题领域本质的理解以及对设计意图理解的基础上正确地选择它们。

抽象类在 Java 语言中体现的是继承关系，要想使继承关系合理，父类和子类之间必须存在 "is a" 的关系，即父类和子类在概念本质上应该是相同的。接口则不然，它不要求接口的实现类与接口在概念本质上是一致的，实现类与接口间仅是一种契约关系，实现类按接口的规定兑现契约，是一种 "like a" 关系的体现。

【例6-4】门和报警门的设计。

假设在问题领域中有一个关于门 Door 的抽象概念，该 Door 具有两个动作 open 和 close，此时可以通过抽象类或者接口来定义一个表示该抽象概念的类型：

```java
public abstract class Door {
    public abstract void open();
    public abstract void close();
}
```

或者：

```java
public interface Door {
    public void open();
    public void close();
}
```

其他具体的 Door 类型可以继承抽象类，或者实现接口 Door，目前使用抽象类和接口并没有大的区别。

接下来，如果要求 Door 具有报警的功能，该如何设计类结构呢？

解决方案一：在抽象类或接口 Door 的定义中增加一个 alarm 方法。

```java
public abstract class Door {
    public abstract void open();
    public abstract void close();
    public abstract void alarm();
}
```

或者：

```java
public interface Door {
    public void open();
    public void close();
    public void alarm();
}
```

这种解决方案在 Door 的定义中把 Door 概念本身固有的行为方法（open()和 close()）和另外一个概念"报警器"的行为方法（alarm()）混在了一起，使那些仅仅依赖于 Door 这个概念的模块会因为"报警器"的改变（例如修改 alarm()方法的参数）而改变。所以，方案一失败。

解决方案二：

既然 open、close 和 alarm 是属于两个不同概念的行为方式，那么就应该把它们分别定义在代表这两个概念的抽象类或接口中。因为 Java 语言不支持多重继承，所以或者两个概念都使用接口定义，或者一个概念使用抽象类定义、另一个概念使用接口定义。

如果对问题领域中的这两个概念的本质理解为："带有报警功能的门"。那么，AlarmDoor 在概念本质上是（is a）Door，同时它有具有（like a）报警的功能。那么，对于 Door 这个概念，应该使用抽象类方式定义，Alarm 这个概念应该通过接口方式定义，AlarmDoor 继承 Door，并实现 Alarm 接口。如下：

```java
public abstract class Door {
    public abstract void open();
    public abstract void close();
}
interface Alarm {
    void alarm();
}
```

```
            }
    class AlarmDoor extends Door implements Alarm{
        public void open() {
        }
        public void close() {
        }
        public void alarm() {
        }
    }
```

【画龙点睛】

1) 抽象层到底是使用抽象类还是使用接口，本质上取决于用户对于问题领域的理解，抽象类表示的是 "is a" 关系，接口表示的是 "like a" 关系，这一点可以作为选择的依据。

2) 使用抽象类主要是为了代码的复用，并能够保证父类和子类间的层次关系。

3) 系统中的行为模型（描述具有什么功能）应该总是通过接口而不是抽象类定义（属于 like a 的关系），如【例 6-3】中 UserDao 对前台行为的抽象就是使用的接口。通过接口定义行为能够更有效地分离行为与实现，为代码的维护和修改带来方便。

6.4 面向接口的编程

面向接口的编程是使用 Java 语言开发项目的基本框架，这个框架实现了面向对象中最基本的开闭原则，使程序具有良好的可扩展性。

6.4.1 案例分析

【例 6-5】 开发一个应用，模拟移动存储设备的读写，即模拟计算机与 U 盘、移动硬盘、MP3 等设备间的数据交换。

现已确定有 U 盘、移动硬盘、MP3 播放器 3 种设备，但以后可能会有新的移动存储设备出现，所以数据交换必须有扩展性，保证计算机能与目前未知、而以后可能会出现的存储设备进行数据交换。

1. 方案一

分别定义 U 盘 FlashDisk 类、移动硬盘 MobileHardDisk 类、MP3 播放器 MP3Player 类，实现各自的 read() 和 write() 方法。然后在 Computer 类中实例化上述 3 个类，为每个类分别定义读、写方法。例如，为 FlashDisk 类定义 readFromFlashDisk()、writeToFlashDisk() 两个方法，具体如图 6-3 所示。

图 6-3　方案一示意图

代码如下：

```java
public class FlashDisk {
    public void read() {
        System. out. println("Reading from FlashDisk…");
    }
    public void write() {
        System. out. println("Writing to FlashDisk…");
    }
}
…
public class Computer {
    public void readDataFromFlash() {
        FlashDisk fd = new FlashDisk();
        fd. read();
    }
    public void writeDataFlash() {
        FlashDisk fd = new FlashDisk();
        fd. write();
    }
    …
}
public class Client {
    public static void main(String[] args) {
        Computer computer = new Computer();
        computer. readDataFlashDisk();
        computer. writeDataFromMobileHard ();
    }
}
```

这个方案虽然直白，实现起来最简单，但它有一个致命的弱点：可扩展性差，或者说，不符合"开闭原则"（为对扩展开放，对修改关闭）。当将来有了新的移动存储设备时，必须对 Computer 的源代码进行修改。这就如在一个真实的计算机上，为每一种移动存储设备实现一个不同的插口，并分别有各自的驱动程序。当有了一种新的移动存储设备后，就要将计算机拆开，然后增加一个新的插口，再编写一套针对此新设备的驱动程序。这种设计显然不可取。

2. 方案二

方案一又一次让我们见识了不满足开闭原则的代码的可怕性，系统会因为需求的一点点变化而伤筋动骨。所以接下来采取满足开闭原则的设计方案，把 Computer 的行为 read() 和 write()组织为一个中间的抽象层 IMobileStorage，描述 Computer 对移动设备的读写。如前节的分析，系统中的行为模型应该总是通过接口定义，所以抽象层 IMobileStorage 用接口实现。3个存储设备分别实现该接口。

Computer 类引入一个 IMobileStorage 类型的成员变量，并为其提供 set()方法，Computer 中的 readData()和 writeData()方法通过该成员调用 IMobileStorage 实现类（3 种存储设备）对象的读写方法。Computer 类利用接口 IMobileStorage 实现了多态，如图6-4 所示。

在方案二中，如果有新的移动存储设备要接入 Computer，只要令其实现 IMobileStorage，就

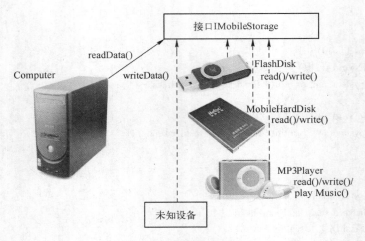

图 6-4 方案二示意图

可以接进去运行。这就是所谓的"面向接口的编程"。

　　面向接口的编程可以这样理解：对系统架构进行分层，底层不是直接向顶层提供服务，即不是将自己直接实例化在顶层中，而是通过定义一个中间的接口层，仅向顶层暴露接口层的功能，顶层对于底层仅仅是接口依赖，而不依赖于具体类。

　　面向接口的编程增加了系统的稳定性和灵活性，当底层需要改变时，只要接口及接口功能不变，则顶层不用做任何修改，符合开闭原则。

6.4.2　面向接口编程的代码组织

　　面向接口编程将系统分为 3 层：连接顶部应用层和底部实现类的中间层就是接口层。移动存储设备读写系统所对应的系统架构如图 6-5 所示。

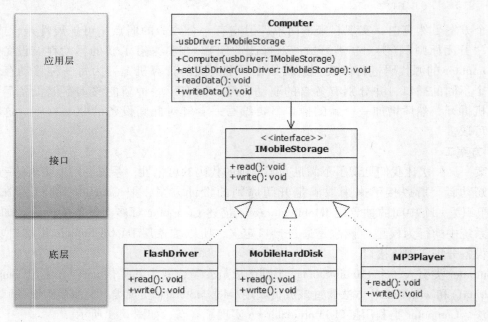

图 6-5　移动存储设备读写系统面向接口编程的架构

下面以"移动存储设备读写"应用为例，总结面向接口编程如何组织代码。

第一步，编写中间层接口 IMobileStorage，定义方法，即系统的行为模型。

第二步，编写应用层 Computer 类，依赖接口完成业务逻辑，屏蔽底层的实现。

1）将接口引用变量作为应用层的数据成员。

2）定义构造方法或 set 方法对接口数据成员初始化。

3）封装应用层的业务行为方法，通过接口成员调用接口中的方法实现业务逻辑。

第三步，编写底层各实现类，实现接口中的方法，直接操作底层数据（接口的实现类通常放在接口的子包中，命名为"impl"）。

第四步，编写测试类 Test，在 main（）方法中创建接口的实现类对象，传递给应用层实例，应用层实例调用应用层业务方法完成任务。

代码在 Eclipse 中的组织如图 6-6 所示，接口的实现类存放在子包 impl 中。随着代码复杂度的增加，如果接口层、应用层也不止一个文件的话，也应分别为其创建子包，实现分类管理。

图 6-6 面向接口编程的架构
在 Eclipse 中的体现

1. 接口 IMobileStorage

```
public interface IMobileStorage {
    void read();
    void write();
}
```

2. 应用层 Computer 类

```
public class Computer {
    private IMobileStorage usbDriver;                    //接口引用变量做数据成员
    public Computer() {
    }
    public Computer( IMobileStorage usbDriver) {         //构造方法初始化 usbDriver
        this. usbDriver = usbDriver;
    }
    public void setUsbDriver( IMobileStorage usbDriver) { //set 方法初始化 usbDriver
        this. usbDriver = usbDriver;
    }
    public void readData() {                             //应用层的业务方法
        usbDriver. read();                               //利用 usbDriver 调用接口中的方法(多态)
    }
    public void writeData() {                            //应用层的业务方法
        usbDriver. write();
    }
}
```

3. 底层实现类

```
public class FlashDisk implements IMobileStorage {
    public void read() {
        System. out. println( "Reading from FlashDisk…" );
```

125

```
        }
        public void write() {
            System. out. println("Writing to FlashDisk…");
        }
    }
    …
```

4. 测试类

```
public class Test {
    public static void main(String[] args) {
        Computer computer = new Computer();          //应用层对象
        IMobileStorage fd = new FlashDisk();          //底层实现类对象
        computer. setUsbDriver(fd);                   //利用 set 方法向应用层传入实现类对象
        computer. readData();                          //调用应用层的业务方法
        computer. writeData();
    }
}
```

运行结果：

```
Reading from FlashDisk…
Writing to FlashDisk…
```

6.5　综合实践——格式化输出学生对象数据

　　将学生（Student 类）数据按照表格的方式输出。学生数据存储在不同的结构中，一种是二维字符串数组，每一行代表一个学生的数据；

另一种是一维 Student 类型数组，每个元素代表一个学生。要求采用面向接口的方式设计架构，在接口层抽象输出一个二维表格所需的所有方法，并在底层用两种存储方式分别予以实现。运行效果如图 6-7 所示。

```
ID       NAME      GENDER   AGE
-----------------------------------
1001     zhangs    男        21
1002     lis       男        23
1003     wangwu    女        21
1004     zhangs    男        24
1005     zhaol     女        25
1006     qingqi    男        21
```

图 6-7　表格输出效果

6.5.1　系统架构

1. 接口层 TableModel

　　面向接口的设计中，接口层负责抽象出系统所有的行为方法。输出一个二维表格所需的方法包括：计算表格的行数、计算表格的列数、获取每列的表头名称、获取每行每列元素的取值。有了这几个方法，就可以唯一地确定一张表格，进行打印输出了。

2. 应用层 PrintTable 类

　　面向接口的编程中，应用层要依赖接口成员变量完成业务逻辑。

　　PrintTable 类将 TableModel 接口的引用变量 model 作为数据成员；定义构造方法或 set 方法对接口成员初始化；将打印表格的业务封装在 printTable() 方法中，printTable() 方法通过 model 调用接口中的方法实现打印表格。

3. 实现类 TableModelForStringArray 和 TableModelForStudentArray

TableModelForStringArray 类基于字符串数组的存储结构实现接口中的所有方法。TableModelForStudentArray 基于 Student 对象数组的存储结构实现接口中的所有方法。

系统架构如图 6-8 所示。

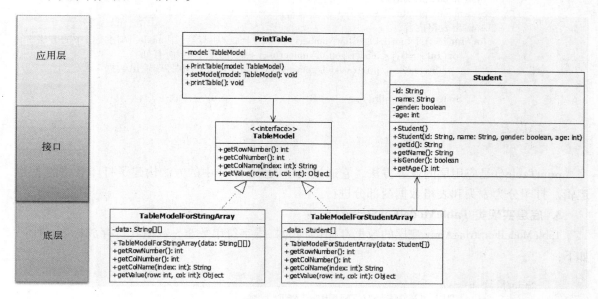

图 6-8　格式化输出表格的面向接口编程的架构

6.5.2　面向接口编程的代码

1. 接口层 TableModel

```
public interface TableModel {
    public int getRowNumber();              //获取表格的行数
    public int getColNumber();              //获取表格的列数
    public String getColName(int index);    //获取表头名称
    public Object getValue(int row,int col); //获取 row 行 col 列的数据
}
```

getValue()方法获取 row 行 col 列的表格数据，因为表格数据的类型并不统一，所以用最高类型 Object 作为返回值类型，允许该方法返回任何类型的数据。

2. 应用层 PrintTable 类

```
public class PrintTable {
    private TableModel model;               //接口成员
    public PrintTable() {
    }
    public PrintTable(TableModel model) {   //构造方法初始化接口成员变量
        this.model = model;
    }
    public void setModel(TableModel model) { //set方法初始化接口成员变量
        this.model = model;
    }
}
```

```
public void printTable() {
    for( int i = 0;i < model. getColNumber() ;i ++ ) {    //输出表头,用 model 调用接口中的方法
        System. out. print( model. getColName( i) + " \t") ;
    }
    System. out. println() ;
    System. out. println( " - - - - - - - - - - - - - - - - - - - - - - - - - - " ) ;
    //输出表格内容
    for( int i = 0;i < model. getRowNumber() ;i ++ ) {    //所有行,用 model 调用接口中的方法
        for( int j = 0;j < model. getColNumber() ;j ++ ) {        //所有列
            System. out. print( model. getValue( i,j) + " \t") ;    //打印输出数据
        }
        System. out. println() ;
    }
}
```

printTable()是应用层的业务方法,它通过接口成员 model 中的方法构建了打印表格的业务逻辑。打印分为表头和表格数据两部分进行。

3. 底层实现类 TableModelForStringArray

TableModelForStringArray 底层的数据存储结构为二维字符串数组,数组 0 行存放标题,代码如下:

```
String[ ] [ ] str = {
                { "ID" ,"NAME" ,"GENDER" ,"AGE"} ,
                { "1001" ,"zhangs" ,"男" ,"21"} ,
                { "1002" ,"lis" ,"男" ,"23"} ,
                { "1003" ,"wangwu" ,"女" ,"21"} ,
                { "1004" ,"zhangs" ,"男" ,"24"} ,
                { "1005" ,"zhaol" ,"女" ,"25"} ,
                { "1006" ,"qingqi" ,"男" ,"21"}
};
```

TableModelForStringArray 类代码如下:

```
public class TableModelForStringArray implements TableModel {
    private String[ ] [ ] data;
    public TableModelForStringArray( String[ ] [ ] data) {
        this. data = data;
    }
    public String getColName( int index) {        //列名:每列的名字在二维数组的第一行中
        return data[ 0] [ index] ;
    }
    public int getColNumber() {                //列数:二维数组每行的长度
        return data[ 0]. length;
    }
    public int getRowNumber() {                //行数:二维数组的总行数 - 1(去掉标题行)
        return data. length - 1;
    }
    public Object getValue( int row,int col) {        //数据:在 row + 1 行(越过标题行) ,col 列
        return data[ row + 1] [ col] ;
    }
}
```

4. 底层实现类 TableModelForStudentArray

TableModelForStudentArray 的底层数据存储结构为 Student 对象数组，代码如下：

```
Student[] s = {
    new Student(1001,"zhangs",true,21),
    new Student(1002,"lisi",true,24),
    new Student(1003,"wangw",false,23),
    new Student(1004,"zhaol",true,25),
    new Student(1005,"qianqi",false,20),
    new Student(1006,"liuba",true,22),
};
```

TableModelForStudentArray 中表格的标题行需要自行指定，getValue()方法按行、列获取数据时，也需要根据列号自行指定获取 Student 对象中的哪个数据成员。

TableModelForStudentArray 类代码如下：

```
public class TableModelForStudentArray implements TableModel{
    private Student[] data;
    public TableModelForStudentArray(Student[] data){
        this.data = data;
    }
    public String getColName(int index){
        switch(index){                          //指定每列名称
            case 0: return "ID";
            case 1: return "NAME";
            case 2: return "GENDER";
            case 3: return "AGE";
        }
        return null;
    }
    public int getColNumber(){                  //指定列数
        return 4;
    }
    public int getRowNumber(){                  //行数:数组元素的个数
        return data.length;
    }
    public Object getValue(int row,int col){    //row 为数组下标
        switch(col){                            //由 col 定位获取对象的哪个数据成员
            case 0: return data[row].getId();
            case 1: return data[row].getName();
            case 2: return data[row].isGender()?"男":"女";
            case 3: return data[row].getAge();
        }
        return null;
    }
}
```

5. 测试类 Test

```
public class Test {
    public static void main(String[] args){
```

```
            Student[] ss = {
                    new Student(1001,"zhangs",true,21),
                    new Student(1002,"lisi",true,24),
                    new Student(1003,"wangw",false,23),
                    new Student(1004,"zhaol",true,25),
                    new Student(1005,"qianqi",false,20),
                    new Student(1006,"liuba",true,22),
            };
            String[][] str = {
                    {"ID","NAME","GENDER","AGE"},
                    {"1001","zhangs","男","21"},
                    {"1002","lis","男","23"},
                    {"1003","wangwu","女","21"},
                    {"1004","zhangs","男","24"},
                    {"1005","zhaol","女","25"},
                    {"1006","qingqi","男","21"}
            };
            PrintTable table = new PrintTable();
            TableModel model = new TableModelForStringArray(str);
            table.setModel(model);        //利用set方法向应用层注入实现类对象
            table.printTable();
            model = new TableModelForStudentArray(ss);
            table.setModel(model);
            table.printTable();
    }
}
```

6.6 习题

1）下面代码的运行结果是（   ）。（知识点：多态）

```
class Mammal{
    String name = "furry";
    String makeNoise() { return "generic noise";}
}
class Zebra extends Mammal{
    String name = "stripes";
    String makeNoise() { return "bray";}
}
public class ZooKeeper {
    public static void main(String[] args) {
        new ZooKeeper().go();
    }
    void go() {
        Mammal m = new Zebra();
        System.out.println(m.name + "," + m.makeNoise());
    }
}
```

    A. furry bray   B. stripes bray

    C. furry generic noise   D. stripes generic noise

2）在下面的代码中插入（   ），代码可以通过编译。（知识点：多态、强制类型转换）

```
class X{ void do1(){}}
class Y extends X{ void do2(){} }
public class Chrome {
    public static void main(String[] args) {
        X x1 = new X();
        X x2 = new Y();
        Y y1 = new Y();
        //在此处可以插入哪句代码
    }
}
```

    A. x2. do2()；   B. (Y)x2. do2()；   C. ((Y)x2). do2()；   D. 都不是

3）根据如下代码回答下面的问题。（知识点：多态）

```
class A{
    public void methord(){System. out. println("A - method()");}
    public void methordA(){System. out. println("A - methodA()");}
}
class B extends A{
    public void methord(){System. out. println("B - method()");}
    public void methordB(){System. out. println("B - methodB()");}
}
public class Test {
    public static void main(String[] args) {
        A a = new B();
    }
}
```

① 引用变量 a 都可以调用哪些方法？它们执行的结果分别是什么？

② 引用 a 能调用 methordB()方法吗？如果能，应如何调用？

4）下面说法中不正确的是（　　　）。（知识点：抽象类、接口）

    A. 接口不可以继承接口   B. 抽象类可以实现接口

    C. 抽象类可以继承自其他类   D. 抽象类中可以有静态的 main()方法

5）下面说法中不正确的是（　　　）。（知识点：抽象类、接口）

    A. 抽象类和接口都可以有构造方法

    B. 抽象类中可以有非 final 的成员变量，非抽象的方法，但接口不可以

    C. 抽象类中的抽象方法的访问类型可以是 public、protected 和默认类型，但接口的抽象方法只能是 public 类型

    D. 抽象类和接口中都可以包含静态成员变量，抽象类中静态成员变量的访问类型可以任意，但接口只能是 public static final 类型

    E. 一个类可以实现多个接口，但只能继承一个抽象类

6）下列关于 interface 的说法中正确的是（　　　）。

    A. interface 中可以有 private 方法   B. interface 中可以有 final 方法

    C. interface 中可以有方法实现   D. interface 可以继承其他 interface

7）编写员工 Employee 类，包含工号 id、姓名 name、工资 salary 等属性，令 Employee 类实现 java. lang. comparable 接口，并实现接口中的 compareTo()方法，制定比较的规则。在测试类中创建几个 Employee 对象，利用 java. util. Arrays 类对其进行排序并打印输出排序结果。

    关于比较的规则：建议分别按照 name 和 salary 进行升序排序。

6.7 实验指导

1. 实验目的

1）理解抽象类、接口的用途，理解多态性的概念，并掌握抽象类、接口的使用。

2）掌握面向接口的编程模式。

2. 实验题目

【题目1】设计图形 Shape 类及其子类 Circle 和 Rectangle 类，它们的关系如图6-9所示。

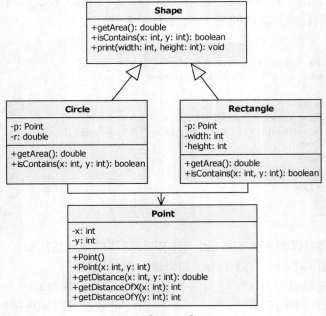

图6-9 【题目1】类图

说明：

1）Shape 类是抽象类，其中 getArea()、isContains() 为抽象方法。getArea() 计算图形的面积，isContains() 判断某个点是否在图形内，由子类分别重写。print() 方法为非抽象方法，打印指定范围内的在图形内的所有点，print() 方法在 Shape 类中设计好，由子类继承实现代码的复用。

```
public void print(int width,int height){
    for(int i = 0;i < width;i ++ ){
        for(int j = 0;j < height;j ++ ){
            if(this.isContains(j,i)){
                System.out.print(" * ");
            }else{
                System.out.print(" ");
            }
        }
        System.out.println();
    }
}
```

2）Circle 和 Rectangle 类中均包含一个 Point 成员，标识圆的圆心以及矩形的左上角坐标

（注意，屏幕的原点（0，0）在左上角）。isContains()方法借用 Point 类中的计算距离的相关方法判断某个点是否在图形内。

3）Point 类中的 getDistance()、getDistanceOfX()、getDistanceOfY()3 个方法分别计算两个点间的距离，某个点到 x 轴的距离和某个点到 y 轴的距离。

完成如下的设计：

1）按说明完成 Shape 类、Point 类、Circle 类、Rectangle 类的设计。

2）在测试类中定义一个 Shape 类型的数组，存入几个 Circle 类对象和 Rectangle 类对象，并利用一个循环打印出所有图形的面积和图形，体会多态性的概念。

【题目2】按照面向接口编程的架构编写完成【例6-3】中用户管理系统前台代码。

系统架构如图 6-10 所示。

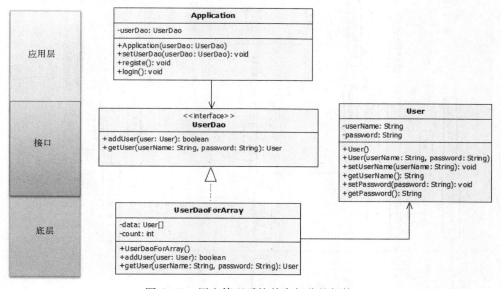

图 6-10　用户管理系统前台部分的架构

1）正确实现应用层 Application 类依赖接口的编程方式。

2）组织应用层注册 registe()和登录 login()的业务流程。注册时要检查用户是否已存在，用户两次输入的密码是否一致。登录时对用户输入的用户名和密码进行验证。

注册、登录的工作过程如下：

```
  ******注册用户******
请输入用户名:lucy
请输入密码:1234
请重新输入密码:123
两次输入的密码不相符,请重新输入!
  ******注册用户******
请输入用户名:lucy
请输入密码:1234
请重新输入密码:1234
lucy,注册成功!
  ******登录******
请输入用户名:lucy
请输入密码:1234
lucy 已登录
```

6.8 思维导图

6.8.1 本章思维导图

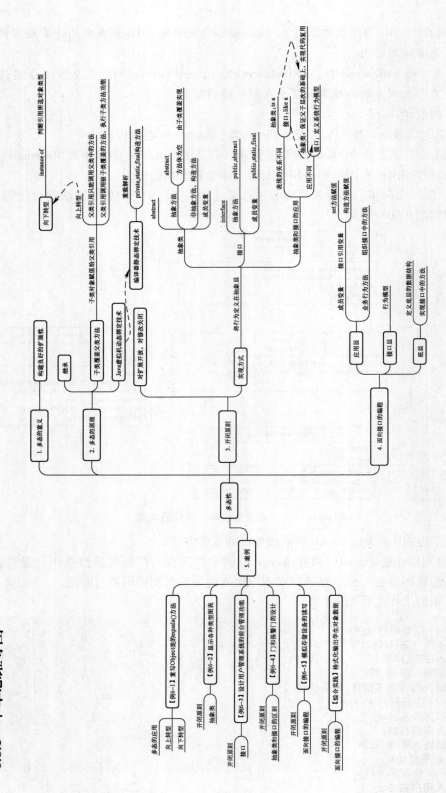

6.8.2 面向对象部分思维导图

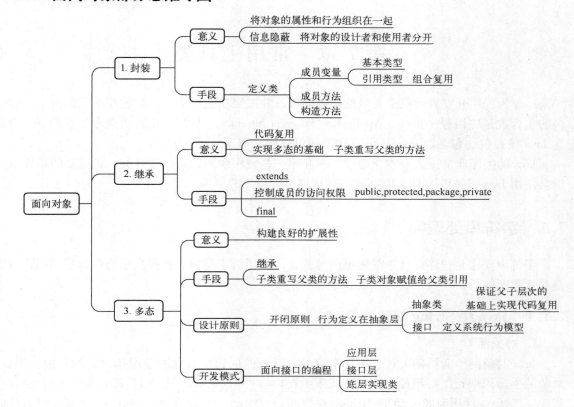

第7章 常用工具类

Java 为程序开发者提供了大量的类和接口，并按照功能的不同，存放在不同的包中。这些包的集合就是应用程序接口（Application Program Interface，API），也称为类库，它们分别存放在 Java 核心包（包名以 java 开头）和扩展包（包名以 javax 开头）中。

Java 的类库非常庞大，本章通过实例介绍一些使用频率较高的工具类，更重要的是读者要学会使用 Java 的 API 文档，能够随时随地浏览要使用的资源。

7.1 字符串处理类

字符串操作是程序设计中最常见的行为，因此了解字符串、并提高字符串数据的操作效率是非常重要的。

7.1.1 Java 中 String 对象的管理

1. 对象池

Java 对象的生命周期大致包括 3 个阶段：对象的创建、对象的使用和对象的释放。因此，对象的生命周期长度可用如下的表达式表示：T = T1 + T2 + T3。其中 T1 表示对象的创建时间，T2 表示对象的使用时间，而 T3 则表示对象的释放时间。可以看出，只有 T2 是真正有效的时间，而 T1、T3 则是创建、释放对象本身的开销。下面看下 T1、T3 在对象的整个生命周期中所占的比例。

Java 对象是通过构造方法来创建的，在这一过程中，该构造方法链中的所有构造方法也都会被自动调用。默认情况下，构造方法会把变量初始化为确定的值：所有的对象设置为 null，数值型变量设置为 0，逻辑型变量设置为 false。所以，用 new 关键字新建一个对象的时间开销是很大的，如表 7-1 所示。

表 7-1 常见操作耗费时间的对照表

操 作	示 例	标准化时间
本地赋值	i = n	1.0
实例赋值	this. i = n	1.2
方法调用	fun()	5.9
新建对象	new Object()	980
新建数组	new int[10]	3100

从表 7-1 可以看出，新建一个对象需要 980 个单位的时间，是本地赋值时间的 980 倍，是方法调用时间的 166 倍，若新建一个数组所花费的时间就更多了。

再看释放对象的过程，Java 语言使用垃圾收集器实现自动的内存管理，这虽然为 Java 程序设计者提供了极大的方便，但同时它也带来了较大的性能开销。这种开销包括两方面，首先是对象管理开销，垃圾收集器为了能够正确释放对象，它必须监控每一个对象的运行状态，包括对象的申请、引用、被引用、赋值等；其次，在垃圾收集器开始回收垃圾对象时，系统会暂停应用程序的执行，独自占用 CPU。

因此，如果要改善应用程序的性能，应尽量减少 T1 和 T3 的时间，这些可以通过对象池技术来实现。对象池技术的基本原理：缓存和共享。对于那些频繁使用的对象，在使用完后，不立即将它们释放，而是将它们缓存起来，以供后续的应用程序重复使用，从而减少创建对象和释放对象的次数，改善应用程序的性能。

2. String 对象的常量池

可以证明，字符串操作是计算机程序设计中最常见的行为，而 String 常量对象的频繁出现占用了大量内存。为此，Java 管理 String 常量对象时在 JVM 运行时数据区的"方法区"中开辟出一个称为"对象池"的存储空间（见第 1 章图 1-1），用于存储 String 常量对象的地址。当编译器遇到 String 常量时，首先检查该池中是否已存在相同的 String 常量，如果已存在，则不再创建。例如：

```
String s1 = "hello";
```

该语句在执行时，编译器首先在对象池中查找是否存在一个常量字符串"hello"。如果对象池中已存在，则不再创建新对象；如果对象池中不存在，则创建新对象，取值为"hello"，并将该对象地址放入对象池，同时赋值给 s1。

因此，如下代码：

```
String s1 = "hello";
String s = "hello";
System. out. println(s == s1);
```

比较的结果为 true，因为它们指向的是同一个对象，如图 7-1 所示。

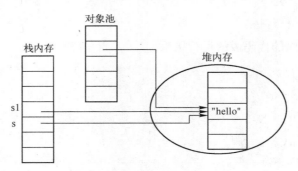

图 7-1 字符串常量与对象池

由此可见，对象池技术实现了 String 常量对象的循环使用。

接下来再看下 String s2 = new String("hello")语句的执行过程。

首先，语句中出现了常量字符串"hello"，如果它在对象池中已存在，则不再创建；否则，创建"hello"字符串，并保存至对象池。

然后，使用 new 运算符创建 String 对象，此时的操作与编译器无关，与对象池也无关，所以 JVM 在程序运行时会在堆内存中创建一个新对象，这个对象也不会放入对象池（也就是说，

137

只有涉及常量字符串时才会使用对象池），如图 7-2 所示。

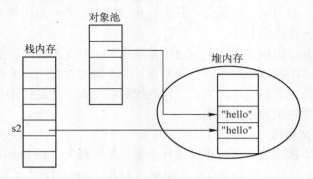

图 7-2 字符串变量与对象池

因此，如下代码：

```
String s1 = "hello";
String s2 = new String("hello");
System.out.println(s1 == s2);
```

比较的结果为 false，因为 s1 和 s2 指向的是不同的对象。

【健身操】String s = new String("hi");语句创建了几个 String 对象？

此外，编译器不仅维护常量字符串的对象池，而且也会对字符串常量的运算进行优化。例如：

```
String s = "he" + "llo";
```

因为"＋"运算两侧都是 String 常量，所以编译器会将其优化如下：

```
String s = "hello";
```

【例 7-1】分析下面的代码段的运行结果。

```
String s1 = "hello";
String s2 = "he" + "llo"
String s3 = "he";
String s4 = s3 + "llo";
System.out.println(s2 == s1);
System.out.println(s2 == s4);
```

分析：String s2 = "he" + "llo"，因为"＋"两侧都是常量字符串（"he"和"llo"被创建，且会存储于对象池中），编译器将其优化为 String s2 = "hello"，"hello"在对象池中已存在，不再创建，因此 s2 与 s1 是同一个对象。

而 String s4 = s3 + "llo";语句，"＋"一侧是变量，一侧是常量，所以不会被编译器优化。读取 s3 后与"llo"连接，生成新对象（不放入对象池，变量与对象池无关），对象地址送至引用变量 s4。所以，s2 和 s4 指向的不是同一个对象。

即：s2 == s1 为 true，s2 == s4 为 false，过程中一共创建了 4 个对象，如图 7-3 所示。

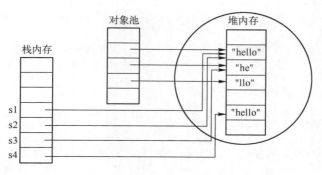

图7-3 【例7-1】示意图

【例7-2】 模仿 String 类的对象池技术，为自定义类：

```
public class Student {
    private String name;
    private int age;
}
```

设计一个对象池，规定：

1）new 关键字创建的 Student 对象不放入对象池。

2）getStudent(String name,int age)方法负责对对象池管理。即：调用 getStudent()方法时，检查对象池中是否已存在 name 和 age 取值均相同的对象，如果已存在，直接从对象池获取该对象的引用地址，不创建新的 Student 对象；否则创建新对象，并将地址保存至对象池（getStudent()方法完成类似 String 对象池的管理模式）。

分析：按照对象池的工作机制，为 Student 类建立一个对象池存储空间，用于保存 getStudent()操作下创建的 Student 对象的地址。因为对象池应该为所有 Student 类对象共有，所以为 static 类型，用一维数组实现；同时，使用 static 属性 count 记录对象池中已存储地址的个数。用户可以在声明时或者在静态代码块中对二者进行初始化。如，在静态代码块中初始化：

```
private static Student[] pool;
private static int count;
static {
    pool = new Student[100];
    count = 0;
}
```

按照规则，getStudent()方法代码如下：

```
public static Student getStudent(String name,int age) {
    for(int i = 0;i < count;i ++) {    //在对象池中查找
        if (pool[i]. name. equals(name) && pool[i]. age == age) {
            return pool[i];           //返回引用地址
        }
    }
    //对象池中不存在该对象的情况下,创建新的对象,并放入对象池
    Student stu = new Student(name,age);
    pool[count] = stu;
```

```
            count ++ ;        //如果已满,可以进行扩容处理
            return stu;
    }
```

建立好对象池后，测试对象池的使用：

```
    public static void main( String[] args ) {
        Student stu1 = new Student( "zhang" ,20 );              //创建新对象,不放入对象池
        Student stu2 = Student. getStudent( "zhang" ,20 );    //该对象在对象池中不存在,创建,并保存至对象池
        Student stu3 = Student. getStudent( "zhang" ,20 );    //对象池已存在该对象,直接从对象池获取
        System. out. println( stu2 == stu1 );                 //false
        System. out. println( stu2 == stu3 );                 //true
    }
```

因为按照规则，new 创建的对象不放入对象池，所以 stu1 指向的对象("zhang",20)不在对象池中；Student stu2 = Student. getStudent("zhang" ,20)创建了对象，并将引用地址保存在对象池；当执行 Student stu3 = Student. getStudent("zhang" ,20)时，直接从对象池取出了已存在对象地址 stu2 送至 stu3。所以，stu2 与 stu1 指向的是不同的对象，stu2 和 stu3 指向的是相同的对象。对象池策略应用成功。

【说明】将用过的对象保存起来，等下一次需要这种对象时再拿出来使用，可以在一定程度上减少频繁创建、销毁对象所造成的开销。但是，并非所有对象都适合拿来池化——因为维护对象池也会造成一定开销。对生成时开销不大的对象进行池化，反而可能会出现"维护对象池的开销"大于"生成新对象的开销"，从而使性能降低。池化技术适用于创建和销毁开销较大的对象。

7. 1. 2   String 类的常用方法

下面介绍 String 类中一些较为常用的方法。

1. charAt()

char charAt(int index)，返回调用该方法的字符串位于指定位置 index 处的字符。需要注意，字符串的索引值是从 0 开始计算的。例如：

```
    String x = "good" ;
    System. out. println( x. charAt(3) );   //输出'd '
```

2. concat()

String concat(String s)，该方法将参数字符串 s 追加至调用该方法的 String 的尾部，返回新字符串。例如：

```
    String x = "good" ;
    System. out. println( x. concat( " idea!" ) );   //创建了新字符串"good idea!",并输出
```

这个方法的功能与 " + "" += "运算符类似。例如：

```
    System. out. println( x + " idea!" );
```

但是，注意" += "运算是一个赋值运算。例如：

```
Stringx = " good" ;
x += " idea!" ;
System. out. println(x);
```

当执行上面这段代码时，作为 String 的引用变量 x，其指向的字符串发生了变化，指向新创建的字符串"good idea!"，原来 String x 所指向的"good"将被丢弃。而 concat() 和 " + " 运算中 String x 所指向的字符串均未发生变化。

3. equals()和 equalsIgnoreCase()

boolean equals(String s)，该方法将参数字符串 s 的值与调用该方法的 String 的值进行比较，返回 true 或 false。显然，String 类重写了 Object 的 equals()方法，不再比较引用地址，而是比较字符串的内容。

boolean equalsIgnoreCase(String s)，该方法将参数字符串 s 的值与调用该方法的 String 的值进行忽略大小写的比较，返回 true 或 false。例如：

```
Stringx = " quit" ;
System. out. println( x. equalsIgnoreCase( " QUIT" ) );   //输出 true
```

4. endsWith() 和 startsWith()

boolean endsWith(String s)，判断调用该方法的 String 是否以指定的参数字符串结尾，返回 true 或 false。例如，以文件的扩展名区分文件类型：

```
String file = " photo. png" ;
boolean isImageFile = file. endsWith(". png")|| file. endsWith(". jpg");
System. out. println( isImageFile);   //输出 true
```

boolean startsWith(String s)，判断调用该方法的 String 是否以指定的参数字符串开始，返回 true 或 false。例如：

```
String command = " get photo. png" ;
if( command. startsWith( " get" ) ){
    System. out. println( "开始下载文件..." );
}
```

5. indexOf() 和 lastIndexOf()

int indexOf(String s)，int indexOf(String s, int fromIndex)，查找参数字符串在调用该方法的 String 中首次出现的起始位置，如果参数字符串不存在，则返回 -1，可以使用参数 fromIndex 指定查找的起点。

int lastIndexOf (String s), int lastIndexOf (String s, int fromIndex)，查找参数字符串在调用该方法的 String 中最后一次出现的起始位置。例如：

```
String email = " computer_dite@ 126. com" ;
System. out. println( email. indexOf( " e" ) );       //输出 13
System. out. println( email. indexOf( " /" ) );       //输出 -1
```

```
        int index = email. indexOf("@");                              //6
        System. out. println(email. indexOf("e", index + 1));      //输出 12
        System. out. println(email. lastIndexOf("e"));             //输出 12
```

6. length()

int length()，该方法返回调用该方法的 String 的长度，即其所包含字符的个数。例如：

```
        String x = "0123456789";
        System. out. println(x. length());      //输出 10
```

需要注意，不要将 String 的 length()方法与数组的 length **属性**相混淆。

7. substring()

String substring(int begin),String substring(int begin,int end)。substring()方法用于获取调用该方法的 String 的一个子串。参数 begin 指定截取的起始索引位置，参数 end 指定截取的结束索引位置，如果不指定 end 则截取至 String 的末尾。需要注意截取子串的范围是[begin,end)，包括 begin 位置，但不包括 end 位置，至 end – 1 位置截取结束。例如：

```
        String x = "0123456789";
        System. out. println(x. substring(3));        //输出"3456789"
        System. out. println(x. substring(3,8));      //输出"34567"
```

下面的代码可以从一个 email 地址中分别截取出用户名和主机地址：

```
        String email = "computer_dite@126. com";
        String name = email. substring(0,email. indexOf("@"));    //"computer_dite"
        String host = email. substring(email. indexOf("@") + 1);  //"126. com"
```

其中，email. indexOf("@")计算得到 email 地址中"@"的位置，用户名截取到"@"前结束，主机地址从"@"后开始至末尾。

8. toLowerCase()和 toUpperCase()

String toLowerCase()，将调用该方法的 String 的所有大写字母都转换为小写字母，即新字符串全部由小写字母组成，String toUpperCase()方法与之相反。例如：

```
        String e = "A Good Idea!";
        System. out. println(e. toLowerCase());      //输出"a good idea!"
        System. out. println(e. toUpperCase());      //输出"A GOOD IDEA!"
```

9. trim()

String trim()，将调用该方法的 String 的前后空格都删除，返回新字符串。例如，在与用户进行交互处理用户输入时经常这样处理：

```
        Scanner scn = new Scanner(System. in);
        String command = scn. next();
        if(command. trim(). equalsIgnoreCase("dir")){
            //对该命令进行处理
            }
```

用户从键盘输入的 dir 命令形式如何，例："dir 空格""空格 dir""空格 dir 空格""Dir \t"…

经过处理后程序都能够知晓用户需要处理的是"dir"这个命令。

【说明】String 类包含了许多方法，这里不能一一尽述，无论介绍多少，这些都是 Java API 的一部分而已，目的是让大家了解这些功能的存在，以实例体会其功能。要了解每个方法的详情，尽可参考 API 文档。

7.1.3 StringBuilder 和 StringBuffer 类

1. String 的不可变性

Java 中的 String 对象是不可变的，String 类中每一个看似会修改 String 值的方法，实际上都是创建了一个全新的 String 对象存储修改后的字符串内容，最初的 String 对象丝毫无改。

例如：

```
String s = "hello";
s = s + "hehe";
System. out. println(s);   //输出" hellohehe"
```

s = s + "hehe" 的赋值语句新建了一个对象，引用 s 指向新对象，原 s 指向的对象将成为垃圾。这里，虽然输出的字符串变了，但不意味着字符串对象的值变了，而是创建了新对象，如图 7-4 所示。

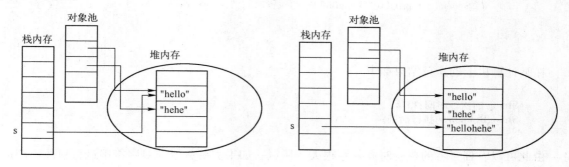

图 7-4   s = s + "hehe"赋值前后对比

String 对象的不可变性的弊病：如果大量拼接字符串（如在循环中拼接），则每次拼接都会产生垃圾，由此消耗了大量内存，且降低了执行效率。例如：

```
String s = "1" + "2" + "3" + "4" + "5";
```

在最后一个字符串"12345"创建之前，中间创建的"1""12""123""1234"都是垃圾字符串。

2. StringBuilder 类和 StringBuffer 类的使用

StringBuilder 是在 Java SE 5.0 中引入的，在此之前 Java 使用的是 StringBuffer 类，二者的区别是：StringBuilder 类是单线程的，StringBuffer 是多线程安全的，支持并发访问（线程详见第 11 章），因此 StringBuffer 的开销会大些。所以，在非多线程的情况下，应该优先选择 StringBuilder 类。下面以 StringBuilder 为例，进行介绍 StringBuffer 的使用。

与 String 的不可变性不同，StringBuilder 对象代表一个可变的字符串，当一个 StringBuilder 对象被创建后，通过它的 append()、insert()、delete()、reverse()等方法可以改变这个字符串对象的字符序列。StringBuilder 对象默认长度为 16，也可以在创建对象时指定初始长度，如果附加的字符超出可容纳长度，StringBuilder 对象会自动扩容。

【例 7-3】 对比测试 String 类和 StringBuilder 类的拼接效率。

```
public class AppendStringTest {
    public static void main( String[] args ) {
        //String 对象的拼接
        String text = "" ;
        long beginTime = System. currentTimeMillis() ;           //起始时间
        for( int i = 0 ; i < 20000 ; i ++ ) {                      //循环 20000 次拼接字符串
            text = text + i ;
        }
        long endTime = System. currentTimeMillis() ;             //终止时间
        System. out. println( "String 的执行时间:" + ( endTime – beginTime ) ) ;
        //StringBuilder 对象的拼接
        StringBuilder builder = new StringBuilder( "" ) ;
        beginTime = System. currentTimeMillis() ;
        for( int i = 0 ; i < 20000 ; i ++ ) {                      //用 StringBuilder 类的 append()方法拼接字符串
            builder. append( i ) ;
        }
        endTime = System. currentTimeMillis() ;
        System. out. println( "StringBuilder 的执行时间:" + ( endTime – beginTime ) ) ;
    }
}
```

在某计算机上的运行结果如下：

String 的执行时间:1375
StringBuilder 的执行时间:4

由此可以看到二者的执行时间差距很大，所以，如果需要频繁地对字符串进行更改，则应使用 StringBuilder 类。

StringBuilder 类中的常用方法如下。

（1） append()

```
StringBuilder append( boolean b )
StringBuilder append( int i )
StringBuilder append( String s )
…
```

append()方法有很多重载形式，允许各种类型数据的追加操作。append()将参数指定的数据转换为 String 后（如果需要转换的话），追加到调用该方法的 StringBuilder 字符串对象的末尾。

如前所述，无论是否将返回值赋值给某变量，这个方法都将更新调用该方法的字符串对象的取值。例如：

```
StringBuilder builder = new StringBuilder( "This " ) ;
builder. append( "is " ). append( "a " ). append( "good " ). append( "idea!" ) ;    //没有产生新字符串
System. out. println( builder ) ;                                        //builder 对象值更新为"This is a good idea!"
```

144

（2）insert()

StringBuilder insert(int offset, String s)。该方法将参数字符串 s 插入在调用该方法的 String-Builder 字符串中，位置由参数 offset 指定。它同样有很多重载形式，允许各种类型数据的插入操作。例如：

```
StringBuilder builder = new StringBuilder("01068961626");
builder. insert(3," - ");
System. out. println(builder);//输出"010 - 68961626"
```

（3）delete()

StringBuilder delete(int start, int end)，删除调用该方法的字符串的从索引值 start 开始至索引值 end 前的子串。例如：

```
StringBuilder builder = new StringBuilder("0123456789");
builder. delete(3,6);
System. out. println(builder);    //输出"0126789"
```

（4）reverse()

StringBuilder reverse()将调用该方法的字符串逆置。例如：

```
StringBuilder builder = new StringBuilder("0123456789");
builder. reverse();
System. out. println(builder);    //输出"9876543210"
```

3. String 类与 StringBuilder 类的比较

总地来讲，String 类与 StringBuilder 类的主要区别如下：

1）String 类的对象具有不可变性，StringBuilder 类的对象是可变的。

2）String 类重写了 Object 类的 equals()方法，StringBuilder 类没有。例如：

```
String s1 = new String("hello");
String s2 = new String("hello");
System. out. println(s1. equals(s2));    //重写后,比较的是字符串的内容,输出 true
StringBuilder s3 = new StringBuilder("hello");
StringBuilder s4 = new StringBuilder("hello");
System. out. println(s3. equals(s4));    //未重写,比较的是字符串的地址,输出 false
```

3）String 对象的拼接使用 " + " 运算符，StringBuilder 类使用 append()方法，效率比 String 类高很多。

4）String 类比 StringBuilder 类多了很多关于字符串处理的方法，如字符串的解析、比较大小，与其他数据类型之间的数据转换方法等。

综上所述，如果一个字符串有频繁的插入、删除、修改等操作，使用 StringBuilder 类。反之，如果一个字符串需要进行丰富的串运算，则使用 String 类。

利用类型间的转换，可以充分发挥二者各自的优势，提高字符串处理的效率。

【例 7-4】String 和 StringBuilder 的转换。

本例通过 StringBuilder 对 String 字符串进行封装，从而利用 StringBuilder 的 append()方法提高字符串拼接的效率；再利用 toString()方法将 StringBuilder 字符串转换为 String 类型，利用 String 的串处理 split()方法对字符串进行解析。

代码如下：

```
public static void main(String[] args) {
    String s = "";
    StringBuilder builder = new StringBuilder(s);                //包装为 StringBuilder 类型
    //利用 append()提高拼接的效率
    builder. append("This "). append("is "). append("a "). append("good "). append("idea!");
    s = builder. toString();                                     //转换为 String 类型
    String[] words = s. split(" ");         //利用 String 类的解析方法将字符串用空格分解为若干个单词
    System. out. println(Arrays. toString(words));              //解析结果,数组[This,is,a,good,idea!]
}
```

【弦外之音】在查看 API 文档时经常会见到一个名字"CharSequence",它是一个接口,代表一个字符序列,其中 String、StringBuffer、StringBuilder 都是它的实现类。简单地说,CharSequence 代表可以以各种形式表示的字符串。

7.2　正则表达式

正则表达式(regular expression)是在 1956 年诞生的工具,如今在基于文本的编辑器和搜索工具中依然占据着非常重要的地位。正则表达式是一种强大而灵活的文本处理工具,它是一门学科,独立存在,并不依附于某种计算机语言,而是由每种语言对其提供语法上的支持。正则表达式主要用于文本处理,对字符串进行查找、解析和验证,比如单词的查找替换,电子邮件、身份证号格式的校验等。这些操作都涉及字符串的模式匹配问题。模式匹配是一种复杂的字符串运算算法。正则表达式赋予一些字符特殊的含义,用它们描述字符串模式,功能化了模式匹配的过程。

7.2.1　正则表达式的语法

一般来说,正则表达式就是以某种方式来描述字符串。比如说正则表达式中用"\d"表示 0~9 的一位数字,用"+"表示某项至少出现 1 次,那么"\d+"就用来匹配非负整数。如果有字符串"123a - 3b456c0d7x89",通过"\d+"就可以匹配出 123、3、456、0、7、89 这些数字。

下面介绍构成正则表达式的基本元素。

1. 预定义字符类

预定义字符类中 d 是 digit 的首字母,代表数字;s 是 space 的首字母,代表空白符;w 是 word 的首字母,代表单词。d,s,w 的大写形式匹配与之相反的字符。如表 7-2 所示。

表 7-2　预定义字符类

预定义字符	说　　明	预定义字符	说　　明
\d	匹配 0~9 任意一个数字	\D	匹配非 0~9 数字
\s	匹配\t、\n、\r 等空白符	\S	匹配非空白符
\w	匹配数 0~9,字母 a~z,A~Z,下画线	\W	匹配非数字和字母
.	匹配任意一个字符		

例如:"c\wt"可以匹配 cat、cbt、c0t、c_t 等一批以 c 开头、以 t 结尾、中间是任意字符的字符串。

"."在正则表达式中匹配任意一个字符,设有字符串"abcdaaebcaddbc",表达式". bc"可以

146

从中匹配出"abc""ebc""dbc"3个字符串，表达式".．bc"可以从中匹配出"aebc"和"ddbc"两个字符串。

2. 方括号

在一些特殊情况下，例如，只想匹配一部分数字、一部分字母，或者进行除什么之外的反向匹配，这时预定义字符就无能为力了，需要使用方括号表达式，如表7-3所示。

表7-3 方括号表达式举例

示　　例	说　　明
［abcd］	表示枚举。匹配 a，b，c，d 中的任意一个字符
［a－fx－z］	－表示范围。匹配 a~f 和 x~z 范围内的任意一个字符
［^abcd］	^表示求反。匹配 a，b，c，d 之外的任意一个字符
［a－z&&［def］］	&& 表示交集运算。匹配 a~z 与 d，e，f 的交集，即 d，e 或 f
［a－d［m－p］］	表示并集运算。匹配 a~d 和 m~p 范围内的字符，也可直接写作 ［a－dm－p］

例如："a［xyz］c"可以匹配 axc、ayc、azc 这些字符串。"a［^\d］c"可以匹配 a0c ~ a9c 之外的以 a 开头以 c 结尾的3个字符组成的字符串。

3. 量词

除了指定一个字符外，正则表达式中还可以通过量词指定字符可能出现的次数，如表7-4所示。

表7-4 量词举例

示　　例	说　　明
X？	0≤X 表达式出现的次数≤1，即 0 次或 1 次
X＊	X 表达式出现的次数≥0，即 0 次或多次
X＋	X 表达式出现的次数≥1，即 1 次或多次
X｛n｝	X 表达式出现的次数＝n 次，即 n 次
X｛,n｝	X 表达式出现的次数≥n 次，即最少出现 n 次
X｛n,m｝	n≤X 表达式出现的次数≤m，即最少出现 n 次，最多出现 m 次

例如："a［a－z］｛3｝c"可以匹配以 a 开头，以 c 结尾，中间由 a~z 中的任意3个字符组成的字符串，从"abzycaadecaab？ca＋abcadddc"中可以匹配出"abzyc""aadec""adddc"，而"aab？c""a＋abc"则与模式不匹配。

同样是描述一个字符串模式，正则的表达方法会有很多，要想灵活地设计出实用、高效的正则表达式必需经过一个深入学习的过程。一些常用的匹配模式往往已经有通用的正则表达方案，表7-5列举一些常见的正则表达式。

表7-5 常见正则表达式举例

正则表达式	匹配的内容	说　　明
［\u4e00 － \u9fa5］	匹配一个汉字	
［a－zA－Z0－9_＋\．－］＋@（［a－zA－Z0－9－］＋\．）＋［a－zA－Z0－9］｛2,4｝	匹配 Email 地址	（）表示分组，定义满足指定规则的一个单位 ．在正则中代表匹配任意一个字符，表示．本身时使用 \．
（（13［0－9］）|（14［5|7］）|（15（［0－3］|［5－9］））|（18［0,5－9］））\d｛8｝	匹配手机号码	| 表示或者
［1－9］［0－9］｛4,11｝	匹配 QQ 号码	
［1－9］\d｛14｝|［1－9］\d｛17｝|［1－9］\d｛16｝x	匹配身份证号	

正则表达式还有很多其他的符号，具体可以查看 API 文档或者相关的书籍。

7.2.2　String 类中操作正则表达式的方法

1. matches()

boolean matches(String regex)，检测调用该方法的字符串是否与给定的正则表达式匹配。例如，检测某个字符串是否符合 email 地址的要求：

```
String email = "song. yan@ gc. ustb. edu. cn";
System. out. println( email. matches( "[a - zA - Z0 - 9_ + . - ] + @ ( [a - zA - Z0 - 9 - ] + \\. ) + [a - zA - Z0 - 9] {2,4}" ) );
//输出 true
```

【注意】 在 Java 中，"\" 是转义字符的起始字符，具有特殊的含义，所以在正则中出现 "\" 的地方都需要用 "\\" 表示。如果要表示 "\\" 本身的话，则需要 "\\\\"。

2. replaceAll()

String replaceAll(String regex, String replacement)。该方法使用给定的 replacement 字符串替换调用此方法的字符串中与给定的正则表达式匹配的每个子字符串。例如，删除文本中所有的空格符：

```
String text = "aa\tbb\rcc    dd eeff";
System. out. println( text. replaceAll( "\\s + ","" ) );      //输出 "aabbccddeeff"
```

利用 "\s + " 匹配字符串中所有的空格符，并将其替换为空串，相当于删除了所有原字符串中的空格符。

应用软件中提供的查找/替换功能就是基于这样的工作原理。

3. split()

String[]split(String regex)，利用给定的正则表达式将调用此方法的字符串拆分为字符串数组。例如，将字符串按空格符拆分：

```
Stringtext = "aa\tbb\ncc    dd eeff";
String[] res = text. split( "\\s + " );  //
System. out. println( Arrays. toString( res ) );      //输出 [aa,bb,cc,dd,eeff]
```

split()方法实现了按规则分割文本。

Java 语言使用 java. util. regex 包中的 Pattern 和 Matcher 类处理正则表达式的模式匹配问题。String 中之所以可以使用正则表达式，实际上就是在底层调用了这两个类中的方法。比如，当调用 String 的 matches()方法时，底层实际是调用 Pattern 类的静态 matches()方法。String 中其他方法对正则表达式的支持也都是建立在底层 Pattern 类和 Matcher 类之上的。

相比 String 而言，Pattern 和 Matcher 类提供了更为丰富的功能运用正则表达式，详细用法请查看 API 文档。

7.3　包装类

在 Java 语言中有一句著名的话："一切皆为对象"。但是，基本数据类型 long、int、double、boolean、char 等，它们只是纯粹的数据，没有封装在类中，除了数值本身的信息外，不带有其他的信息和方法。比如说，int 类型的数据除了算术运算外没有更丰富的功能，参数传递时也不能将 int 型数据传递给 Object 类型。

保留基本类型的好处是可以提高运算的效率，为了建立基本类型与引用类型之间的通信，Java 为每个基本类型设计了包装类，这些包装类继承自 Object，在 java. lang 包下，可以直接使用，包括 Boolean、Character、Byte、Short、Integer、Long、Float 和 Double。

包装类使程序员可以像操作对象一样操作基本类型，通过包装类定义的方法使基本类型具有了更丰富的功能，可以实现将基本类型数据值传递给 Object 类型。

每个包装类均声明为 final，因此它们的方法隐式地成为 final 方法，程序员不能重写这些方法。而且，基本类型包装类中的很多方法被声明为静态方法，程序员可以直接通过类名来调用这些静态方法。

7.3.1　Integer 类

Integer 类是 int 类型的包装类，提供了处理 int 类型数据的一些常量和方法，如，MAX_VALUE 和 MIN_VALUE 表示 int 类型的最大、最小值，一些方法使 int 类型与其他数据类型之间可以互相转换。

Integer 中的一些常用方法如下。

（1）intValue()

int intValue()，返回调用该方法的 Integer 对象对应的 int 类型值。

与之类似，还有 byteValue()、doubleValue()、floatValue()、longValue()、ShortValue() 方法，实现以各种类型返回 Integer 对象的值。

（2）parseInt()

static int parseInt(String s)，这是 Integer 中最常用的方法，它可以将一个数字字符组成的字符串解析为 10 进制整数。例如：Integer. parseInt("1234")，将数字字符串"1234"解析为整数 1234。

parseInt() 还有重载形式：static int parseInt(String s,int radix)，该方法将字符串 s 按照指定的进制进行解析，返回十进制值。例如：Integer. parseInt("12",8)，将字符串"12"按八进制解析，返回值十进制值为 10；Integer. parseInt(" – FF",16)，将字符串" – FF"按十六制解析，返回 – 255。

parseInt() 的解析任务不是每次都会成功，遇到不能解析的情况，会抛出一个称为 NumberFormatException 类型的异常（异常将在第 9 章介绍）。比如说，参数字符串 s 是为 null 或长度为 0；参数 s 表示的值不是 int 类型的值；参数 s 中的各个字符或组合超出该整数能表示的最大范围等。例如：

Integer. parseInt("123a")不能将"123a"解析为 10 进制数，抛出 NumberFormatException。

Integer. parseInt("99",8)，不能将"99"解析为 8 进制数，抛出 NumberFormatException。

【画龙点睛】使用图形用户界面与用户交互时，用户输入的数据通常都是以字符串的形式存在（在文本框中完成输入）。即便用户输入的是一个纯数字，也是一个数字字符组成的字符串，所以将字符串解析还原为用户交给程序的原始数据是经常会遇到的运算。类似地，parseDouble()、parseBoolean() 等方法在每个包装类中都存在。

（3）toString()

String toString()，将调用该方法的 Integer 对象转换为字符串。

static String toString(int i)，该方法为静态方法，将十进制整数 i 转换为字符串。

将非 String 类型数据转换为 String 类型还可以使用字符串的"＋"运算,例如:

> Integer. toString(10)

等价于:

> 10 + " "

(4) valueOf()

static Integer valueOf(int i),static Integer valueOf(String s),它们返回参数对应的一个十进制整数对象。

如图 7-5 所示,int、Integer 和 String 数据类型之间转换,可以使用包装类作为转换工具。

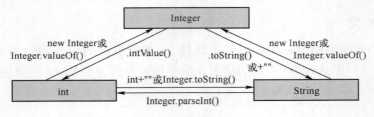

图 7-5 类型转换示意图

【例 7-5】int、Integer 和 String 数据间的类型转换示例。

```
public static void main(String[] args) {
    int i2 = 200;
    String s = "300";
    Integer i1 = new Integer(100);              //int – > Integer(1)
    System. out. println(Integer. valueOf(i2));  //int – > Integer(2)
    System. out. println(i1. intValue());        //Integer – > int
    System. out. println(i2 + " ");              //int – > String(1)
    System. out. println(Integer. toString(i2)); //int – > String(2)
    System. out. println(Integer. parseInt(s));  //String – > int
    System. out. println(i1 + " ");              //Integer – > String(1)
    System. out. println(i1. toString());        //Integer – > String(2)
    System. out. println(new Integer("400"));    //String – > Integer(1)
    System. out. println(Integer. valueOf("400"));//String – > Integer(2)
}
```

7.3.2 自动封箱和解封

> Integer i = 5;

这样的表述在 Java SE 5.0 版本之前是错误。从 Java SE 5.0 开始,编译器对基本类型进行自动封箱(AutoBoxing)和自动解封(Auto – unBoxing)。

> Integer i = 5;

编译器将其处理为

```
Integer i = Integer. valueOf(5);
```

这个过程称为"自动封箱"。

```
Integer i = 5;
int a = i;
```

编译器会将其处理为

```
int a = i. intValue();
```

这个过程称为"自动解封"。

自动封箱和自动解封的功能是由编译器完成的，它们使程序员可以将基本类型和包装类通用。但是，封箱的过程隐藏了一些细节，必须要小心。

与 String 的对象池类似，在 Java SE 5.0 中对包装类（除了 Float 和 Double）对象的常量也在 JVM 的运行时数据区的"方法区"维护了它们的常量池（见本书图 1-1）。这种池化的思想就是用一个存储区域来存放一些常用的公用资源以减少存储空间的开销。

以 Integer 为例，以下几种赋值方式：

Integer i1 = 5，涉及对象池操作。

Integer i2 = Integer. valueof(5)，涉及对象池操作。

Integer i3 = new Integer(5)，创建新的对象，不涉及对象池。

例如：

```
public static void main(String[] args) {
    Integer i1 = 5;                      //向对象池写入 Integer 对象(5)
    Integer i2 = Integer. valueOf(5);    //将对象池中的 Integer 对象(5)引用赋值给 i2
    Integer i3 = new Integer(5);         //创建新的对象
    System. out. println(i2 == i1);      //true
    System. out. println(i2 == i3);      //false
}
```

因为对象池中已经存在取值为 5 的对象，所以 Integer i2 = Integer. valueOf(5)这个操作不会再创建新的 Integer 对象，以此节省创建、释放对象的时间开销。

然而，Integer 的常量池中的数据的范围仅仅是 -128 ~ 127。所以，下面的代码的运行结果与上面会不同。

```
public static void main(String[] args) {
    Integer i1 = 250;
    Integer i2 = Integer. valueOf(250);
    Integer i3 = new Integer(250);
    System. out. println(i2 == i1);   //false
    System. out. println(i2 == i3);   //false
}
```

也就是说，-128 ~ 127 范围的值封箱为 Integer 对象后，会维护在常量池中被重用；超出该范围的封箱对象不会被重用，每次封箱时都新建 Integer 对象。

7.4 日期类

日期与人类的活动息息相关，因此在程序中经常需要处理日期型的数据。Java 对日期数据的处理早期使用 Date 类，现多使用 Calendar 类，并使用 SimpleDateFormat 类对日期格式进行设置。

7.4.1 Date 类

java. util. Date 类用来处理日期及时间。Date 类出现于 JDK 1.0，因为历史悠久，所以大部分构造方法、方法都已经过时（deprecated），不再推荐使用，取而代之的是 Calendar 类。

Date 未过期的方法具体如下。

（1）Date()

构造方法，生成一个代表当前日期的 Date 对象，通过调用 System. currentTimeMillis() 方法获得 long 类型整数代表日期。这个整数是距离格林尼治时间 1970 年 1 月 1 日 0 点的毫秒数，这个时间点是为了纪念 UNIX 系统的诞生。

（2）Date(long date)

构造方法，利用一个距离 1970 年 1 月 1 日 0 点的毫秒数生成一个 Date 对象。

（3）getTime()

long getTime()，返回调用该方法的时间对象所对应的 long 型整数。

【说明】 在 java. sql 包下也有一个 Date 类，它用于数据库系统的数据表中日期型字段的处理，在 java. util. Date 和 java. sql. Date 类型间进行转换时，就是利用 Date 对象所对应的毫秒数，例如：

```
java. sql. Date birth = new java. sql. Date( new java. util. Date(). getTime());
```

（4）compareTo()

int compareTo(Date anotherDate)，比较调用该方法的日期和参数日期的大小，前者比后者大时返回 1，比后者小时返回 - 1。

（5）before()

boolean before(Date when)，判断调用该方法的日期是否在参数日期之前。

（6）after()

boolean after(Date when)，判断调用该方法的日期是否在参数日期之后。

7.4.2 Calendar 类

Calendar 类在 java. util 包中，用于表示日历，取代 java. util. Date 更好地处理日期和时间。

Calendar 是一个抽象类，不能用构造方法创建 Calendar 对象，但它提供了静态方法 getInstance()来获取 Calendar 实例。

static Calendar getInstance()，使用默认时区和语言环境，根据当前时间返回一个日历。Calendar 支持国际化，所以可以对日历基于的时区和语言环境进行设置。默认的时区和语言环境来自于操作系统。

Calendar 类提供了大量访问、修改日期的方法，常用方法如下。

（1）get()

int get(int field)，返回调用该方法的 Calendar 对象的指定日历字段的取值。field 为 Calendar 类中的常量，例如：

get（Calendar. DAY_OF_MONTH）返回一个代表本月第几天的整数。

get（Calendar. MONTH）返回一个代表月的整数，范围为 0 ~ 11。

get（Calendar. Year）返回一个代表年的整数。

get（Calendar. DAY_OF_Year）返回一个代表本年内第几天的整数。

get（Calendar. DAY_OF_WEEK）返回一个代表星期几的整数，范围为 1 ~ 7，1 表示星期日，2 表示星期一，其他类推。

关于 field 取值具体可以查看 API 文档。

（2）set()

void set（int field,int value），根据给定的日历字段设置给定值，字段同上。

```
void set( int year,int month,int date)
void set( int year,int month,int date,int hour,int minute)
void set( int year,int month,int date,int hour,int minute,int second)
```

这几个方法用于设置 Calendar 对象的年、月、日，或加上时、分、秒的值。

【注意】在 Calendar 中，月份的取值是从 0 开始的，比如 Calendar 对象表示的日历是 6 月份，从 Calendar 对象中取出的是 5；要设置日历表示 12 月份，送给 Calendar 对象的值应该是 11。

（3）add()

void add（int field,int amount），该方法根据日历的规则，为给定的日历字段加上指定的时间量。

add() 方法的功能非常强大，当日历字段的取值超出日历规则允许的范围时，会自动进行进位或退位处理。例如：

```
Calendar c1 = Calendar. getInstance( ) ;
c1. set(2016,7,5) ;                     //2016-8-5
c1. add( Calendar. DAY_OF_MONTH,30) ; //2016-9 -4
c1. set( Calendar. DAY_OF_MONTH, -7) ; //2016-8-24
```

在 8 月 5 日的基础上加上 30 天，会对上一级字段 Calendar. MONTH 进行进位，变成 9 月；在 9 月 4 日的基础上减去 7 天会对 Calendar. MONTH 字段退位。add() 方法自动依据日历规则进行计算。

（4）getTime()

Date getTime()，返回一个表示调用此方法的 Calendar 对象的 Date 对象。

（5）getTimeInMillis()

long getTimeInMillis()，返回表示调用此方法的 Calendar 对象的毫秒数。

（6）getActualMaximum()

int getActualMaximum（int field），返回指定日历字段可能的最大值。如日历字段为 MONTH 时，返回 11；日历字段为 DAY_OF_MONTH 时，返回调用该方法的日历对象的月份的最大天数。

类似的，getActualMinimum() 方法返回指定日历字段可能的最小值。

【例7-6】打印 2016 年 8 月的日历。

分析：与在第 2 章打印日历的算法不同，此处利用 Calendar 类可以打印任何日期的日历，并且，关于该月第一天是星期几、该月有多少天等运算都可以调用 Calendar 的方法获取。

```
*********************2016年8月日历*********************
日       一       二       三       四       五       六
        1       2       3       4       5       6
7       8       9       10      11      12      13
14      15      16      17      18      19      20
21      22      23      24      25      26      27
28      29      30      31
```

代码如下：

```java
public static void main(String[] args) {
    Calendar cal = Calendar.getInstance();
    cal.set(Calendar.YEAR,2016);                //2016 年
    cal.set(Calendar.MONTH,7);                  //8 月
    cal.set(Calendar.DAY_OF_MONTH,1);           //1 日,依此计算该月第一天是星期几
    //输出标题行
    System.out.println("*******************" + cal.get(Calendar.YEAR) + "年" + (cal.get
(Calendar.MONTH) + 1) + "月日历*******************");
    System.out.println("日\t 一\t 二\t 三\t 四\t 五\t 六");
    //计算星期,并输出之前的空白
    int day_of_week = cal.get(Calendar.DAY_OF_WEEK);
    for(int s = 1;s < day_of_week;s ++){
        System.out.print("\t");
    }
    //输出该月所有天
    for(int day = 1;day < = cal.getActualMaximum(Calendar.DAY_OF_MONTH);day ++){
        System.out.print(day + "\t");
        if((day + day_of_week - 1)%7 ==0){
            System.out.println();
        }
    }
}
```

7.4.3　SimpleDateFormat 类

SimpleDateFormat 类位于 java.text 包下（java.text 包下还有很多关于各种格式控制的类），用于格式化日期和解析日期字符串。

它通过特定的 pattern 字符串处理日期格式，日期和时间的模板字符如表7-6 所示。

表 7-6　SimpleDateFormat 类中的日期、时间模式字符

模板字符	日期或时间元素	模板字符	日期或时间元素
y	年	a	Am/pm 标记
M	年中的月份	h	一天中的小时数（0~23）
d	月份中的天数	k	一天中的小时数（1~24）
w	年中的周数	K	am/pm 中的小时数（0~11）
W	月份中的周数	H	am/pm 中的小时数（1~12）
D	年中的天数	m	小时中的分钟数
F	月份中的星期	s	分钟中的秒数
E	星期中的天数	S	分钟中的毫秒数

例如，"yyyy – MM – dd" 表示按 2016-08-05 这样的格式表示一个日期。

日期模板字符串通常在构建 SimpleDateFormat 对象时作为初始化参数传入。例如：

```java
SimpleDateFormat sdf = new SimpleDateFormat("yyyy – MM – dd");
```

SimpleDateFormat 类中最常用的方法有两个。

（1）parse()

Date parse(String text)，该方法对参数字符串 text 进行解析，如果按照指定的日期模板解析成功，返回得到的是日期对象。例如：

```
SimpleDateFormat sdf = new SimpleDateFormat("yyyy-MM-dd");
Date date = sdf.parse("2016-8-5");
```

解析成功，实现从 String 到 Date 类型的转换。

如果字符串与给定的日期模板不匹配，解析将失败，并抛出 ParseException 异常。例如：

```
Date date = sdf.parse("2016-a-5");
```

其中，"2016-a-5"无法解析为日期型数据。

（2）format()

String format(Date date)，该方法按照调用此方法的 SimpleDateFormat 对象所设定的模式格式化日期型参数 date，返回一个字符串，实现从 Date 到 String 类型的转换。

更多的信息请查看 API 文档。

7.4.4　阅读 API 文档

Java 的类库包含了几千个类，方法数量更加惊人，要想记住所有的类和方法是件不太可能的事情。因此，学会使用 API 文档十分重要。Java 的 API 文档为 HTML 格式，如图 7-6 所示。

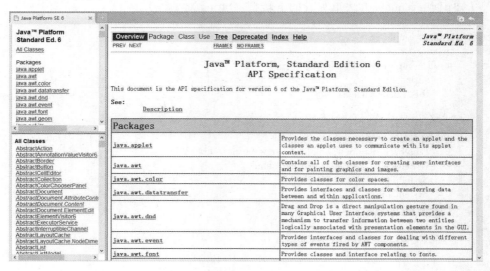

图 7-6　API 文档的 3 个窗格

API 窗口分为 3 个窗格，左上方窗格显示可以使用的所有包，左下窗格列出所有的类。浏览单击左上窗格链接可以控制左下窗格中显示该包下所有的接口、类等，单击某一个类的链接后，这个类的 API 文档就会显示在右侧的大窗格中，如图 7-7 所示。

通过向下滚动用户可以查看该类全部文档内容，文档按字母顺序排列所有的常量、方法，单击任何一个链接可以查看相关的详细描述。

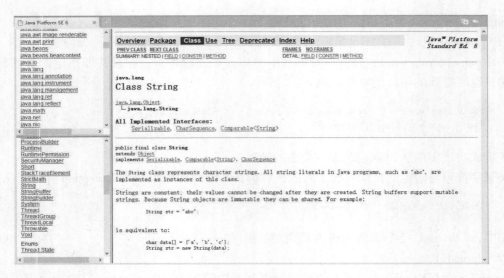

图 7-7　String 类的文档

学会查看 API 文档，养成查看 API 文档的习惯是每个 Java 程序员的必备能力。

7.5　习题

1）运行下面的程序，如果控制台的输出结果是 false 和 true，那么应填入的代码是（　　）。（知识点：equals 方法重写、向下转型、String 对象池）

```java
public class Employee {
    private String name;
    public Employee(String name) {
        super();
        this.name = name;
    }
    /******此处应插入一段代码******/
    public static void main(String[] args) {
        Employee e1 = new Employee(new String("tom"));
        Employee e2 = new Employee("tom");
        System.out.println(e1 == e2);
        System.out.println(e1.equals(e2));
    }
}
```

A.
```java
public boolean equals(Object obj) {
    if(obj instanceof Employee) {
        Employee e = (Employee) obj;
        return e.name == this.name;
    } else {
        return false;
    }
}
```

B.
```java
public boolean equals(Object obj) {
    if(obj instanceof Employee) {
        Employee e = (Employee) obj;
        return e.name.equals(this.name);
    } else {
        return false;
    }
}
```

156

C.

```java
public boolean equals (Object obj) {
    if (obj instanceof Employee) {
        return obj. name. equals (this. name);
    } else {
        return false;
    }
}
```

D.

```java
public boolean equals (Object obj) {
    if (obj instanceof Employee) {
        return obj. name == this. name;
    } else {
        return false;
    }
}
```

2）分析在这个方法中一共会创建多少个字符串对象？（   ）

```java
public String makinStrings() {
    String s = "Fred";
    s = s + "47";
    s = s. substring(2,5);
    s = s. toUpperCase();
    return s. toString();
}
```

A. 1   B. 2   C. 3   D. 4   E. 5   F. 6

3）编写代码，提取字符串 "e：\myfile\txt\result. txt" 中的文件名 "resut. txt"，并将其扩展名从 "txt" 换为 "java"。

4）统计一个字符串中数字、大写字母、小写字母各自出现的个数。（提示：查询使用 API 文档中的 Character 类）

7.6 实验指导

1. 实验目的

1）掌握 String、StringBuilder 类的常用方法。

2）掌握正则表达式的使用。

3）掌握日期数据的处理方式。

2. 实验题目

【题目1】编写程序实现用户注册功能，注册时检查用户的各种输入是否合法，包括：

1）用户名只能由字母、数字和下画线组成，长度为 6~8 位。

2）密码只能是字母，长度为 4~6 位，并且两次输入要相同。

3）邮箱，符合邮箱的规则。

4）QQ 号，符合 QQ 号的规则。

5）生日，按照 yyyy – MM – dd 的格式输入。

6）手机号，符合手机号的规则。

当用户输入不满足以上要求时需重新输入。注册完成后，打印用户注册信息。

说明：

① 利用正则表达式判断注册信息的合法性。

② 打印注册用户信息时，可以重写用户类的 toString() 方法。在重写 toString() 方法时，为

了避免"＋"运算导致性能上的消耗，使用 StringBuider 类进行字符串的拼接，拼接结束后将 StringBuilder 对象转换为 String 类型返回。

【题目2】统计一个字符串中每个单词出现的次数，并按照出现次数从高到低的次序打印统计结果。

例如，有一个字符串如下：

Abstract—This paper presents an overview of the field ofrecommender systems and describes the current generation of recommendation methods that are usually classified into the following three main categories：content – based，collaborative，and hybrid recommendation approaches. This paper also describes various limitations of current recommendation methods and discusses possible extensions that can improve recommendation capabilities and make recommender systems applicable to an even broader range of applications. These extensions include，among others，an improvement of under-standing of users and items，incorporation of the contextual information into the recommendation process，support for multcriteria ratings，and a provision of more flexible and less intrusive types of recommendations.

统计输出的结果：

```
of：10
and：7
the：5
recommendation：5
an：3
paper：2
recommender：2
systems：2
describes：2
current：2
methods：2
…
```

说明：

1）首先应将字符串中的所有单词解析到一个字符串数组中。

2）对每个单词在数组中出现的次数进行统计，统计时可以附设一个与所有单词相对应的标志数组，记录每个单词是否已被统计过。

3）设计一个存放每个单词统计的结果的类 Result（String word，int times），用该类的数组存放所有单词的统计结果（需记录该数组中实际存放元素的个数）。

4）为了使用 Arrays 类的 sort（）方法对统计结果数组进行排序，Result 类需要实现 Comparable 接口，并定义其中的 compareTo（）方法，指定按照出现次数（times）进行排序的规则。

5）为了避免结果数组中的 null 元素参加排序，可以使用 Arrays 类中的 copyOfRange（）方法将结果数组中的非空元素复制到一个临时数组中，对临时数组排序，并输出排序结果。

7.7 本章思维导图

第8章 集 合

程序中经常需要将一组数据存储起来，之前使用的是数组，但因为数组在创建时就必须按预估的最大存储量定义其长度，所以经常需要用户自己去管理一个记录实际使用元素个数的计数器。使用数组时还有一些弊病，比如说数组的长度是不可变的，过多分配会造成存储空间的浪费，过少分配受到不能扩容的限制；再有，数组无法直接维护具有映射关系的数据，像第 3 章的成绩查询系统中，课程数组与学生成绩数组间的关系都需要设计者自己去维护、对应。

这一点，Java 给出了完美的解决方案，它为程序设计者封装了很多数据结构，它们位于 java. util 包下，称作 Java 的集合类，包括常用的各种数据结构：List 表、Set 集合、Map 映射等。即便设计者不了解这些数据结构底层的设计方式，也可以使用到它们提供的功能。并且从 Java SE 5.0 开始，这些集合类使用泛型进行了改写，集合中对象的数据类型可以被记住，使用者不必再担心对象存储至集合后就失去数据类型的信息。

总之，集合类是 Java 中一种特别有用的工具类。当我们思考以下这些问题时，集合类就需要登场了……

如何存储一个班学生的信息？（假定一个班大概 40 个学生）

如何存储一个手机通讯录？（通讯录按姓名有序排列，且可以快速地插入、删除联系人，并保持有序）

如何能简单而快速地在成千上万个条目中实现快速搜索？

……

这些问题的出现意味着我们要思考如何在类的内部组织数据，这对于类的设计非常重要。

8.1 Java 中的集合框架

集合框架是为表示和操作集合而规定的一种统一的、标准的体系结构。Java 集合框架采用了接口与实现相分离的方式，即第 6 章所讲的面向接口的编程架构。

8.1.1 集合框架的常用部分

Java 集合框架的根是两个接口：Collection 和 Map，它们又包含了一些子接口和实现类。Collection 集合体系的常用成员如图 8-1 所示，Map 集合体系的常用成员部分如图 8-2 所示。

根据 Collection 和 Map 的架构，Java 中的集合可以分为 3 大类：List 是有序集合，它会记录每次添加元素的顺序，元素可以重复；Set 是无序集合，它不记录元素添加的顺序，因此元素不可重复；Map 是键值对的集合，它的每个元素都由键值 key 和取值 value 对应组成，键值和取值分别存储，键值是无序集合 Set，取值是有序集合 List。这 3 类集合的示意图如图 8-3 所示。

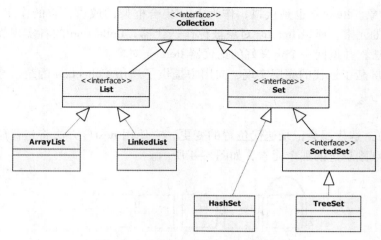

图 8-1　Collection 体系中的常用成员

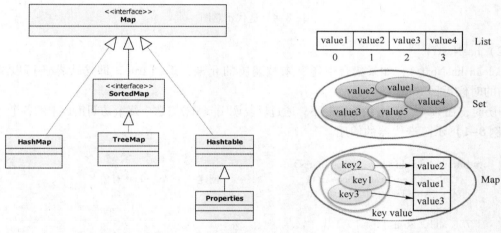

图 8-2　Map 体系中的常用成员　　　　图 8-3　三种集合示意图

　　集合与数组有一个明显的不同，就是在 Java 的集合中只能存储对象，而不能存储基本类型的数据。

8.1.2　迭代器 Iterator 接口

　　Collection 接口作为 List 和 Set 接口的父接口，它定义了操作集合元素的方法，包括在集合中添加元素 boolean add（Object obj）、boolean addAll（Collection c），删除元素 boolean remove（Object obj）、boolean removeAll（Collection c），判断集合中是否包含某元素 boolean contains（Object obj）、boolean containsAll（Collection c），清空集合 void clear（），判断集合是否为空 boolean isEmpty（），返回集合中元素个数 int size（），将集合转换为数组 Object[] toArray（），以及迭代方法 Iterator iterator（）等。

　　其中的 iterator（）方法用于获取迭代器，从而遍历 Collection 中的所有元素。所谓"遍历"，就是按照某种次序将集合中的元素全部访问到，且每个元素只访问一次。将对象存储在集合中的目的就是能对其进行所需的访问，所以遍历是集合的一个重要操作。

　　Iterator iterator（）方法是 Collection 从 Iterable（可迭代的）接口继承而来的，用于返回一个

迭代器 Iterator 对象。Iterator 也是接口，作为 Java 集合框架的成员，它的作用不是存放对象，而是遍历集合中的元素，所以 Iterator 对象被称作迭代器。Collection 的各实现类需要自己定义实现 iterator() 方法，并返回一个定义好的迭代器 Iterator 对象。

Iterator 接口屏蔽了迭代的底层实现，向用户提供了遍历 Collection 的统一接口，包括下面 3 个方法。

（1）next()

Object next()，迭代器会记录迭代位置的变更，它使用 next() 方法将迭代位置向下一个元素移动，并返回刚刚越过的那个元素，如图 8-4 所示。

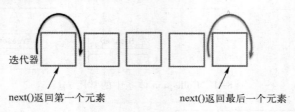

图 8-4 迭代示意图

（2）hasNext()

boolean hasNext()，如果集合中还有未被遍历的元素，返回 true，即迭代器还可以继续向后移动的时候返回 true。

遍历时，在 hasNext() 方法的控制下，通过反复调用 next() 方法，逐个访问集合中的各个元素。

【例 8-1】示范迭代器的使用。

```
public static void main( String[] args ) {
    Collection c = new ArrayList();              //创建一个 ArrayList 对象
    //向 ArrayList 中存放元素
    c. add( "Java" );
    c. add( "Struts" );
    c. add( "Spring" );
    Iterator it = c. iterator();                 //（1）iterator()方法获取迭代器
    while ( it. hasNext() ) {                     //（2）hasNext()方法控制迭代
        String element = ( String )it. next();   //（3）next()方法获取迭代元素,需要强转
        System. out. println( element );
    }
}
```

【提示】将上述代码中的实现类 ArrayList 更换为 Collection 的其他实现类，后面的代码无须任何修改仍可保持程序的功能不变。这就是集合框架使用了接口与实现相分离、遵循开闭原则的好处。

从 Java SE 5.0 开始，使用迭代器的循环有了一种优雅的缩写方式，即 "for each" 循环。上述迭代也可以写为：

```
for( Object element: c) {
    String str = ( String )element;
    System. out. println( str );
}
```

使用"for each"循环时，编译器会自动将其转化为使用迭代器的循环。

需要注意的是，元素在迭代过程中被访问的顺序取决于集合的类型。如果在 List 上进行迭代，迭代器则从索引 0 开始，并且每迭代一次将索引加 1；如果访问 Set 中的元素，会发现索引基本上是随机排列的，虽然可以确定在迭代过程中能遍历 Set 中的所有元素，但是却无法确定这些元素被访问的顺序。

【捷径】Collection 重写了 toString() 方法，所以可以直接打印集合。【例 8-1】中的集合 c 还可以这样输出：System. out. println(c)，集合中的元素将按[Java，Struts，Spring]的形式打印，非常便捷。

（3）remove()

void remove()：删除集合中上一次调用 next() 方法时返回的元素。

使用 remove() 删除某位置的元素时，必须先调用 next() 方法使迭代器跳过该元素。例如，设集合中已存在若干元素，删除第一个元素的方法如下：

```
Iterator  it = c. iterator();
it. next();                //越过第一个元素
it. remove();              //删除第一个元素
```

next()方法和 remove()方法的调用互相依赖，如果调用 remove()之前没有调用 next()方法，那么会抛出一个 IllegalStateException 异常。例如：

```
Iterator  it = c. iterator();
it. next();
it. remove();   //此次删除正常
it. remove();   //此次调用 remove()前未执行 next(),抛出异常
```

8.2 List 及其实现类

List 是线性表结构，包括顺序表和链表两种实现方式。

8.2.1 List 接口

List 接口继承了 Collection 接口，定义了一个允许存在重复项的有序集合，集合中每个元素都有其对应的索引位置，索引值从 0 开始。

List 接口添加了一些**面向位置**的操作方法，包括：在某个位置插入一个元素或 Collection；获取某个位置的元素；删除某个位置的元素；设置某个位置的元素；从列表的头部或尾部开始搜索某个元素，在找到该元素的情况下，返回元素所在的位置。

void add(**int index**,Object element)：在指定位置 index 上插入元素 element。

boolean addAll(**int index**,Collection c)：在指定位置 index 上插入集合 c 中的所有元素，如果 List 对象发生变化，则返回 true。

Object get(**int index**)：返回指定位置 index 上的元素。

Object remove(**int index**)：删除指定位置 index 上的元素。

Object set(**int index**,Object element)：用元素 element 取代位置 index 上的元素，并且返回旧元素的取值。

public **int** indexOf(Object obj)：从列表的头部开始向后搜索元素 obj，返回第一个出现元素 obj 的位置，否则返回 -1。

public **int** lastIndexOf(Object obj)：从列表的尾部开始向前搜索元素 obj，返回第一个出现元素 obj 的位置，否则返回 -1。

【例 8-2】示范 List 的常规用法。

下面向 List 集合添加几个字符串，按索引位置进行插入、修改、删除、查找等操作，并打印集合。因为 List 的每个元素具有索引位置，所以在 List 中还可以根据索引位置遍历集合中的元素。

```java
public static void main(String[] args) {
    List list = new ArrayList();
    list.add("Java");
    list.add("Struts");
    list.add("Spring");
    list.add(1,"Spring");                    //add()方法按索引位置插入元素(List 可以存放重复元素)
    System.out.println(list);                //输出[Java,Spring,Struts,Spring]
    list.set(3,"Hibernate");                 //set()方法按索引位置对元素进行赋值
    //用索引位置控制循环实现遍历,输出 Java Spring Struts Hibernate
    for(int i=0;i<list.size();i++){
        System.out.println(list.get(i));     //get()方法按索引位置获取元素
    }
    list.remove(2);                          //remove()方法按索引删除元素
    System.out.println(list);                //输出[Java,Spring,Hibernate]
    System.out.println(list.indexOf("Java"));    //输出 0
    System.out.println(list.indexOf("Struts"));  //输出 -1
}
```

需要注意，涉及位置索引的方法要保证参数 index 的合法性。例如，上面代码在已添加 3 个元素后，它们的索引值为 0~2，能够插入元素的索引范围为 0~3，因此如果执行 list.add(4," Spring") 就会发生索引值越界，抛出 IndexOutOfBoundsException 异常。

【提示】查看集合类的 API 文档时，经常能看见诸如 <E> 的写法，这就是在 Java SE 5.0 中增加的 "泛型"。泛型将在 8.5 节介绍。目前我们在阅读 API 文档时，可以将看到的用 < > 括起来的内容视而不见；在方法的参数或返回值位置看见单个大写字母代表的数据类型时，将其视为 Object。

8.2.2 ArrayList

1. ArrayList 的底层

ArrayList 是 List 的实现类，它封装了一个可以动态再分配的 Object [ ] 数组。ArrayList 中的常用方法包括以下几种。

（1）ArrayList()

ArrayList()，创建 ArrayList 对象，Object[]数组的长度取值为10。

（2）ArrayList(int initialCapacity)

ArrayList(int initialCapacity)，创建 ArrayList 对象，使用参数 initialCapacity 设置 Object[]数组的长度。

（3）ensureCapacity()

void ensureCapacity(int minCapacity)，如果要向 ArrayList 中添加大量元素，可使用此方法

对 Object[]数组进行指定的扩容。ensureCapacity()方法选择"(原数组长度 *3)/2 +1"和参数 minCapacity 间的较大者,确保集合至少能够容纳 minCapacity 所指定的元素数量;同时 ensure-Capacity()方法使用 Arrays. copyOf()方法将原数组的数据复制过来。

向 ArrayList 中添加对象时,JVM 会检查 ArrayList 是否有足够的容量存储这个新对象。如果没有足够的容量,则会自动调用 ensureCapacity()方法进行扩容。

应该认识到,尽管 ArrayList 可以自动扩容,但重新分配新数组的存储空间、将原数组元素复制过来的这些操作都是消耗时间的。在实际应用中,给 ArrayList 大致分配一个适宜的初始化的容量是有必要的,要比在默认值 10 个空间上扩容快。当然初始容量不能太大,如果数据增长很慢,那么就造成浪费内存资源了。

【例8-3】测试 ArrayList 初始容量对性能的影响。

假设要向 ArrayList 添加 100 万个字符串,第一次设置 ArrayList 的初始容量为 10 万,通过自动扩容管理 ArrayList 的存储空间;第二次设置 ArrayList 的初始容量为 100 万,不进行扩容处理。测速代码如下:

```
public static void main(String[] args) {
    String s = "abc";
    //第一次初始化容量为 10 万,第二次将初始化容量改为 100 万
    List list = new ArrayList(100000);
    long b = System. currentTimeMillis();
    for(int i = 0;i < 1000000;i ++ ){
        list. add(s);
    }
    long e = System. currentTimeMillis();
    System. out. println(e - b);
}
```

通过测试对比,扩容花费的时间大约是不扩容的若干倍。

(4) trimToSize()

void trimToSize(),调整调用此方法的 ArrayList 的 Object[]数组长度为当前实际元素的个数,使用此操作可以最小化 ArrayList 的存储量。

2. 关于 remove()方法

Collection 接口声明了两个 remove()方法:boolean **remove**(Object obj),boolean **removeAll**(Collection c)。List 中声明了一个按位置索引删除的 remove()方法:Object **remove**(int index)。

需要注意的是,使用迭代器循环迭代的过程中,是不能用这些 remove()方法删除集合元素的,因为 Collection 和 List 中定义的 remove()方法对迭代器的修改,与迭代器本身的管理不能同步,从而会引发 ConcurrentModificationException 异常。例如,下面的代码就会抛出此异常。

```
Iterator it = c. iterator();
while (it. hasNext()) {
    String element = (String)it. next();
    if(element. equals("Java")) {
        c. remove(element);          //调用 Collection 中的 remove()方法引发异常
    }
}
```

但是，如果使用迭代器 Iterator 自身的 remove()方法则可以正常地完成删除操作，因为没有外界对迭代器进行额外的修改，它可以负责地管理好自身。也就是说，如果上述代码改为：

```
Iterator it = c. iterator();
while ( it. hasNext() ) {
    String element = ( String ) it. next();
    if( element. equals( "Java" ) ){
        it. remove() ;//调用 Iterator 中的 remove()方法正常完成删除
    }
}
```

则可以正常完成删除操作。

8.2.3　LinkedList

数组以及基于数组的 ArrayList 有两个共同的缺点：一是空间分配上，除非预知数据的确切量或者近似值，否则频繁的扩容或者大容量初值都会造成时间或空间上的浪费；二是运算时间上，在数组中插入或删除元素的效率非常低，它们都需要通过元素的移动实现数据的重新排列，而平均要移动近一半的元素，不适合大数据量、且数据会经常增删的问题。

另一种众所周知的数据结构是链表，它采用"按需分配"的原则为每个对象分配独立的存储空间（称为结点），并在每个结点中存放序列中下一个结点的引用。Java 中的链表是双链表，每个结点还存放它前面结点的引用，如图 8-5 所示。

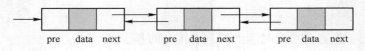

图 8-5　双链表示意图

链表能够解决数组存在的两个问题：一是链表在空间分配上的"按需分配"原则对于数据量变化大的问题非常适用，如每日新闻的存储；二是链表上的插入和删除操作都是通过修改引用的指向完成的，适用于经常需要增减元素的应用。

当然，这些都不意味着 ArrayList 一无是处，ArrayList 的优势在于能够随机地访问到集合中的任何一个元素；这又恰巧是链表的缺陷，如果想要查看链表中的第 i 个结点，必须从链表的头开始，沿着结点的引用一个一个地扫描跳过前面的 i-1 个结点，除此之外并无捷径。所以，尽管 LinkedList 同样具有 get（index）等按索引位置进行访问的方法，但在元素必须用索引值来访问的情形中，通常不使用它。

到底使用 ArrayList 还是 LinkedList，可遵循下面的原则：

1）如果经常要存取 List 集合中的元素，那么使用 ArrayList 采用随机访问的形式（get(index)，set(index,Object element)）性能更好。

2）如果要经常执行插入、删除操作，或者改变 List 集合的大小，则应该使用 LinkedList。

【健身操】使用 List 结构改写【例 7-2】模拟对象池技术的代码，为该问题选择一种合适的 List 实现类。

8.3 Set 及其实现类

List 集合可以按照人们的意愿排列元素的次序，但是，它的查找效率却不可恭维。List 的平均查找长度为 $\frac{n+1}{2}$，这意味着找到某个元素大概要比较一半的元素。

如果不在意元素进入集合的顺序，那么有几种能实现快速查找的数据结构，比如散列结构、查找树等。它们不能记录元素出现的顺序，它们会按照有利于查找的原则组织元素的排列。

8.3.1 Set 接口

在 Java 的集合类中，Set 按照无序、不允许重复的方式存放对象，它的两个经典实现类 HashSet 和 TreeSet 分别基于散列结构和查找树结构，它们管理对象存储的同时，提供了更高的查找效率。

Set 接口继承自 Collection 接口，它没有引入新方法，所以 Set 就是一个 Collection，只是行为方式不同。

Set 不允许集合中存在重复项，如果试图将两个相同的元素加入同一个集合，则添加无效，add()方法返回 false。

Set 的实现类依赖添加对象的 equals()方法检查对象的唯一性，也就是说只要两个对象使用 equals()方法比较的结果为 true，Set 就会拒绝后一个对象的加入（哪怕它们实际上是不同的对象）；只要两个对象使用 equals()方法比较的结果为 false，Set 就会接纳后一个对象（哪怕它们实际上是相同的对象）。所以，使用 Set 存放对象时，重写该对象所在类的 equals()方法、制定正确的比较规则将非常重要。

【例 8-4】示范 Set 的使用。

下面向 Set 添加几个字符串，并打印 Set。

```
public static void main( String[ ] args) {
    Set set = new HashSet( ) ;
    set. add( "Java" ) ;
    set. add( "Struts" ) ;
    set. add( "Spring" ) ;
    set. add( "Spring" ) ;              //该元素将被拒绝添加
    System. out. println( set) ;        //输出[ Struts,Spring,Java] ,与添加的顺序无关
}
```

可以看到，再次向 Set 添加字符串"Spring"时，添加操作无效，集合中只存在一个 "Spring"字符串。还可以发现，与 List 不同，输出 Set 时，元素的排列与添加的次序无关，这也体现了 Set 的无序性。

8.3.2 HashSet

1. HashSet 的底层结构

HashSet 是 Set 的实现类，它基于一种可以实现快速查找的散列表（Hash Table）结构。散列表采用按照对象的取值计算对象存储地址的策略，实现对象的"定位"存放，相应

也提高了查找效率。

散列算法为每个对象计算得到一个整数，称为散列码，对象依照散列码存储在散列表中。计算散列码所使用的方法称为散列函数。不可避免的是，即便散列函数再优秀，也会发生不同的对象映像到相同散列地址的情况，这被称为"冲突"。发生冲突的对象称为"同义词"。构建散列表时除了定义一个优秀的散列函数外，还要定义一个有效处理冲突的方法。

HashSet 所用的散列表结构是链表数组，在映射发生冲突时，同义词被存储在同一个链表中，这种解决冲突的方式称为"拉链法"，如图 8-6 所示。

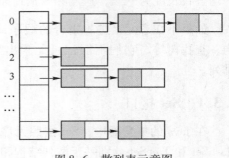

举一个例子，设数组的长度为 100（散列地址范围为 0~99），按照将对象的散列码对 100 求余数的方式得到散列地址。如果一个对象的散列码是 67628，那么该对象应放在位置索引为 28 的链表中（67628%100→28）。也许很幸运，这个链表中没有其他元素，那么这个对象就可以直接插入进去。当然，不可避免

图 8-6　散列表示意图

的，有时会遇到已经填充了对象的链表，即发生冲突。这时，必须将新对象和该链表中的所有对象进行比较（equals()方法登场），查看该对象是否已经存在于该链表，如不存在，则将其插入；如已存在，则放弃该对象。

在散列表中查找对象的过程与存储元素的过程相同，如果散列码是合理的、随机分布的，并且数组的容量也合适，那么只需要进行少量的比较即可完成查找。必须要说，散列表是一种优秀的存储和查找结构。使用散列表可以实现多种数据结构，HashSet 是其中最简单的一种。

HashSet 默认状况下将数组的大小初始化为 16，填充因子（已填入元素个数/散列表容量）取值 0.75。当填充因子到达 0.75 后，散列表会用双倍的大小进行扩容再散列。

2. 散列码和 hashCode() 方法

散列码是以某种方法从对象的属性字段产生的整数，Object 类中的 hashCode() 方法完成此任务。打开 String 类的源码，可以看到 String 类的 hashCode() 的计算方法是这样描述的：

$$s[0] * 31^{(n-1)} + s[1] * 31^{(n-2)} + \ldots + s[n-1]$$

其中，n 为字符串的长度。

查看其他源代码，各种不同数据类型的 hashCode() 方法的实现如表 8-1 所示。

表 8-1　不同数据类型的 hashCode() 方法的实现

数 据 类 型	计 算 方 法	数 据 类 型	计 算 方 法
byte、short、int	return (int) value;	float	return floatToIntBits (value);
long	return (int)(value ^ (value >>> 32));	double	long bits = doubleToLongBits(value); return (int)(bits ^ (bits >>> 32));
boolean	return value ? 1231:1237;	其他	return super. hashCode();

没有重写 toString() 方法时，用 System. out. print() 打印自定义类的对象，会看到一个诸如"包名.类名@xxxx"形式的字符串。其中，@ 之后的十六进制数即为 hashCode() 方法返回的十六进制形式的散列码。toString() 的源代码如下：

```
public String toString() {
    return getClass(). getName() + "@" + Integer. toHexString( hashCode( ) );
}
```

要将对象存储在基于散列结构的 HashSet，自定义类必须按规则重写 Object 中的 hashCode()
方法。所谓的规则就是要保证 hashCode()方法与重写的 equals()方法完全兼容，即如果 a. equals(b)
为 true，那么 a 和 b 也必须通过 hashCode()方法得到相同的散列码。同时，还要保证计算散列码是
快速的。

3. 向 HashSet 中添加元素

HashSet 中不允许存在重复的元素，因此 add()方法首先尝试查找要添加的对象，只有在
该对象不存在的情况下才执行添加。

向 HashSet 添加对象 obj 的过程如下：

1）依据自定义类的 hashCode()方法计算得到对象 obj 的散列码，它是一个整数（需要自
定义类重写 hashCode()方法）。

2）将散列码对表长求余，得到对象在散列表中的存储位置 p。例如，表长为 16 时，散列
码%16，映射为地址空间 0 ~ 15。

3）如果 p 位置不发生冲突，则将对象 obj 插入在 p 位置的链表中。

4）如果 p 位置发生冲突，在 p 位置对应的链表中利用 equals()方法查找是否已存在 obj 对
象（需要自定义类重写 equals()方法，规则要与 hashCode()方法互相匹配）。

① 如果某个 equals()比较的结果为 true，则说明 obj 对象已存在，将其舍弃。

② 如果与链表中所有对象的 equals()比较的结果均为 false，则说明 obj 对象尚未存在，obj
插入该链表。

可见，HashSet 过滤对象的条件：hashCode()计算的散列地址相同，且 equals()方法比较的
结果也相同。

【画龙点睛】使用 HashSet 存储对象时，需要同时重写 hashCode()和 equals()方法，且需满
足：

1）equals()相等的对象，也返回相同的 hashCode，防止相同的对象被映像到不同的地址，
在未发生冲突的情况下被重复存储。

2）equals()不相等的对象，尽量返回不同的 hashCode，尽量令对象的散列码不同，减少
冲突的发生。

【例 8-5】定义一个 Student 类（具有 name 和 age 两个属性），向 HashSet 集合中添加几个
Student 对象，并打印该集合。

分析：首先规定两个对象相等的依据是 name 和 age 都相同。在 Student 类中重写 Object 的
equals()方法如下：

```
public boolean equals( Object obj) {
    if( obj == null)    return false;
    if( this == obj)    return true;
    if( obj instanceof Student) {
        Student stu = ( Student) obj;
        //对象相等的依据是 name 和 age 都相同
        return this. name. equals( stu. name) && this. age == stu. age;
    }
```

```
            return false;
        }
```

为了保证 equals() 相等的对象也返回相同的 hashCode，令 name 和 age 都参与生成 hashCode 的计算。

为了保证 equals() 不相等的对象尽量返回不同的 hashCode，先调用 hashCode() 方法获取 name 属性的原始散列码，再将它与 age 及一个较大数值进行异或位运算（异或位运算使数据的各位都尽可能地影响运算结果，同时保证了更快的计算速度）。在 Student 类中重写 Object 的 hashCode() 方法如下：

```
public int hashCode() {
    return    name. hashCode()^age^ 0x5f2ab673;    //散列方法:原始散列码与大数值异或运算
}
//重写 hashCode() 和 equals()方法后，向 HashSet 中存储 Student 对象:
public static void main (String [] args) {
    Set set = new HashSet ();
    set. add (new Student (" Lucy", 20));
    set. add (new Student (" Hellen", 19));
    set. add (new Student (" Andrew", 21));
    set. add (new Student (" Andrew", 19)); //没有与之完全相同的对象，存储
    set. add (new Student (" Andrew", 21)); //该对象已存在，被舍弃
    for (Object obj: set) {
        Student stu = (Student) obj;
        System. out. println (stu. getName () +"," + stu. getAge ());
    }
}
```

代码输出如下：

```
Hellen,19
Andrew,19
Andrew,21
Lucy,20
```

HashSet 集合利用 Student 定义的关于对象相等的规则完成了对象的散列存储。

8.3.3 TreeSet

1. TreeSet 的底层结构

TreeSet 如其名字一样，是一种基于树的集合。TreeSet 是 Set 接口的实现类，秉承了 Set 不记录对象在集合中出现顺序的特点。但是它最终建立的是一个有序集合，对象可以按照任意顺序插入集合，而对该集合进行迭代时，各个对象将自动以排序后的顺序出现。

【例 8-6】 向 TreeSet 中插入 3 个字符串，然后输出集合中的所有元素。

```
public static void main(String[] args) {
    Set set = new TreeSet();
    set. add("Lucy");
    set. add("Hellen");
    set. add("Andrew ");
```

```
            System. out. println(set);    //输出[Andrew,Hellen,Jimmy]
    }
```

可以看到，集合中的字符串对象已按升序排好。

TreeSet 所基于的数据结构叫作**红黑树**（Red Black Tree）。红黑树是一种会保持左右比较平衡的**二叉排序树**。所谓"二叉排序树"是这样一种二叉树：它保证每个根结点都比左子树中的结点值大，都比右子树中的结点值小，同时左右子树也是二叉排序树。因此对二叉排序树进行"左根右"的中序遍历便可得到按升序有序的序列，这是 TreeSet 能轻松实现排序功能的原因。

在二叉排序树中插入、删除结点时都要维护好二叉排序树"左小右大"的有序性，但是有时插入或删除结点的操作会使其左右子树失去平衡（高度相差较多）。红黑树就是在插入、删除过程中通过调整保持左右子树基本平衡的一种结构。下面用图 8-7 简单地展示二叉排序树创建及调整平衡的过程，红黑树与之类似。

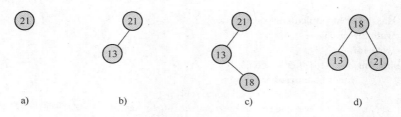

图 8-7　平衡的二叉排序树的构建过程

a）在树中插入结点 21　b）将 13 插入在 21 的左侧　c）将 18 插入在 13 的右侧树失去平衡，进行调整　d）调整后恢复平衡

从图中可以看到，把一个元素添加到树中时，会通过比较大小的方式为元素找到一个属于它的恰当的位置。如果 TreeSet 中有 n 个元素，那么找到新元素的插入位置平均需要进行 $\log_2 n$ 次比较。与 HashSet 相比，这个速度慢了一些。

尽管如此，将元素添加到 TreeSet 的速度仍然比向 List 中插入元素（平均移动 n/2 个元素）要快很多；它的 $\log_2 n$ 次比较所构建的查找性能也是非常好的，并且 TreeSet 还能够对元素进行排序，这些都是 TreeSet 的优势。

2. TreeSet 中对象的比较方法

对象进入 TreeSet 时，必须要经过一系列比较才能确定其插入的位置。

在 Java 的类库中，有一部分类已实现了 java. lang. Comparable 接口，如基本类型的包装类、String 类等，它们在 compareTo() 方法中定义好了比较对象的规则。像这样的对象可以直接插入 TreeSet 集合，如【例 8-6】中向 TreeSet 加入的是 String 对象，它们按照字符串字符的 Unicode 编码值进行了升序排序。

向 HashSet 添加元素的规则是比较对象是否相等，相等由 Object 的 equals() 方法负责，所以在自定义类中会重写它。那么，比较对象的事情由哪个方法负责呢？

先来看一下，不定义对象比较的规则有哪些。

【例 8-7】向 TreeSet 集合中加入几个 Student 对象。

```
    public class TreeSetDemo {
        public static void main(String[] args) {
```

```
Set set = new TreeSet();
set. add(new Student("Lucy",20));
set. add(new Student("Hellen",21));//①抛出异常
set. add(new Student("Andrew",19));
System. out. println(set. toString());
}
}
```

当代码执行到标记①处时，抛出 ClassCastException 异常，并指出"Student cannot be cast to java. lang. Comparable"。这是说，目前 Student 还未实现 java. lang. Comparable 接口，也就是此时 TreeSet 尚且不知道如何比较 Student 对象。

如系统的提示，令 Student 类去实现 Comparable 接口，在 compareTo()方法中定义比较的规则。

先设比较 Student 对象大小的规则是按照 name 进行升序：

```
public class Student implements Comparable{
    private String name;
    private int age;
    public int compareTo(Object obj) {
            if(obj instanceof Student) {
                    Student stu = (Student)obj;
                    return this. name. compareTo(stu. name);        //当前对象 – 传入对象
            }
            return 0;
    }
}
```

如果 this 位于 obj 的前面，那么 compareTo ()方法返回一个负整数；如果 this 与 obj 相同，则返回 0；如果 this 位于 obj 的后面，则返回一个正整数。

这时，再向 TreeSet 中加入几个 Student 对象（包括 name 取值相同的对象、name 和 age 取值都相同的对象），输出集合中的全部元素，查看结果。

```
public class TreeSetDemo {
    public static void main(String[] args) {
            Set set = new TreeSet();
            set. add(new Student("Lucy",20));
            set. add(new Student("Hellen",21));
            set. add(new Student("Andrew",19));
            set. add(new Student("Andrew",20));      //①name 取值与前面的对象相同,被舍弃
            set. add(new Student("Andrew",20));      //②同上
            //用迭代器输出集合中的元素
            Iterator it = set. iterator();
            while(it. hasNext()) {
                    Student stu = (Student)it. next();
                    System. out. println(stu. getName() + "," + stu. getAge());
            }
    }
}
```

代码的运行结果如下:

```
Andrew,19
Hellen,21
Lucy,20
```

可以看到,首先,Student 实现 Comparable 接口的 compareTo()方法后,Student 对象已经可以添加到 TreeSet 中;第二,作为 Set 集合的一分子,TreeSet 中同样不存储重复的元素,在代码标记①②处的 Student 对象因为 name 取值与之前的对象相同而被舍弃;第三,输出的 TreeSet 中的数据已经按 name 的升序排列好。

那么,如何令代码标记①处的 Student 对象也能加入 TreeSet 呢?毕竟它与之前的 Student 对象相比 age 的取值是不同的。为此,需要修改 compareTo()方法中比较对象的规则,把 age 属性纳入进来。设 Student 的两个对象比较大小时,先比较 name,如果 name 取值相同再继续比较 age。compareTo()代码修改如下:

```java
public int compareTo( Object obj) {
    if( obj instanceof Student) {
        Student stu = ( Student)obj;
        if( this. name. equals( stu. name)) {   //name 相同的情况下继续比较 age
            return this. age – stu. age;
        } else {
            return this. name. compareTo( stu. name);
        }
    }
    return 0;
}
```

代码的运行结果如下:

```
Andrew,19
Andrew,20
Hellen,21
Lucy,20
```

由此实现了只有 name 和 age 全部相同的对象才会被舍弃,如代码②处的 Student 对象。

【画龙点睛】使用 TreeSet 存储对象时,对象所在类要实现 Comparable 接口,则要在 compareTo()方法中定义对象比较的规则。

3. 向 TreeSet 注入比较器

使用 Comparable 接口来定义比较的规则是有局限性的。对于一个自定义类,该接口只能实现一次。如果一个 TreeSet 需要按对象不同的属性排序则无法实现。比如说,前例 TreeSet 集合有时需要按 name 排序,有时需要按 age 排序,有时可能需要按 name 和 age 同时排序。

在这种情况下,可以使用 java. util. Comparator 接口为自定义类创建多个比较器类,通过 TreeSet 类的构造方法将比较器对象注入。

Comparator 接口声明了一个 compare (Object obj1, Object obj2) 方法,它带有两个参数,分别代表参加比较的两个对象,如果 obj1 位于 obj2 的前面,那么 compare()方法返回一个负整数;如果 obj1 与 obj2 相同,则返回 0;如果 obj1 位于 obj2 的后面,则返回一个正整数。

【例8-8】为 Student 类定义两个比较器 ComparatorName 和 ComparatorNameAge。ComparatorName 按 name 排序，ComparatorNameAge 在 name 相同时继续按 age 排序。

分析：比较器是第三方类，独立于 Student，两个比较器各自实现 Comparator 接口。代码如下：

```
public class ComparatorName implements Comparator{
    public int compare(Object obj1,Object obj2){
        if(obj1 instanceof Student && obj2 instanceof Student){
            Student s1 = (Student)obj1;
            Student s2 = (Student)obj2;
            return s1.getName().compareTo(s2.getName());//按 name 进行比较
        }
        return 0;
    }
}
public class ComparatorNameAge    implements Comparator{
    public int compare(Object obj1,Object obj2){
        if(obj1 instanceof Student && obj2 instanceof Student){
            Student s1 = (Student)obj1;
            Student s2 = (Student)obj2;
            if(s1.getName().equals(s2.getName())){
                return s1.getAge() - s2.getAge();//name 相同时按 age 升序排列
            }else{
                return s1.getName().compareTo(s2.getName());}
        }
        return 0;
    }
}
```

创建 TreeSet 对象时向其传入比较器对象。

```
Set set = new TreeSet(new ComparatorName());
```

或者：

```
Set set = new TreeSet(new ComparatorNameAge());
```

这样，向 TreeSet 添加 Student 对象时，TreeSet 就会按照指定比较器的规则对 Student 对象进行排序了。比较器可以更灵活地制定排序规则。

Comparable 接口与 Comparator 接口相近，但又有诸多不同，它们的对比如表 8-2 所示。

表 8-2　Comparable 接口与 Comparator 接口的对比

	Comparable 接口	Comparator 接口
所在包	java.lang	java.util
接口中的方法	int compareTo(Object obj)	int compare(Object obj1,Object obj2)
实现方式	由自定义类自己实现	第三方类，独立于自定义类 需要将比较器对象注入集合
比较规则	只可以创建一个排序序列	可以创建多个排序序列 每个比较器定义一个规则
优点	从名字上体现具备比较的特性	灵活

4. HashSet 和 TreeSet 的选用

基于比较的 TreeSet 的速度要比基于散列的 HashSet 的速度慢一些，但 TreeSet 直接实现了对象的排序，二者应该如何选择呢？

这个问题取决于集合中存放的对象，如果不需要对对象进行排序，那么就没有理由在排序上花费不必要的开销，使用 HashSet 即可。

散列的规则通常更容易定义，只需要打散排列各个对象就行。而 TreeSet 要求任何两个对象都必须具有可比性，可是在有的应用中比较的规则会很难定义。

8.4　Map 及其实现类

Map 与 Collection 是 Java 集合框架中的两大系列，前面的 List 与 Set 都属于 Collection。

Map 用于保存具有映射关系的数据，它们以键值对 < key，value > 的形式存在，key 与 value 之间存在一对一的关系，多组键值对信息存放于 Map 集合中。Map 集合将键、值分别存放，键的集合用 Set 存储，不允许重复、无序；值的集合用 List 存储，与 Set 对应，可以重复、有序。

8.4.1　Map 接口

Map 接口中的常用方法如下。

Object put(Object key，Object value)：向 Map 中添加一个键值对 < key，value >，如果参数 key 在键集合中已经存在，则新值覆盖原来的。

Set keyset()：返回 Map 中所有 key 组成的 Set 集合。

Object get(Object key)：返回参数 key 所对应的 value，如果 Map 中不存在此 key，返回 null。

Object remove(Object key)：删除参数 key 所对应的键值对，并返回被删除键值对中的value；如果该 key 不存在返回 null。

boolean isEmpty()：判断 Map 是否为空，即是否存储了键值对，为空则返回 true。

int size()：返回 Map 中键值对的个数。

void clear()：删除 Map 中的所有键值对。

boolean containsKey(Object key)：查询 Map 中是否包含指定的 key。

boolean containsValue(Object value)：查询 Map 中是否包含指定的 value。

Collection values()：返回 Map 中所有 value 组成的 Collection。

void putAll(Map m)：将参数 m 中的 Map 复制到调用此方法的 Map 对象中。

Map 接口提供了大量的实现类，其中，散列映射表（HashMap）和树映射表（TreeMap）是两个经典的实现类。与 Set 的实现类类似，HashMap 对键进行散列，TreeMap 对键进行排序。在 Map 中，散列函数或比较函数只能作用于键，而与键相关联的值不能进行散列或者比较。

【弦外之音】事实上，Java 是先实现了 Map，然后通过一个所有 value 都为 null 的 Map 实现了 Set，在底层只有 Map。

那么，究竟是应该选择 HashMap 还是 TreeMap 呢？与 HashSet 一样，HashMap 的运行速度比较快，如果不需要按照有序的方式访问键的话，那么最好选择 HashMap。

8.4.2 HashMap

1. HashMap 的使用

【例8-9】假设有一份学生名单，键是学生的 id，值是 Student 对象（包括 name 和 age 信息），建立 HashMap 对学生信息进行管理。

```java
public static void main(String[] args) {
    Map map = new HashMap();
    map.put("001", new Student("Lucy", 20));          //(1)向 HashMap 中添加键值对
    map.put("002", new Student("Hellen", 19));
    map.put("003", new Student("Andrew", 21));
    map.put("001", new Student("Jimmy", 19));          //键重复,覆盖原值
    Student s1 = (Student)map.get("001");              //(2)按键读取数据
    System.out.println(s1.getName() + "," + s1.getAge());    //输出 Jimmy,19
}
```

从代码中可以看到，每将一个对象添加到 HashMap 中时，必须提供一个键。在上面这个例子中，键是字符串，对应的值是一个 Student 对象。若要读取一个对象，必须使用该键。

其中，键必须是唯一的，不能重复。如果使用同一个键调用两次 put() 方法，那么第二个值将覆盖第一个值。如上述代码中，键 "001" 出现两次，第二次的值（Jimmy，19）覆盖了第一次的值（Lucy，20），当使用键 "001" 获取对象时，读取到的是对象（Jimmy，19）。

【说明】HashMap 的键在使用时，需要遵守与 HashSet 一样的规则：如果需要重写 equals() 方法，那么同时重写 hashCode() 方法，并保证两个方法判断标准是一致的，因为 HashMap 的键集就是一个 Set。

2. HashMap 迭代的方法

Map 的迭代方法较 List 和 Set 稍微复杂些，因为它本身是不能迭代的（未实现 Iterable 接口，不能用迭代器访问）。但从 Map 出发可以得到 3 个集合，即键集合、值集合以及键值对集合，它们都可以被迭代。

（1）按键集合迭代

使用 keySet() 方法可以从 Map 获取键集，因为键集是 Set，所以可以使用迭代器。在迭代过程中，使用 get() 方法从 Map 中按 key 获取 value。

例如，对前面代码中的 map 进行迭代如下：

```java
Set keys = map.keySet();                    //取出 map 中的键集
Iterator it = keys.iterator();
while(it.hasNext()) {
    String key = (String)it.next();
    Student stu = (Student)map.get(key);    //按键从 map 中获取对应的值
    System.out.println(key + ":" + "(" + stu.getName() + "," + stu.getAge() + ")");
}
```

输出的结果：

```
001:(Jimmy,19)
002:(Hellen,19)
003:(Andrew,21)
```

这是最常用的迭代 Map 的方法。

【注意】keySet 既不是 HashSet 也不是 TreeSet，它属于实现了 Set 接口的某个其他类。因为 Set 接口继承自 Collection 接口，所以可以像使用任何 Collection 一样使用 keySet。

（2）迭代值集合

值集合是一个 Collection，它有序、按照键集合中的每个键的排列次序与之一一对应，可以重复，用 values() 方法即可获取到。但失去了键的对应关系，直接对值集合通常没有什么意义。

（3）迭代键值对集合

Map 内部定义了一个 Entry 类，它封装了一个键值对（因为 Entry 类在 Map 内部定义，所以只有 map 对象对其有访问权）。Entry 对象代表了一个键值对，使用 Map 的 entrySet() 方法可以获取键值对集合。

Entry 中有以下 3 个方法可以对每个键值对进行操作。

Object getKey()：返回 Entry 对象的 key 值。

Object getValue()：返回 Entry 对象的 value 值。

Object setValue(Object value)：设置 Entry 对象的 value 值，并将新值返回。

使用键值对集合迭代的方式如下：

```
Set entrySet = map. entrySet();                    //从 map 获取键值对集合
Iterator it = entrySet. iterator();
while( it. hasNext() ) {
    Entry entry = (Entry)it. next();               //获取一个键值对对象
    String key = (String)entry. getKey();          //从键值对中获取 key
    Student stu = (Student)entry. getValue();       //从键值对中获取 value
    System. out. println( key + " :" + "(" + stu. getName() + "," + stu. getAge() + ")");
}
```

8.4.3　Hashtable 及其子类 Properties

1. Hashtable

看到"Hashtable"这个类名，大家或许会疑问，是不是写错了？

的确，"Hashtable"这个名字没有遵守 Java 的命名规范，"HashTable"才应该是它的名字。但是，这个"错"源于在 JDK 1.0 时代开发它的工程师，估计是当时的疏忽使这个问题延续到了现在。

由此也可见 Hashtable 的历史已经非常悠久，它与后来的 HashMap 几乎相同，它的优势在于它是多线程安全的。但是现在即使要保证 Map 集合的线程安全，也可以不使用 Hashtable，后面将介绍的 Collections 工具类可以将 HashMap 包装成线程安全的。所以，Hashtable 终究是要被冷落，终究要退出历史的舞台。

2. Properties

Properties 是 Hashtable 的子类，它也实现了 Map 接口。它在处理属性文件时特别方便。在操作系统中经常会出现一些配置文件，文件内容是"属性名 = 属性值"的集合。设有一个配置服务器 ip 地址和端口的文本文件 ipConfig. properties，其内容如下：

```
server = 192. 168. 0. 11
port = 8080
```

Properties 类可以把 Map 对象与属性文件关联起来，它的常用方法如下。

（1）load()

void load（InputStream inStream）：用于读取属性文件的内容。参数 inStream 代表了指向配置文件的输入流（关于"流"将会在第 12 章介绍）。load()方法将属性文件中的 < key,value > 的键值对添加在 Properties 中（Properties 不保证键值对的次序）。

（2）getProperty()

String getProperty（String key）：获取 key 所对应的 value。在 Properties 中，key 和 value 都是 String 类型，不能是其他对象（HashMap 中是 Object）。

（3）setProperty()

Object setProperty（String key,String value）：设置属性值，类似于 Map 中的 put()方法。

【例 8-10】读取项目中的配置文件"ipConfig. properties"。

说明：读取配置文件时，需要用下面语句为其建立一个文件输入流。

```
FileInputStream fis    = new FileInputStream("ipConfig. properties");
```

那么，这个输入流 fis 就代表了其所包装的配置文件（输入流将在第 12 章介绍）。

创建输入流时，可能发生找不到"ipConfig. properties"的异常 FileNotFoundException，使用 Properties 对象加载输入流时，可能发生读取文件的异常 IOException，这两种异常编译器都要求处理，目前大家不必将注意力放在此处，在 main()方法的首部将它们用 throws 处理掉即可（异常将在第 9 章学习）。

读取配置文件中的参数"server"和"port"的方法如下：

```
public static void main(String[] args) throws FileNotFoundException,IOException{
    Properties pro = new Properties();
    //创建一个指向配置文件的输入流
    FileInputStream fis    = new FileInputStream("ipConfig. properties");
    //读取配置文件
    pro. load(fis);
    //按属性名字获取属性值
    System. out. println("server ip:" + pro. getProperty("server"));
    System. out. println("port:" + pro. getProperty("port"));
}
```

运行的结果如下：

```
server ip:192. 168. 0. 11
port:8080
```

【提示】Properties 默认从 Java 项目的根读取文件。比如说项目的名字为"java_source"，那么，本例中的配置文件"ipConfig. properties"就应该存储在 java_source 下。

8.5 泛型

Java SE 5.0 增加的泛型（Generic）主要服务于集合类，泛型让集合记住元素的数据类型。

8.5.1 泛型的意义

在泛型出现之前，一旦将一个对象放在 Java 的集合中，集合就会忘记对象的类型，所有对象都被当作 Object 处理。当从集合中取出对象后，就需要进行强制类型转换，如我们前面所做的那样。

但是，这样做存在以下诸多缺点。

1）什么类型的数据都可以扔进同一个集合里。如：

```
List list = new ArrayList();
list. add("apple");
list. add(100);
list. add(new Student());
```

上面的代码中，字符串、整数（被自动封箱为 Integer 对象）、自定义类对象都被塞进了同一个 List。但是想想，杂七杂八的数据在一起有何意义呢，这样的数据在迭代过程中取出来到底按照哪个类型进行强制类型转换呢？

2）强制类型转换使代码变得臃肿。

如前所述，无论从哪个集合中取出对象后，只要不想将其当作 Object 对象使用，都无一例外地要对其进行强转。如：

```
(Student)list. get(0);
for(Object obj: set) {
    Student stu = (Student)obj;
    …
}
```

3）编译器对强制类型转换采取一律放行的态度，它并不检查这种转换是否成立，所以程序执行过程中如果遇到非法的强转，JVM 就会抛出 ClassCastException 异常，代码的可靠性低。

8.5.2 认识和使用泛型

查看 ArrayList 类的 API 文档，可以看到诸如下面的表达方式：

```
ArrayList < E >
public boolean add(E o)
public E remove(int index)
```

其中，"< E >"表示的就是泛型，它相当于是类的参数，在创建该集合类对象时指定集合元素的类型。在泛型的控制下，add()方法添加的对象只能是 E 类型，remove()方法返回的对象就是 E 类型。

例如，创建 ArrayList 对象时传递泛型：

```
List < String >  list = new ArrayList < String > ();
```

Java SE 5.0 要求等号两侧的数据类型的后面都要指定泛型，且类型一致。上面这句话将 ArrayList 中的对象类型规范为 String，在 ArrayList 文档中所有出现 "E" 的地方，都被替代为 String 类型。

所以，强制类型转换不需要了，可以直接赋值：

```
String s = list. get(0);
```

同时，除了 String 类型外的其他对象也不能添加到集合了，再出现这样的语句：

```
list. add(new Student());
```

编译器就会给出"The methord add(String) in the type List < String > is not applicable for the arguments(Student)"错误提示。

使用泛型后，编译器在编译阶段就会检查集合中对象类型的合法性。

【例 8-11】泛型使用示例。

对 ArrayList < String > 按位序迭代时，使用 get() 方法取出的就是 String 类型，不再需要强转。利用迭代器 Iterator 对 ArrayList 迭代时，可以将泛型 < String > 传递给 Iterator，这样，Iterator 的 next() 方法取出的也就是 String 类型，同样不需要强转了。

代码如下：

```
public static void main(String[] args) {
    List < String >  list = new ArrayList < String > ();
    list. add("apple");
    list. add("banana");
    list. add("peach");
    for(int i = 0; i < list. size(); i ++ ) {
            String s = list. get(i);        //不需要强转
            System. out. println(s);
    }
    Iterator < String >  it = list. iterator(); //将 list 的泛型传递给迭代器,为迭代器加泛型
    while(it. hasNext()) {
            String s = it. next();          //不需要强转
            System. out. println(s);
    }
}
```

【学以致用】从现在开始，凡是使用 Java 集合类的地方，在创建集合类对象时，请务必加入泛型，提高代码的可靠性，简化代码的书写。

8.6 Collections 集合工具类

java. util. Collections 是 Java 提供的操作 List、Set、Map 等集合的工具类，它提供了大量静态方法，是对集合类功能的补充。同时，Collections 还能够对集合进行再包装，如将线程不安全的集合包装为线程安全的集合等。

【提示】务必区分 Collections 和 Collection。Collections 是一个类，它具有静态使用工具方法，而 Collection 是一个接口，带有多数集合常用方法的声明，包括 add()、remove()、contains()、size()、iterator() 等。

8.6.1 List 的增补功能

关于 List，Collections 增加了很多方法。

static void sort(List list)：对 List 集合按照元素的自然顺序进行升序排列。

static int binarySearch(List list,Object key)：对 List 集合元素进行折半查找，前提是 List 已经呈有序状态。

static void sort(List list,Comparator c)：根据比较器规定的顺序对 List 集合进行排序。

static int binarySearch(List list,Object key,Comparator c)：对 List 集合元素进行折半查找。如果 List 是使用比较器进行的排序，那么在查找时也需传递比较器对象。

static void reverse(List list)：将 List 集合中的元素逆置排列。

static void shuffle(List list)：将 List 集合中的元素随机重排。

static void swap(List list,int i,int j)：交换 List 集合中 i 和 j 位置上的元素。

static void rotate(List list,int distance)：整体移动元素。当 distance >0 时，将 List 集合的后 distance 个元素整体移到前面；当 distance <0 时，将 List 集合的前 distance 个元素整体移到后面。

static void fill(List list,Object obj)：用参数 obj 替换 List 集合中的所有元素。

static int indexOfSubList(List source,List target)：返回 target 集合在 source 集合中第一次出现的位置索引；未出现过则返回 −1。

static int lastIndexOfSubList(List source,List target)：返回 target 集合在 source 集合中最后一次出现的位置索引；未出现过则返回 −1。

static boolean replaceAll(List list,Object oldVal,Object newVal)：用 newVal 替换 List 集合中的所有 oldVal。

【说明】java. util. Arrays 类也是集合的辅助工具类，它提供了一些关于数组排序 sort()、折半查找 binarySearch()、比较 equals()、填充 fill()等方法：

```
static void sort(Object[] obj)
static intbinarySearch(Object[] obj,Object key)
static void sort(Object[] obj,Comparator c)
static intbinarySearch(Object[] obj,Object key,Comparator c)
```

static boolean equals(Object[] obj1,Object[] obj2)：如果两个参数数组彼此相等，则返回 true。

static void fill(Object[] obj1, int fromIndex, int toIndex,Object val)：将参数 val 赋值给指定 Object 数组指定范围中的每个元素。

…

利用 Collection 接口中的 Object[] toArray()方法将集合转换为数组后，即可以应用 Arrays 类中的这些功能。

8.6.2　多线程封装

在集合框架中，ArrayList、HashSet、TreeSet、HashMap 等都是线程不安全的，Collections 类提供了多个 synchronizedXxx()方法，将指定集合包装为线程同步安全的集合，从而使集合可以工作在并发访问的环境中。例如：

```
List list = Collections. synchronizedList(new ArrayList < String > ());
Set set = Collections. synchronizedSet(new HashSet < String > ());
Map map = Collections. synchronizedMap(new HashMap < String,String > ());
…
```

正因为如此,古老的线程安全的 Vector(ArrayList 的线程安全类)和 Hashtable(HashMap 的线程安全类)已经走下了历史的舞台。

8.7 回首 Java 集合框架

如图 8-8 所示涵盖了本章介绍的所有接口和类。

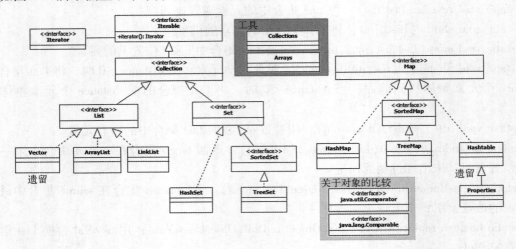

图 8-8 集合及其周边接口、类

Collection 继承了 Iterable 接口,Iterable 只有一个方法 Iterator iterator(),用于返回一个迭代器 Iterator 对象。Collection 之所以可以迭代,是因为它的实现类都用自己的方式定义了进行迭代的方法。

在 TreeSet 和 TreeMap 中,为了将对象插入到搜索树合适的位置,必须要制定比较对象的规则,自定义类的比较规则通过实现 Comparable 接口或者 Comparator 接口定义。

Collections 和 Arrays 类都可以辅助集合类的使用,扩充集合的功能,利用它们可以提高集合的使用效率。

常用集合类的比较见表 8-3。

表 8-3 常用集合类的比较

接口	实现类	存储方式	优点	缺点	其他
List 有序	ArrayList	数组	按位置索引存取快	插入、删除、查找慢	
	LinkedList	双链表	插入、删除快	按位置存取、查找慢	
Set 无序	HashSet	散列表	插入、删除、查找快	需重写 equals() 和 hashCode() 方法	
	TreeSet	二叉排序树	插入、删除、查找快 有序排列	速度慢于 HashSet	需制订比较规则
Map 映像	HashMap	散列表	插入、删除、查找快	迭代效率较低	键需重写 equals() 和 hashCode() 方法
	Properties	散列表	读取属性文件便利		键、值均为 String
	TreeMap	二叉排序树	插入、删除、查找快 键值有序排列	速度慢于 HashMap 迭代效率低	键需制订比较规则

8.8 综合实践——控制台版考试系统

设计一个控制台版的考试系统，包括出题、显示试卷、答卷、判卷等功能。运行效果如下所示：

```
输入题目的个数:2
输入题目描述:现代的足球运动起源于().
输入选项（quit 表示结束）：A. 法国
输入选项（quit 表示结束）：B. 美国
输入选项（quit 表示结束）：C. 英国
输入选项（quit 表示结束）：quit
输入题目的答案：C
输入题目描述：科比是哪个篮球队的?
输入选项（quit 表示结束）：A. 热火
输入选项（quit 表示结束）：B. 湖人
输入选项（quit 表示结束）：C. 凯尔特人
输入选项（quit 表示结束）：quit
输入题目的答案：B
第 1 题
题目：现代的足球运动起源于().
A. 法国
B. 美国
C. 英国
第 2 题
题目：科比是哪个篮球队的?
A. 热火
B. 湖人
C. 凯尔特人
输入要答题的题号：2
输入答案：B
输入要答题的题号：1
输入答案：C
考生：zhang
第 1 题：标准答案 C      用户答案 C
第 2 题：标准答案 B      用户答案 B
共答对 2 道题目！
```

8.8.1 类的设计

考试系统中抽象出来的类包括以下几种。

1）考生类（Student）：提供考生的姓名。

2）试题类（Question）：试题包括题干 title、选项 options 和答案 answer。其中，选项使用集合 List 存储。

- Question（String title，List < String > options，String answer）：创建试题。
- **void** showQuestion()：显示题目，包括题干和选项（供显示试卷时调用）。
- String getAnswer()：返回试题答案（判卷时调用）。

3）试卷类（Paper）：试卷包括题目数量 count 和题目信息 questions。其中，题目信息使用集合 Map < Integer，Question > 存储，建立题号和题目之间的映像关系。
- Paper(int count)：按 count 的数量生成试题，将题目按编号存储在 Map 中。
- **void** addQuestion(**int** index)：输入题干、选项、答案，向试卷中加一道试题，index 为试题的序号。
- **void** showPaper()：显示试卷，包括所有题目的题号、题目和选项。
- Map < Integer，Question > getQuestions()：返回试卷中所有的题目（判卷时使用）。
- **int** getCount()：返回试卷中所有题目（判卷时使用）。

4）答题卡类（AnswerSheet）：答题卡包括用户答题的答案 answers，与题目的存储相对应，答案采用 Map < Integer，String > 存储，建立题号和答案之间的映像关系。
- addAnswer(**int** key，String answer)：将指定题目的答案存储在 Map 中（答题时使用）。
- Map < Integer，String > getAnswers()：返回用户的答案（判卷时使用）。

5）考试类（Exam）：考试类组合了学生、试卷和答题卡。
- **private void** createPaper()：创建试卷。
- **private void** answerQuestions()：答题，将答案存储至答题卡。
- **private void** showScoreOfPaper()：判卷，取出试卷中的题号和答案，与答题纸中的进行比较，显示评分结果。
- **public void** exam()：组织考试，调用上面的 3 个私有方法，此方法对外公开。

在这个考试系统中，综合应用了 List 和 Map 集合，并按照传入泛型的方式对它们进行使用。

考试系统的类设计图如图 8-9 所示。

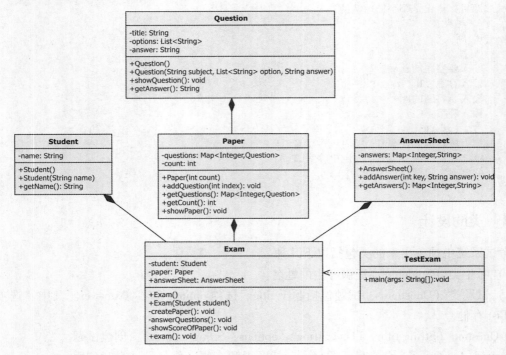

图 8-9　控制台版考试系统的类设计图

考试系统的基本工作过程如图 8-10 所示。在 Exam 类的 exam()方法中由 createPaper()、answerQuestions()、showScoreOfPaper()组成了系统的总体流程。

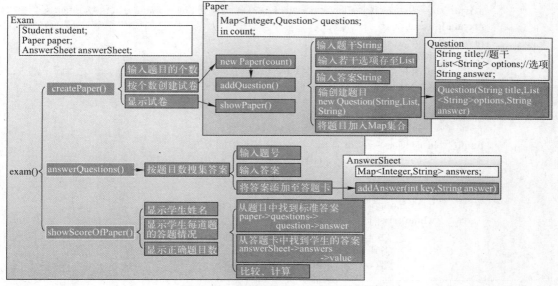

图 8-10　考试系统的工作过程示意图

8.8.2　代码

1. Question 类

```java
public class Question {
    private String title;           //题干
    private List < String > options;  //选项
    private String answer;          //答案
    public Question() {
            options = new ArrayList < String > ();
    }
    public Question(String title,List < String > options,String answer) {
            this. title = title;
            this. options = options;
            this. answer = answer;
    }
    public void showQuestion() {   //显示一个题目
            System. out. println("题目:" + title); //输出题干
            //输出各选项
            Iterator < String > it = options. iterator();
            while(it. hasNext()) {
                    System. out. println(it. next());
            }
    }
    public String getAnswer() {
            return answer;
    }
}
```

2. Paper 类

```java
public class Paper {
    private Map < Integer, Question >  questions; //key 为题号(int),value 为试题 Question 对象
    private int count;
    public Paper(int count) {
        this. count = count;
        questions = new HashMap < Integer, Question > ();
        for(int i = 0; i < count; i ++) {    //向试卷中添加 count 道题目
            this. addQuestion(i);
        }
    }

    public void addQuestion(int index) {    //向试卷中加一道题
        Scanner scn = new Scanner(System. in);
        System. out. print("输入题目描述:");
        String title = scn. nextLine();
        List < String >  list = new ArrayList < String > ();
        while(true) {
            System. out. print("输入选项(quit 表示结束):");
            String option = scn. nextLine(); //选项,读行,防止有空行的情况
            if(option. equalsIgnoreCase("quit")) {
                break;
            }
            list. add(option); //向选项表中加入选项
        }
        System. out. print("输入题目的答案:");
        String answer = scn. nextLine();
        Question question = new Question(title, list, answer); //生成该题目
        questions. put( ++ index, question); //将试题加入 HashMap
    }
    public void showPaper() { //显示试卷
        System. out. println();
        //输出 HashMap – questions
        Set < Integer >  s = questions. keySet();
        Iterator < Integer >  it = s. iterator();    //键集为 Integer
        while(it. hasNext()) {
            int k = it. next();
            System. out. println("第" + k + "题");
            Question q = questions. get(k);    //value 值是题目
            q. showQuestion();    //显示题目
        }
    }
    public Map < Integer, Question >  getQuestions() {
        return questions;
    }
    public int getCount() {
        return count;
    }
}
```

3. AnswerSheet 类

```java
public class AnswerSheet {
```

```java
        private Map < Integer,String >  answers;    //每题的答案,key 为 int 题号,value 为答案 String
        public AnswerSheet() {
                answers = new HashMap < Integer,String > ();

        }
        public void addAnswer(int key,String answer) {  //答一道题
                answers. put(key,answer);                    //答案加入 HashMap

        }
        public Map < Integer,String >  getAnswers() {
                return answers;

        }

}
```

4. Exam 类

```java
public class Exam {
        private Student student;                //考生
        private Paper paper;                    //试卷
        private AnswerSheet answerSheet;        //答案
        public Exam() {

        }
        public Exam(Student student) {
                this. student = student;

        }
        private void createPaper() {//创建试卷
                System. out. print("输入题目的个数:");
                Scanner scn = new Scanner(System. in);
                try {
                        int count = scn. nextInt();//试题数
                        paper = new Paper(count);
                        paper. showPaper();    //显示试卷
                } catch ( InputMismatchException e) {
                        System. out. println("题号必须是数字,程序结束");

                }

        }
        private void answerQuestions() {    //答题,将答案存至答题卡
                System. out. println();
                Scanner scn = new Scanner(System. in);
                answerSheet = new AnswerSheet();
                for(int i = 0; i < paper. getCount(); ) {
                        System. out. print("输入要答题的题号:");
                        int key = scn. nextInt();
                        if(key > = 1 && key < = paper. getCount()) {    // 存在这些题
                                System. out. print("输入答案:");
                                String answer = scn. next();
                                answerSheet. addAnswer(key,answer); //将答案存入答卷
                                i ++;   //答一题,计数
                        } else {
                                System. out. println("没有这道题!");

                        }

                }

        }
        private void showScoreOfPaper() {//判卷,取出试卷中的题号和答案,与答题纸中的进行比较
```

```
                System. out. println( "\n 考生" + student. getName( ) );
                int right = 0;    //正确的题数
                Set < Integer >  s = paper. getQuestions( ). keySet( );   //试卷键集
                Iterator < Integer >  it = s. iterator( );
                while( it. hasNext( ) ) {
                        int    k = it. next( );    //题号
                        System. out. print( "第" + k + "题:" );
                        String answer1 = paper. getQuestions( ). get( k ). getAnswer( );   //标准答案
                        System. out. print( "标准答案" + answer1 + "\t" );
                        String answer2 = answerSheet. getAnswers( ). get( k ); //用户答案
                        System. out. println( "用户答案" + answer2 );
                        if( answer1. equalsIgnoreCase( answer2 ) ) {
                                right ++;   // 答对一题,计数
                        }
                }
                System. out. println( "共答对"  + right + "道题目!" );
        }
        public void exam( ) {
                createPaper( );  //创建试卷
                answerQuestions( ); //开始考试
                showScoreOfPaper( );   //判卷
        }
    }
```

5. TestExam 类

```
    public class TestExam {
        public static void main( String[] args ) {
                    Student student = new Student( "Lucy" );
                    Exam exam = new Exam( student );
                    exam. exam( );
        }
    }
```

8.9 习题

1）下面代码执行的结果是（　　）。（知识点：TreeSet + 泛型 + 自动封装）

```
    public static void before( ) {
        Set set = new TreeSet( );
        set. add( "2" );
        set. add( 3 );
        set. add( "1" );
        Iterator it = set. iterator( );
        while( it. hasNext( ) ) {
                System. out. print( it. next( ) );
        }
    }
```

2）下面代码执行的结果是（　　）。（知识点：equals( ) + hashCode( ) + Set）

```
    public class Test {
```

```
    public static void main(String[] args) {
        Map < ToDos, String > m = new HashMap < ToDos, String > ();
        ToDos t1 = new ToDos("Monday");
        ToDos t2 = new ToDos("Monday");
        ToDos t3 = new ToDos("Tuesday");
        m.put(t1, "working");
        m.put(t2, "cleaning");
        m.put(t3, "playing");
        System.out.println(m.size());
    }
}
class ToDos {
    String day;
    ToDos(String day) { this.day = day; }
    public boolean equals(Object obj) {
        return ((ToDos)obj).day == this.day;
    }
    public int hashCode() { return 999; }
}
```

A. 输出 2   B. 输出 3

C. 如果未重写 hashCode() 方法，则输出 2   D. 如果未重写 hashCode() 方法，则输出 3

3）使用合适的集合保存北京西——拉萨的列车时刻表，并打印输出。

站　　名	北京西	石家庄北	太原	中卫	兰州	西宁	德令哈	格尔木	那曲	拉萨
到站时间	20:10	22:50	00:37	07:10	12:26	15:10	19:36	22:30	08:35	13:03
停车时间/min	30	5	7	15	17	20	2分	25	6	30

4）统计一段文本中每个字符出现的次数，并将结果（包含字符及其出现的次数）保存在一个适合的集合中。

5）阅读下面的代码，理解带有泛型定义的类的意义。（知识点：泛型）

```
class Shop < P > { //商店，< P >是泛型,商店销售商品的类型
    private P product;
    public Shop(P p) { product = p; }
    public P buy() { return product; }
}
class Food { //食品
    private String name;
    public Food(String name) { this.name = name; }
    public String toString() { return name; }
}
class Book { //书
    private String name;
    public Book(String name) { this.name = name; }
    public String toString() { return name; }
}
public class ShopDemo {
    public static void main(String[] args) {
        Shop < Book > bookShop = new Shop < Book > (new Book("Java 核心技术"));
        Book book = bookShop.buy();
        System.out.println(book); //Java 核心技术
```

```
Shop < Food >  foodShop = new Shop < Food > ( new Food("巧克力"));
Food food = foodShop. buy();
System. out. println( food);//巧克力
Shop < Object >  superMarket = new Shop < Object > ( new Object());
    }
}
```

6）关于 Collections 的方法练习。向一个 List 中存放几个 Student 对象（String id，int score）。

① 定义一个按分数 score 对 Student 对象进行排序的比较器。

② 使用 sort()方法指定比较器对 List 进行排序。

③ 使用 binarySearch()方法指定比较器，在 List 中查找某个 Student 对象。

8.10   实验指导

1. 实验目的

1）理解集合的底层实现，并能够在各种应用中选择适合的集合类。

2）掌握 List、Set、Map 及其实现类的使用。

3）掌握泛型的使用。

2. 实验题目

【题目 1】定义一个 MyArrayList 类，实现 List 接口。根据 API 的说明至少实现以下方法，并对它们进行测试。

```
public MyArrayList()
public MyArrayList( int initCap)
public void add( int index,Object obj)
public boolean add( Object obj)
public boolean addAll( Collection c)
public void clear()
public boolean contains( Object obj)
public Object get( int index)
public int indexOf( Object obj)
public Object remove( int index)
public boolean remove( Object obj)
public Object set( int index,Object obj)
public int size()
public Object[]  toArray()
```

说明：ArrayList 是基于数组的数据结构，它同时包装了一个计数器记录数组中实际元素的个数。

【题目 2】使用集合实现一个手机通讯录，设通讯录中保存手机联系人的姓名、联系电话、分组（同事、家人、朋友）信息。

1）创建一个通讯录并打印输出。

2）将联系人的分组信息存储在 Map < String，Set > 中。

运行效果如下：

输入联系人姓名（**quit** 表示退出）:**Lucy**
输入联系人电话号码:15910696306
输入联系人分组:同事（**colleagues**），家人（**family**），朋友（**friends**）:**family**
输入联系人姓名（**quit** 表示退出）:**Hellen**
输入联系人电话号码:18218651175
输入联系人分组:同事（**colleagues**），家人（**family**），朋友（**friends**）:**friends**
输入联系人姓名（**quit** 表示退出）:**Andrew**
输入联系人电话号码:13678263913
输入联系人分组:同事（**colleagues**），家人（**family**），朋友（**friends**）: **family**
输入联系人姓名（**quit** 表示退出）:**quit**
通讯录（按名字排序）:
Andrew   13678263913   **family**
Hellen   18218651175   **friends**
Lucy   15910696306   **family**
friends 组内包含的联系人如下:
Hellen   18218651175
family 组内包含的联系人如下:
Andrew   13678263913
Lucy   15910696306

说明：手机通讯录按姓名有序，且不重复，所以集合应该选择 TreeSet。

【题目3】完成一个学生选课系统的设计。

1）定义一个课程类 Course，包括课程名称和分数两个属性。

2）定义一个学生类 Student，包括学生姓名和学生选课信息（用 HashSet 存储）；提供 addCourse（Course c）方法添加一门选课，removeCourse（String name）方法按课程名称删除某门选课，show()方法打印学生及其选课信息。

3）定义一个班级类 SchoolClass，包含班级名称和该班级的所有学生信息（用 HashSet 存储）；提供 addStudent（Student s）方法添加一名学生，removeStudent（String name）方法按姓名删除一名学生，show()方法打印班级及其学生信息。

4）为 SchoolClass 类编写一个方法 Map < Course,Integer > account()，统计每门课程的选课人数，该方法返回一个 Map，key 为课程，value 为统计得到的人数。

类的关系如图 8-11 所示。

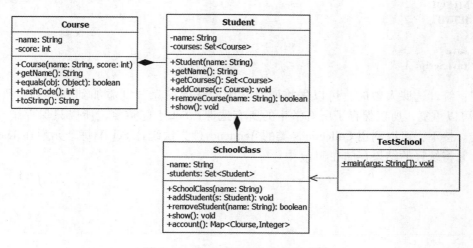

图 8-11　学生选课系统类的关系图

运行效果如下：

```
    输入学生的姓名:Lucy
    输入课程,quit 结束:C
    输入课程,quit 结束:Java
    输入课程,quit 结束:MySQL
    输入课程,quit 结束:Linux
    输入课程,quit 结束:quit
    输入学生的姓名:Hellen
    输入课程,quit 结束:Java
    输入课程,quit 结束:Linux
    输入课程,quit 结束:HTML
    输入课程,quit 结束:quit
    输入学生的姓名:Andrew
    输入课程,quit 结束:Java
    输入课程,quit 结束:MySQL
    输入课程,quit 结束:HTML
    输入课程,quit 结束:JavaScript
    输入课程,quit 结束:quit
Java 学习...
Andrew 选课:
    MySQL
    HTML
    JavaScript
    Java
Hellen 选课:
    Linux
    HTML
    Java
Lucy 选课:
    Linux
    MySQL
    C
    Java
选课统计结果为:
Linux:      2 人
MySQL:      2 人
HTML:       2 人
C:          1 人
Java:       3 人
JavaScript:1 人
```

说明：统计选课人数时，可以先将所有学生的选课信息分别添加到一个 List 和一个 Set 中。List 可以重复，所以保存了所有学生的所有选课；Set 不能重复，所以只保存了有哪几门课程被选。接下去可以利用 Collections 类的 frequency() 方法统计 Set 中每个元素在 List 中出现的次数，并将统计的结果存储在 Map 中。

8.11 本章思维导图

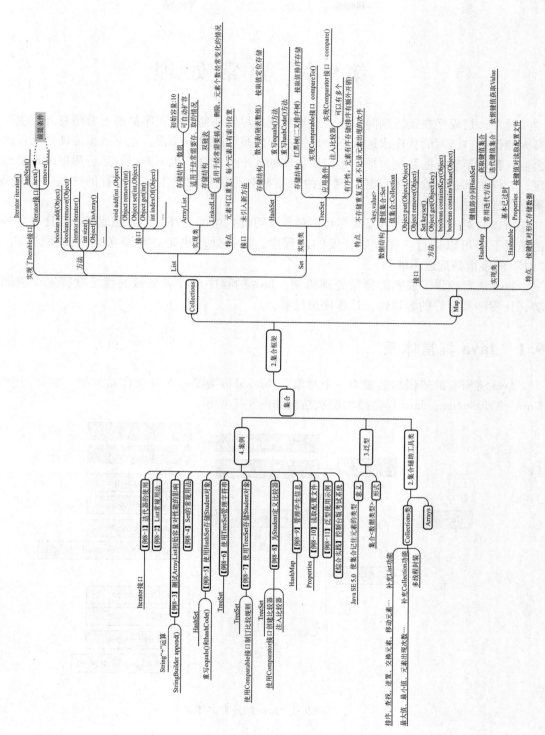

第9章 异常处理

异常，是程序在运行期间发生的意外状况。尽管任何一个程序员都不希望意外发生，但没有人能保证自己写的程序永远都不会出错；即便是程序没有错误，也不能保证使用程序的人不会输入程序不想要的数据；即便是使用程序的人十分配合，也不能保证运行程序的环境永远稳定，软件的问题、硬件的问题、网络的问题都有可能随时发生……所有的这些"不能保证"都会引发意外。

所以，对于程序设计者需要尽可能地预见可能发生的意外，尽可能地保证程序在各种糟糕的情况下仍可以运行。在程序开发的过程中，容错处理也是必须要考虑的重要方面，只做"对"的事情是远远不够的。

Java 语言提供了成熟的异常处理机制，Java 的程序设计者要做的就是发挥这个机制的优势，让程序具有好的容错性，让程序更健壮。

9.1 Java 异常体系

Java 将所有的错误封装成为一个对象，Throwable 类是这个异常体系的根，它有两个子类：Error 和 Exception。Java 异常类的层次结构如图 9-1 所示。

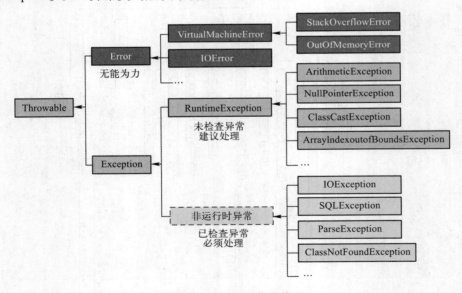

图 9-1 Java 的异常类体系

1. Error

Error 类及其子类对象代表了程序运行时 Java 系统内部的错误。对于 Error，程序设计者无能为力，程序不能从 Error 恢复，因此不必处理它们，从技术上讲 Error 不是异常。

比如，当线程请求分配的栈容量超过 JVM 允许的最大容量时抛出 StackOverflowError（线程将在第 11 章详细介绍），引发这个 Error 的最常见的情况就是创建了一个递归方法。一个极端的例子：

```
void go() {
    go();
}
```

如果开始调用 go()方法，则如同陷入一个黑洞，不论内存有多大最终都会被耗尽，抛出 StackOverflowError。

再如，如果 JVM 栈内存可以动态扩展，但是在尝试扩展时无法申请到足够的内存去完成扩展，或者在建立新的线程时没有足够的内存去创建对应的 JVM 栈时抛出 OutOfMemoryError。

【说明】以上两个 Error 的描述中或许有一些目前还看不懂的术语，但没关系，我们只要知道这些是 JVM 内部发生的状况，程序设计者是无能为力的就可以了（关于 JVM 运行时内存的概念可参看第 1 章图 1-1 和图 3-2）。

2. Exception

Exception 通常是由于某个资源不可用，或者正确执行程序所需的条件不满足所造成的。Exception 类及其子类对象是程序设计者应该关心、并尽可能加以处理的部分。

Java 将 Exception 分为两类：RuntimeException（运行时异常，也称未检查异常 Unchecked Exception）和非 RuntimeException（也称已检查异常 checked Exception），以下称未检查异常和已检查异常。

（1）未检查异常

未检查异常包含 java. lang. RuntimeException 类及其所有子类。

未检查异常因为程序设计者没有进行必要的检查，因疏忽或错误而引起的异常是可避免的。常见的未检查异常的描述如表 9-1 所示。

表 9-1　常见未检查异常的描述

异　　常	描　　述
ArrayIndexoutofBoundsException	访问数组时试图使用一个无效索引值
ClassCastException	试图将一个引用变量强制转换为一个不能通过 IS－A 测试的类型
NullPointerException	试图访问一个当前值为 null 的引用变量
ArithmeticException	试图进行非法的算术运算，如除数为 0 的除法
IllegalArgumentException	试图向方法传递一个不合法或不正确的参数
NumberFormatException	试图将非数值字符串转换为数值

异常类之间存在继承的层次关系，比如表 9-1 中的 NumberFormatException 是 IllegalArgumentException 的子类。当有一个异常层次中的多个异常类均适合某问题时，应尽可能使用最精确的异常。比如使用 Integer. parseInt()方法将一个 String 解析为一个 int 时，应选用更精确的 NumberFormatException。

Java 不要求这些异常在程序运行时必须处理，但是问题源于程序设计者的不周，所以设计者有责任改进程序或者对这些异常予以处理。

（2）已检查异常

除了 java. lang. RuntimeException 之外的所有异常都属于已检查异常。

已检查异常是不可避免的，最常见的如 IOException 及其子类（像找不到文件的 FileNot-FoundException，意外到达文件尾部 EOFException 等都是它的子类）、数据库访问错误 SQLException、解析时出现的异常 ParseException 等。这些异常编译器会强制要求处理。

9.2　异常的捕获和处理

当程序运行出现意外时，Java 自动生成（或由程序设计者生成）Exception 对象来通知程序，程序在独立的语句块中对异常进行处理，由此实现了"业务功能实现代码"和"异常处理代码"的分离。可以想象，众多意外处理占用大量篇幅的代码容易造成一副喧宾夺主的情形，异常机制有效地避免了这种情况的发生，为程序提供了更好的可读性。

9.2.1　try – catch – finally 语句

try – catch – finally 的做法是：将程序的业务功能代码放在 try 语句块中，试一试能否顺利完成；将异常处理代码放在 catch 语句块中，捕获并处理异常。

【例9-1】按"yyyy – MM – dd"格式输入一个人的生日并打印输出。

分析：在程序中使用 SimpleDateFormat 类指定日期格式。

```
SimpleDateFormat sdf = new SimpleDateFormat("yyyy – MM – dd");
```

但是，这是程序设计者的规定，用户是否遵守完全是另外一回事。当用户在控制台输入一个字符串后，如果这个字符串不能成功地解析为"yyyy – MM – dd"格式的日期，则将抛出一个 ParseException 异常，这是一个编译器要求必须捕获、处理的已检查异常。try、catch 的分工如下：

```
public static void main(String[] args) {
    Scanner scn = new Scanner(System. in);
    SimpleDateFormat sdf = new SimpleDateFormat("yyyy – MM – dd");
    System. out. print("输入生日(yyyy – MM – dd):");
    String birthStr = scn. next();
    try {
        Date birth = sdf. parse(birthStr);    //如果 birthStr 不可解析,就抛出异常
        System. out. println("生日:" + sdf. format(birth));
    } catch (ParseException e) {  //捕获异常
        System. out. println("日期格式错!");
        e. printStackTrace();
    }
}
```

比如用户输入生日时只输入了"2001"，则运行结果：

```
输入生日(yyyy – MM – dd):2001
日期格式错!
```

```
java.text.ParseException：Unparseable date："2001"
    at java.text.DateFormat.parse(DateFormat.java:337)
    at chap9.ExceptionDemo.main(ExceptionDemo.java:18)
```

try 语句块负责正常情况下的业务流程，catch 语句块负责异常情况下的容错处理，try – catch 协同工作，这就是 Java 的异常处理方式。

完整的异常捕获处理由 try – catch – finally 语句完成。

（1）try 语句块

将可能产生异常的代码放在 try 语句块中尝试执行，异常发生之后的代码不会被执行。

在程序执行过程中，该段代码可能会产生并抛出一种或几种异常，这些异常都由它后面的 catch 负责捕获、处理。所以一个 try 语句块后面可以跟多个 catch 语句块（从语法的角度也可以一个 catch 都没有）。

（2）catch 语句块

每个 catch 语句块捕获、处理一种类型的异常。当异常发生时，程序会中断正常的流程，离开 try 语句块去执行相应的 catch 语句块。

在 catch 中声明了异常对象（如 ParseException e），异常对象封装了异常事件的相关信息，在 catch 语句块中可以使用这个对象获取这些信息，常用方法包括以下几种。

getMessage()：返回该异常的详细描述字符串。

printStackTrace()：将异常事件的跟踪栈信息输出。栈是一种后进先出的结构，最近被调用的方法位于栈顶，如图 9-2 所示，printStackTrace()方法优先输出最后进入的方法，然后继续向下，从调用栈的顶部向下输出每个方法的名称。

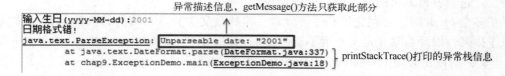

图 9-2　异常对象信息

建议在捕获到异常时总是使用 printStackTrace()方法将跟踪栈信息输出打印到控制台。

（3）finally 语句块

finally 语句块为可选，一旦出现，无论 try 语句块是否抛出异常，finally 代码块都要被执行。finally 语句块为异常处理提供统一的善后处理，使流程转到其他部分之前，能够对程序的状态进行统一的管理。通常在 finally 语句块中进行资源释放的工作，如关闭已打开的文件、关闭数据库连接等。

【例 9-2】使用 Properties 读取配置文件 ipConfig.properties，并进行异常的捕获、处理。

分析：为配置文件创建输入流时，fis = **new** FileInputStream("ipConfig.properties")，可能发生找不到此文件的 FileNotFoundException 异常。

使用 Properties 对象加载输入流时，pro.load(fis)，可能发生读取文件的 IOException 异常。

它们都是已检查异常，必须进行捕获、处理。由此可能写出这样的代码段：

```
FileInputStream fis    = null;
try {
```

```
            //创建一个指向配置文件的输入流
            fis = new FileInputStream("ipConfig. properties");
    } catch (FileNotFoundException e) {
            System. out. println("配置文件找不到...");
    }
    try {
            //读取配置文件
            pro. load(fis);
    } catch (IOException e) {
            System. out. println("文件读写出现问题...");// 处理文件读写中出现的问题
    }
```

这段代码的缺点是业务处理代码不集中，将创建输入流和读取配置文件分别写在两个 try 中，可读性差；更严重的是代码存在隐患，如果第一个 try 语句块已经发生 FileNotFoundException 异常，它的 catch 语句块执行完毕后代码还是会顺序向下执行，在第二个 try 语句块中试图加载 fis 文件流，而此时的 fis 为初值 null，所以引发空指针异常 NullPointerException。

实际上，try 语句块的范围通常会根据操作的联动性和相关性来组织。如果前面的程序代码块抛出的异常影响了后面程序代码的运行，那么就说这两段程序代码存在关联，应该放在同一个 try 中。也就是说：

```
    fis = new FileInputStream("ipConfig. properties");
    pro. load(fis);
```

这两个操作应该放在同一个 try 语句块中。

那么，它们各自抛出的异常应如何排列呢？

存在多个 catch 时，必须先捕获子类异常、再捕获父类异常，将异常按照从最具体到最通用的顺序排列，编译器禁止定义永远不能到达的 catch 子句。FileNotFoundException 是 IoException 的子类，所以，必须 FileNotFoundException 在前、IoException 在后，即：

```
    try {//将关联的代码放在同一个 try 中
            fis     = new FileInputStream("ipConfig. properties");
            pro. load(fis);
    } catch (FileNotFoundException e) {
            System. out. println("配置文件找不到...");
            e. printStackTrace();
    } catch (IOException e) {
            System. out. println("文件读写出现问题...");
            e. printStackTrace();
    }
```

本例的 finally 语句块对打开的输入流进行关闭处理。因为关闭文件的过程中也有可能发生 IOException（比如恰巧此时文件被删除了），所以关闭文件操作也需要用 try - catch 进行处理：

```
    finally {
        if(fis!    = null) {
                try {
                            fis. close();
                } catch (IOException e) {
```

```
                    System. out. println("文件关闭出现问题...");
                    e. printStackTrace();
                }
            }
        }
```

【健身操】根据上面的叙述，请写出此例完整的代码。

9.2.2　try – catch – finally 语句的执行过程

设包含一个 try 语句块、多个 catch 语句块、一个 finally 语句块。

如果 try 语句块抛出异常，程序马上转到相应的 catch 语句块，完成后执行 finally 语句块，再执行 try – catch – finally 后的程序代码。如果 try 语句块未抛出异常，程序跳过所有的 catch 语句块执行 finally 语句块，finally 完成后执行 try – catch – finally 后程序代码。如图 9–3 所示。

当方法中出现 return 时，意味着流程转回到调用此方法的地方。但是，在异常处理过程中如果 try 或 catch 语句块出现 return 语句，finally 还是会被执行，即执行完 finally 语句块后再执行 return 语句。

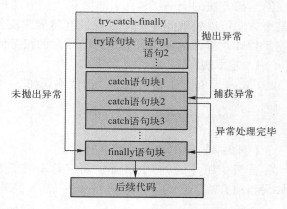

图 9–3　try – catch – finally 语句执行过程

【例 9–3】分析带 return 的 try – catch – finally 代码块的执行过程。

```
public static void main(String[] args) {
    try {
        System. out. println("try···");
        //if(1 == 1) return;　//①
        System. out. println(1/0);
    } catch(ArithmeticException ae) {
        System. out. println("catch...");
    } finally {
        System. out. println("finally...");
    }
}
```

当标记①处的代码被注释时，因为"1/0"运算的分母为 0，所以会抛出 ArithmeticException 异常，该异常在 catch 语句块中被捕获处理，最后执行 finally 语句块。执行的结果：

```
try···
catch...
finally...
```

如果取消标记①处的代码的注释，语句 System. out. println(1/0)因在 return 之后不会被执行到，因此不会有异常抛出；但执行 return 前，流程还是会先执行 finally 语句块，所以执行的结果：

```
try…
finally...
```

【说明】尽管 return 不能阻止 finally 语句块的执行，但是 System. exit(0) 可以阻止 finally 语句块，因为该操作已经结束 JVM 的执行。

9.3 使用 throws 抛出异常

如果当前的方法不知道如何处理捕获到的异常，可以使用 throws 声明将此异常再次抛出，交给当前方法的上一层调用者，如果上层方法仍不知道如何处理，也可以继续向上抛出，直到某个方法可以处理此异常，或者最终将异常交给 JVM。异常对象沿着方法调用链进行反向传递。JVM 对异常的处理方法是打印异常的跟踪信息栈，并终止程序运行。

1. 基本规则

throws 写在方法签名之后，语法格式如下：

throws Exception1 **,Exception**2···

【例 9-4】 使用 throws 抛出异常。

分析：如【例 9-1】所示，将字符串解析为指定日期格式时需要处理 ParseException 异常，如果当前方法 main() 不对其进行 try – catch 处理，则可以使用 throws 将它抛出。代码如下：

```java
public static void main(String[] args) throws ParseException{
    Scanner scn = new Scanner(System. in);
    SimpleDateFormat sdf = new SimpleDateFormat("yyyy – MM – dd");
    System. out. print("输入生日(yyyy – MM – dd):");
    String birthStr = scn. next();
    Date birth = sdf. parse(birthStr);
    System. out. println("生日:" + sdf. format(birth));
}
```

此处 main() 方法采取的是"躲避"异常的方式，如果格式解析失败，ParseException 异常从 main() 方法抛到 JVM，JVM 打印跟踪信息栈后程序运行结束。

实际处理异常时，程序应该在合适的位置针对问题给出与业务相关的解释，而不是简单的抛弃。到底谁来捕获和处理异常，通常遵循这样的规则：谁知情谁处理，谁负责谁处理，谁导致谁处理。

2. 子类方法重写父类方法时 throws 的规则

Java 规定，子类方法重写父类方法时，子类方法抛出的异常类型不能比父类方法抛出的异常类型更宽泛。也就是说，子类方法可以：

1）抛出与父类方法相同的异常。
2）抛出父类方法抛出异常的子类。
3）不抛出异常。

【例 9-5】分析下面代码中哪个类不能通过编译。

public class CC {

```
        void doStuff() throws IOException{}
    }
    public class CC2 extends CC{
        void doStuff() throws FileNotFoundException {}
    }
    public class CC3 extends CC{
        void doStuff() throws Exception{}
    }
    public class CC4 extends CC{
        void doStuff(int x) throws Exception{}
    }
    public class CC5 extends CC{
        void doStuff(){}
    }
```

分析：CC2～CC5 类是 CC 类的子类，CC 类的 doStuff() 方法抛出了 IOException 异常。CC2 类重写该方法，抛出 IOException 异常的子类 FileNotFoundException，可以通过编译。CC3 类重写该方法时抛出的 Exception 异常是 IOException 的父类，所以不能通过编译。

CC4 类的 doStuff() 方法不是重写，而是重载（与父类方法的参数个数不同），所以不受抛出异常类型的限制，可以通过编译。

CC5 类重写父类的 doStuff() 方法时未抛出异常，可以通过编译。

因此，上述几个类中只有 CC3 不能通过编译。

9.4 自定义异常类

异常的名字是异常信息的一种表现，从名字可以读出异常的原因，所以在应用程序中往往根据业务处理的需要设计与业务状态相关的自定义异常类。

9.4.1 自定义异常类的方法

创建自定义异常类非常简单，有如下几种方法。

1）为该异常类取一个能标识异常状况的有意义的名字。

2）令其继承 Exception 类。

3）在异常类中至少定义两个构造方法：一个是无参的；另一个是带 String 参数的，将此字符串传递给父类 Exception 的相同构造方法。这个 String 将作为该异常对象的描述信息（即 getMessage() 方法的返回值）。

可见，自定义异常类的含金量都在名字上，让类名可以准确地描述该异常是自定义的关键。

【例 9-6】 自定义异常类，标识一个用户管理系统中因用户名（email）已存在而注册失败的情况。

分析：为该异常类取一个能代表 email 已存在的名字：EmailExistException，并定义两个构造方法。

定义如下：

```
public class EmailExistException extends Exception{
    public EmailExistException(){
```

```
        public EmailExistException(String msg) {
                super(msg);
        }
}
```

9.4.2   throw 抛出异常

Java 异常体系中的异常都是在运行时由系统抛出的，用户自定义的异常必须自行抛出。

自行抛出异常使用 throw 语句，它抛出的不是异常类，而是异常对象，每次只能抛出一个异常对象。throw 的语法格式如下：

```
throw 异常对象;
```

一旦执行 throw 语句，其后的代码都不会被执行。

【例 9–7】自行抛出自定义异常 EmailExistException。

说明：为了简化业务逻辑，将重点放在 throw 的使用上，此处假设如果输入的用户名为指定字符串"zhangsan@126.com"，则注册失败抛出 EmailExistException 异常。

代码如下：

```
public class UserRegiste {
    private List < String >  users;
    public UserRegiste() {
            users = new LinkedList < String > ();
    }
    public void registe(String email) throws EmailExistException {
        if(email.equalsIgnoreCase("zhangsan@126.com")) {//简单业务处理
                throw new EmailExistException("该邮箱已注册...");   //代码8行处
        } else {
                users.add(email);
        }
    }
    public static void main(String[] args) {
            Scanner scn    = new Scanner(System.in);
            System.out.print("邮箱:");
            String email = scn.next();
            try {
                    new UserRegiste().registe(email);//代码18行处
            } catch (EmailExistException e) {//捕获 EmailExistException 异常
                    e.printStackTrace();        //打印自定义异常信息
            }
    }
}
```

上述代码中，registe()方法用 throw 抛出了自定义的异常；registe()方法本身不处理该异常，而是将其继续向上一层抛出；main()方法调用 registe()，编译器会强制要求 main()方法处理 EmailExistException，本例中将其捕获，并打印异常跟踪栈信息。

如果运行程序时，在控制台输入了"zhangsan@126.com"，则抛出异常，效果如下：

与系统的异常相比，自定义异常多了根据业务流程情况在合适的时机自行抛出异常的环节。

【**注意**】 除了用 throw 抛出自定义异常外，程序设计者也可以使用 throw 抛出 Exception、RuntimeException 以及 Error、Throwable 在内的系统异常类型。

9.4.3 异常处理的 5 个关键字

Java 的异常处理过程中使用到 5 个关键字：try、catch、finally、throw 和 throws。它们的功能和用法如图 9-4 所示。

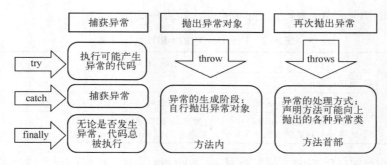

图 9-4 异常处理的 5 个关键字的功能和用法

总之，使用异常时需注意：

1）任何可能抛出已检查异常的方法（包括调用能抛出已检查异常方法的方法），都必须使用 try – catch 处理异常，或者使用 throws 声明再次抛出异常。

2）finally 语句块为可选，一旦出现，无论是否有异常被抛出，也无论抛出的异常是否被捕获，它始终会被调用。唯一例外的是，JVM 被关闭，如 System. exit(0)会关闭 JVM。

3）通过继承 Exception 可以创建自己的异常类，再根据业务逻辑使用 throw 将自定义异常类对象抛出。自定义异常将被看作已检查异常，编译器强制要求将其捕获或者再次抛出。

9.5 综合实践——用户管理系统及其异常类设计

9.5.1 系统设计

编写一个用户管理系统，包括注册和登录两个功能，为注册和登录功能定义相关的异常类。

将用户信息存储在一个 Map < String,User > 中，key 是 email，value 是用户对象。系统使用接口与实现相分离的模式，系统的类图如图 9-5 所示。

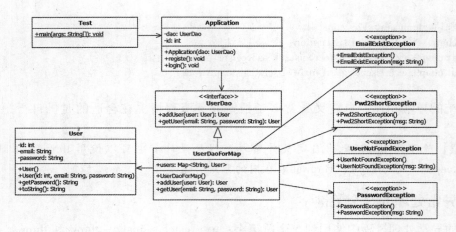

图 9-5　用户管理系统类图

UserDao 接口中的 addUser()方法首部的设计如表 9-2 所示。

表 9-2　UserDao 中的 addUser()方法

方法首部元素	设 计 结 果
参数	用户对象 user
返回值	如果注册成功（user 合法、添加到 Map 集合），则返回该用户
异常处理	如果 user 封装的 email 已存在，则抛出 EmailExistException 异常 如果 user 封装的密码不足 6 位，则抛出 Pwd2ShortException 异常

addUser()方法首部的设计结果为：User addUser（User user）throws EmailExistException，Pwd2ShortException。

UserDao 接口中的 getUser()方法首部的设计如表 9-3 所示。

表 9-3　UserDao 中的 getUser()方法

方法首部元素	设 计 结 果
参数	用户 email，密码 password
返回	如果 email 在 Map 中存在，且与 password 匹配，返回该用户对象
异常	如果 email 不存在，抛出 UserNotFoundException 异常 如果 email 存在，但 password 与之不匹配，抛出 PasswordException 异常

getUser()方法首部设计的结果为：User getUser（String email，String password）throws User-NotFoundException，PasswordException。

9.5.2　自定义异常类

按照 9.4.1 节的描述定义系统中的异常类如下。

如前所述，这些异常类最关键的是它们的名字所代表的意义，用以描述系统所发生的异常状况。

```
public class EmailExistException extends Exception{
    public EmailExistException() {}
    public EmailExistException(String msg) {super(msg);}
```

```java
public class Pwd2ShortException extends Exception{
    public Pwd2ShortException() {}
    public Pwd2ShortException(String msg) {super(msg);}
}
public class UserNotFoundException extends Exception{
    public UserNotFoundException() {}
    public UserNotFoundException(String msg) {super(msg);}
}
public class PasswordException extends Exception{
    public PasswordException() {}
    public PasswordException(String msg) {super(msg);}
}
```

9.5.3 UserDaoForMap 类

UserDaoForMap 是 UserDao 的实现类，实现 addUser() 和 getUser() 时，根据添加用户和获取用户的业务逻辑抛出相应的异常。

```java
public class UserDaoForMap implements UserDao{
    private Map < String, User > users;//key 是 email,value 是用户对象
    public UserDaoForMap() {
            users = new HashMap < String, User > ();
    }
    public User getUser(String email,String password) throws UserNotFoundException,PasswordException{
        User user = users.get(email);
        if(user == null){
                throw new UserNotFoundException("没有这个用户!");
        }
        if(user.getPassword().equals(password)){
            return user;//登录成功
        }else{
        throw new PasswordException("密码不对!");
        }
    }
public User addUser(User user) throws EmailExistException,Pwd2ShortException{
    if(users.containsKey(user.getEmail())){
            throw new EmailExistException("已经注册!");
    }
    if(user.getPassword() == null || user.getPassword().length() <6){
            throw new Pwd2ShortException("密码太短!");
    }
    users.put(user.getEmail(),user);
    return user;
    }
}
```

9.5.4 Application 类

应用层 Application 类面向 UserDao 接口编程，利用 addUser() 和 getUser() 方法组织注册和登录业务，它需要对 addUser() 和 getUser() 方法抛出的异常进行捕获处理。

```java
public class Application {
    private UserDao dao;
    private int id;
    public Application(UserDao dao) {
        id = 1;
        this. dao = dao;
    }
    public void registe() {
        Scanner scn = new Scanner(System. in);
        System. out. println("输入注册信息...");
        System. out. print("email:");
        String email = scn. next();
        System. out. print("password(至少6位):");
        String pwd = scn. next();
        try {
            User user = new User(id ++ ,email,pwd);
            dao. addUser(user);
            System. out. println("用户注册成功" + user);
        } catch(Pwd2ShortException e) {
            System. out. println(e. getMessage());
            id -- ;//遇到异常,将加1的id复原
        } catch(EmailExistException e) {
            System. out. println(e. getMessage());
            id -- ;//遇到异常,将加1的id复原
        }
    }
    public void login() {
        Scanner scn = new Scanner(System. in);
        System. out. println("输入登录信息:");
        System. out. print("email:");
        String email = scn. next();
        System. out. print("password:");
        String pwd = scn. next();
        try {
            User user = dao. getUser(email,pwd);
            System. out. println("欢迎" + user. getEmail());
        } catch(UserNotFoundException e) {
            System. out. println(e. getMessage());
        } catch(PasswordException e) {
            System. out. println(e. getMessage());
        }
    }
}
```

需要注意的是，属性 id 代表注册用户的编号，在 addUser() 前已被加 1，但是如果注册遇到异常而失败的话，id 需要减 1 恢复原值。

9.5.5 Test 类

测试类 Test 向 Application 注入 UserDaoForMap 对象，并利用 Application 对象组织注册和登录。

```
public class Test {
    public static void main(String[] args) {
        UserDao dao = new UserDaoForMap();
        Application app = new Application(dao);
        Scanner scn = new Scanner(System.in);
        while(true) {
            System.out.println("1. 注册\t2. 登录\t0. 退出");
            System.out.print("请选择(1,2,0):");
            String cmd = scn.next().trim();
            if("0".equals(cmd)) {//避免空指针异常,将常量写在前面
                System.out.println("bye...");
                break;
            } else if("1".equals(cmd)) {//1 注册
                app.registe();
            } else if("2".equals(cmd)) {// 2 登录
                app.login();
            } else {
                System.out.println("没有这个命令...");
            }
        }
    }
}
```

【健身操】请大家完成系统全部代码，并向系统中添加删除用户、修改密码等功能的代码。

9.6　习题

1）下面代码的运行结果是（　　　）。（知识点：异常的抛出＋捕获）

```
public class Plane {
    static String s = " - ";
    public static void main(String[] args) {
        new Plane().s1();
        System.out.println(s);
    }
    void s1() {
        try { s2(); }
        catch(Exception e) { s += "c"; }
    }
    void s2() throws Exception {
        s3(); s += "2";
        s3(); s += "3";
    }
    void s3() throws Exception {
        throw new Exception();
    }
}
```

2）下面代码的运行结果是（　　　）。（知识点：异常的抛出＋捕获）

```
public class OverAndOver {
    static String s = "";
    public static void main(String[] args) {
        try{
            s += "1";
            throw new Exception();
        } catch(Exception e) {
            s += "2";
        } finally {
            s += "3";
            doStuff();
            s += "4";
        }
        System.out.println(s);
    }
    static void doStuff() { int y = 7/0; }
}
```

3）关于：

```
try{
    int x = Integer.parseInt("two");
}
```

可以与之匹配的 catch 语句块有（   ）。（知识点：常见异常类）

A. ClassCastException   B. IllegalArgumentException

C. ArrayIndexOutOfBoundsException   D. NumberFormatException

9.7　实验指导

1. 实验目的

1. 掌握系统异常的捕获和处理。

2. 掌握自定义异常的定义、抛出和捕获。

2. 实验题目

【题目1】编写一个程序完成从某账户取款和存款的操作。

1）输入存取款金额时，如果非数值型，捕获异常并进行处理（系统异常）。

2）操作账户类时，如果取款数大于余额则作为异常处理（自定义异常）。

程序运行结果如下：

```
**** 当前账户余额:10000.0 ****
1. 存钱 2. 取钱 0. 退出
请选择(1,2,0):1
请输入金额:1000
**** 当前账户余额:11000.0 ****
1. 存钱 2. 取钱 0. 退出
请选择(1,2,0):1
请输入金额:aa
输入有误...
**** 当前账户余额:11000.0 ****
```

```
1. 存钱 2. 取钱 0. 退出
请选择(1,2,0):2
请输入金额:5000
 **** 当前账户余额:6000.0 ****
1. 存钱 2. 取钱 0. 退出
请选择(1,2,0):2
请输入金额:7000
余额不足
 **** 当前账户余额:6000.0 ****
1. 存钱 2. 取钱 0. 退出
请选择(1,2,0):0
bye...
```

【题目2】 创建一份某餐馆的菜单,包含一些菜品(FoodMenu 类);再创建一份朋友圈里有人不喜欢吃的菜的名单(DislikedFoodMenu)。实现一个为大家点菜的功能,点菜时如遇到DislikedFoodMenu 中的菜品,则抛出自定义 BadFoodException 异常。运行过程如下:

```
****** 菜单 ******
1. 麻辣香锅
2. 排骨炖豆角
3. 葱爆羊肉
4. 酸辣土豆丝
5. 清炒菜花
6. 清炒芥蓝
请为大家点菜,输入编号即可(0 表示点菜结束):1
您已点的菜品如下 :
1. 麻辣香锅
请为大家点菜,输入编号即可(0 表示点菜结束):3
有人不喜欢该菜品...
您已点的菜品如下 :
1. 麻辣香锅
请为大家点菜,输入编号即可(0 表示点菜结束):5
您已点的菜品如下 :
1. 麻辣香锅
2. 清炒菜花
请为大家点菜,输入编号即可(0 表示点菜结束):2
您已点的菜品如下 :
1. 麻辣香锅
2. 清炒菜花
3. 排骨炖豆角
请为大家点菜,输入编号即可(0 表示点菜结束):0
```

该问题的类图可以参考图 9-6 所示。

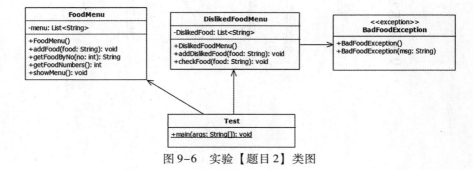

图 9-6 实验【题目2】类图

9.8 本章思维导图

异常

1.Java异常体系

Throwable
- Error —— 无须处理
- Exception
  - RuntimeException —— 非运行时异常 —— 建议在程序设计阶段处理
  - —— 运行时异常 —— 必须处理

2.捕获和处理

- try —— 包围可能产生异常的代码段
- catch
  - 捕获异常
  - 异常对象
    - getMessage()
    - printStackTrace()
  - 异常按先子类异常再父类异常的顺序排列
- finally
  - 永远会被执行
  - 对程序状态进行统一管理，通常用于释放资源
  - return不能阻止finally的执行

3.再次抛出异常

- throws
- 原则：谁知道谁维护处理

4.自定义异常

- 意义
  - 用有标识作用的名字命名异常
  - 标识系统中的意外状况
  - 分离业务代码和意外处理代码
- 定义异常
  - 继承Exception
  - 提供构造方法
- 抛出自定义异常
  - throw

5.案例

- ParseException
  - 【例9-1】输入生日并打印
- try-catch的组织
  - 【例9-2】使用Properties读配置文件
- return与finally关系
  - 【例9-3】分析代码块执行过程
- 子类重写父类方法时异常的处理
  - 【例9-4】使用throws抛出异常
  - 【例9-5】分析代码
- 自定义异常类
  - 【例9-6】自定义异常类
- 抛出自定义异常
  - 【例9-7】抛出自定义异常
  - 【综合实践】用户管理系统及其异常类设计

210

第10章 图形用户界面与事件处理

图形用户界面（Graphic User Interface，GUI）为用户提供了交互式的图形化操作，程序通过 GUI 接受用户的输入并向用户输出程序运行的结果。本章之前的程序都以命令行的方式运行在控制台，但实际上，除了程序设计者能接受这样的交互方式外，用户很难接受在命令行中输入命令。正如当初 Windows 操作系统的脱颖而出一样，用户喜欢的是使用鼠标的点击操作就可以轻松操作的图形用户界面。

但是，不得不说，GUI 不是 Java 的强项，Java 绝大多数应用于 Web 开发领域，Web 应用使用网页与用户交互，用 HTML 语言构建界面。所以，本章只介绍 Java 构建 GUI 的基本方法和 Java 事件处理的机制，使大家了解 Java GUI 的原理，能够搭建基本的 GUI 界面并通过事件处理完成与用户的常见交互。对于更丰富的 GUI 组件的使用，可在此基础上查阅 API 文档及参考相关书籍。

10.1 AWT 组件及应用

Java 构建 GUI 使用 java. awt 包下的 AWT 类和 java. swing 包下的 Swing 类。

10.1.1 AWT 和 Swing 概述

抽象窗口工具包（Abstract Window ToolKit，AWT）提供了一套与本地图形函数进行交互的接口，所谓"本地"就是指操作系统。也就是说，当利用 AWT 构建 GUI 时，实际上是在利用操作系统所提供的图形函数库。由于不同操作系统的图形库提供的功能不一样，一个平台上存在的功能在另外一个平台上则可能不存在，所以 AWT 为了实现"一次编译，到处运行"的理念，不得不通过牺牲功能来实现平台无关性。AWT 提供的图形功能是各种通用型操作系统所提供的图形功能的交集。AWT 是依靠本地方法来实现的，通常把 AWT 组件称为重量级组件。

Swing 是在 AWT 的基础上构建的一套新的图形界面系统，它用 100% 的 Java 代码编写，提供了除 Canvas（画布）之外的所有 AWT 组件的功能，并且对 AWT 的功能进行了大幅度的扩充。比如说，AWT 中没有树形组件（因为不是所有的操作系统都支持），Swing 则提供了该组件，并且因为 Swing 组件是用纯 Java 代码实现的，因此在一个平台上设计的树形组件也可以在其他平台上使用。由于 Swing 没有使用本地方法来实现图形功能，通常把 Swing 组件称为轻量级组件。

AWT 和 Swing 相比，AWT 是基于本地方法的 C/C++ 程序，其运行速度比较快；Swing 是基于 AWT 的 Java 程序，其运行速度比较慢。如果是嵌入式应用，目标平台的硬件资源往往非常有限，而应用程序的运行速度又是至关重要的因素，这种情况下，简单而高效的 AWT 是第一选择。在标准 Java 应用中，硬件资源往往不是关键因素，所以提倡使用 Swing，即通过牺牲速度来丰富应用程序的功能。

10.1.2　AWT 组成

总的来说，AWT 具有强大的绘图功能，但开发应用程序所使用的组件很少，AWT 适合开发图形制作程序，不适合开发应用程序。

AWT 位于 java. awt 包下，由组件、容器和布局管理器组成，具体如图 10-1 所示。

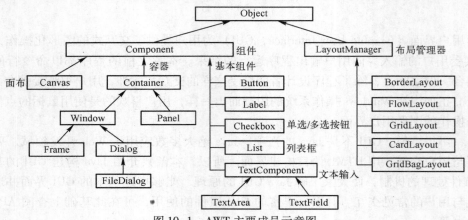

图 10-1　AWT 主要成员示意图

1. 组件

组件（Component）是一个以图形化方式显示在屏幕上并能与用户进行交互的对象，例如按钮（Button）、标签（Label）、单选/多选按钮（Checkbox）、文本框（TextField）等，组件通常被放在容器中。

Component 类定义了所有组件所具有的特性和行为，并派生出其他所有的组件。

【说明】特殊的，在 AWT 中，容器也是组件，为了将界面元素与容器相区分，下面将 Button、Label 这样不能再容纳其他组件的称为基本组件，即组件分为基本组件和容器两种。

2. 容器

容器（Container）是 Component 的子类，所以说容器本身也是一个组件，它具有组件的所有特性，同时又具有容纳基本组件和容器的功能，一个容器可以将多个容器和基本组件组织为一个整体。

每个容器用 add()方法向容器添加内容，用 remove()方法从容器中删除内容。每个容器与一个布局管理器相关联，以确定容器内组件的布局方式。容器可以通过 setLayout()方法设置某种布局。

3. 布局管理器

布局管理器（LayoutManager）用于管理界面元素在容器中的布局方式。标准布局管理器有流式布局 FlowLayout、边界布局 BorderLayout、网络布局 GridLayout、卡片布局 CardLayout等，它们都实现了 LayoutManager 接口。

10.1.3　AWT 的容器

AWT 主要提供了两种容器类型：Window（窗口）和 Panel（面板）。Window 是可独立存在的顶级窗口；Panel 不能独立存在，用于容纳其他组件，并存在于容器中。

1. Window

AWT 中提供 3 个用于在屏幕上显示窗口的容器，Window、Frame（窗体）和 Dialog（对话框）。Frame 和 Dialog 是 Window 的子类。

Window 没有边界、标题栏、菜单栏，且大小不可以调整，主要是作为父类存在。

Frame 有边界、标题栏、菜单栏，可以调整大小。

Dialog 有边界、标题栏，可以调整大小，不支持菜单栏。

（1）Frame

构建 Frame 的常用方法如下。

Frame()：构造一个新的、最初不可见的 Frame 对象。

Frame（String title）：构造一个新的、最初不可见的、具有指定标题的 Frame 对象。

（2）Dialog

构建 Dialog 的常用方法如下。

Dialog（Frame owner）：构造一个最初不可见的、无模式的 Dialog，它指定 Dialog 的所有者 Frame 和一个空标题。

【说明】

1）关于所有者（owner）：对话框在与用户交互的过程中出现，用于完成当前指定的任务，所以 Dialog 一定有一个创建它的所有者，可以是另外一个 Dialog，也可以是 Frame 和 Window。

2）关于模式（modal）：Dialog 默认为无模式。所谓"有模式"指如果对话框已显示，那么其他窗口都处于非活动状态，只有关闭了该对话框，才能操作其他窗口（多数对话框属于此类）。"无模式"对话框被显示时，其他窗口仍可以处于活动状态（如 Windows 环境下的"查找和替换"对话框）。

Dialog(Frame owner,String title)：构造一个最初不可见的、无模式的 Dialog，它指定 Dialog 的所有者 Frame 和标题。

Dialog(Dialog Frame,String title,boolean modal)：构造一个最初不可见的 Dialog，它指定 Dialog 的所有者 Frame、标题和模式。

（3）设置 Frame 和 Dialog 的大小和可见性

1）设置大小：通常可以使用如下方法设置大小。

setSize(int width,int height)：设置 Frame 和 Dialog 的大小。

setBounds(intx,inty,intwidth,intheight)：设置 Frame 和 Dialog 左上角的位置和大小。

pack()：自动确定 Frame 和 Dialog 的大小，确保容器中的组件与容器大小相适应。

2）设置可见性的方法。Frame 和 Dialog 被创建后默认是不可见的，通过以下方法可以成为可见的。

setVisible(true)：使 Frame 和 Dialog 可见。

【例 10-1】创建一个 Frame 窗口。

```java
public class FrameTest{
    public static void main( String[] args) {
        Frame frame = new Frame("Frame 窗口");
        //设置窗口的位置,大小
        //相当于:frame. setLocation(50,50);  frame. setSize(300,120);
        frame. setBounds(50,50,300,120);
        //设置窗口的可见性
        frame. setVisible( true);
    }
}
```

运行程序可以看到如图10-2所示的窗口，因为AWT是调用运行平台的本地API创建界面，所以该界面也具有Windows窗口的风格。

但是目前单击"×"按钮还不能关闭窗口，这需要运用AWT的事件处理机制进行事件响应，将在后面介绍。

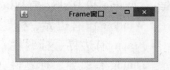

图10-2　Frame窗口图

2. Panel

Panel是一个通用的容器，代表一个区域，这个区域可以容纳其他的组件。它没有边框或其他可见的边界，不能移动，不能改变大小，不能作为顶层容器的容器，不能独立存在。

Panel只能嵌套在其他容器（Window或Panel）内部，用来分割大容器的布局，作为大容器的一部分实现各区域的单独管理，从而设计出比较复杂的容器结构。

若要使Panel可见，必须将其添加到Window中。

【例10-2】使用Panel装载基本组件，并添加到Frame。

```java
public class PanelTest {
    public static void main(String[] args) {
        Frame frame = new Frame("Frame 窗口");
        //创建一个 Panel 容器
        Panel panel = new Panel();
        //向容器中添加一个 Label 和一个 TextField 组件
        panel.add (new Label (" 姓名"));
        panel.add (newTextField (20));
        //将 Panel 添加到 Frame
        frame.add (panel);
        //设置 Frame 的自适应大小
        frame.pack ();
        frame.setVisible (true);
    }
}
```

上述代码将Label对象和TextField对象先添加到一个Panel中，再将Panel添加到Frame中。此例的Frame使用pack()方法将窗口根据组件调整为最佳大小，效果如图10-3所示。

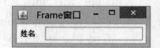

图10-3　使用Panel容纳标签和文本框

10.1.4　布局管理器

Java为了实现跨平台的特性并获得动态的布局效果，将容器内的所有组件的大小、位置、顺序、间隔等交给布局管理器负责。每一个容器都会引用一个布局管理器实例，通过它自动进行组件的布局管理。

一个容器被创建后会有相应的默认布局管理器。Window、Frame、Dialog的默认布局管理是BorderLayout，Panel的默认布局管理器是FlowLayout。除此之外，Java还提供了GridLayout和GardLayout布局方式。

1. BorderLayout

边界布局BorderLayout将容器分成5个区域：东（BorderLayout. EAST）、西（BorderLay-out. WEST）、南（BorderLayout. SOUTH）、北（BorderLayout. NORTH）、中（BorderLayout.

CENTER），如图 10-4 所示。

向 BorderLayout 布局的容器中添加组件时，需要指定添加的
区域，默认为中间。

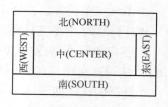

图 10-4　BorderLayout
布局示意图

BorderLayout 的构造方法有以下两个。

BorderLayout()：构造一个组件之间没有间距的布局。

BorderLayout(inthgap,intvgap)：构造一个具有指定组件间距
的布局。

需要注意的是，BorderLayout 的一个区域只能放置一个组
件，后添加的组件会覆盖原组件。如果想在一个区域放置多个组件就需要先使用 Panel 来装
载这些组件，再将 Panel 填至指定区域。

2. FlowLayout

流式布局 FlowLayout 按照组件添加到容器中的次序顺序排放组件，即把组件从左至右、从
上向下、一个接一个地放到容器中，未指定大小的组件由布局管理器根据组件的最佳尺寸决
定，组件排列的位置随着容器大小的改变而改变。

FlowLayout 有以下 3 个构造方法。

FlowLayout()：使用默认的对齐方式和间距（居中对齐，水平和垂直间隔为 5 像素）。

FlowLayout(int align)：指定对齐方式，默认水平和垂直间隔为 5 像素。对齐方式为 Flow-
Layout 的静态常量，FlowLayout. CENTER，FlowLayout. LEFT，FlowLayout. RIGHT。

FlowLayout(int align,inthgap,intvgap)：依次指定对齐方式、水平间距和垂直间距。

【例 10-2】中的 Panel 即采取了 FlowLayout 方式，按照添加组件的次序，先摆放 Label 对
象，再摆放 TextField 对象，组件间水平间距 5 像素，在 Panel 中居中。如果调整窗口大小，
Panel 中组件的位置将随之变化。

3. GridLayout

网格布局 GridLayout 将容器分成等长等大的若干网格，每个网格放置一个组件。

向 GridLayout 布局的容器中添加组件时，默认从左至右、从上至下依次将组件添加至每个网
格。与 FlowLayout 不同的是，GridLayout 中组件的大小由所处区域决定，每个组件占满所处区域。

GridLayout 有如下 3 个构造方法。

GridLayout()：未指定网格的行数、列数，所有组件分布在一行中，每个组件一列。

GridLayout(int rows,int cols)：使用指定行数、列数，默认水平、垂直间距将容器分割为
网格。

GridLayout(int rows,int cols,inthgap,
intvgap)：使用指定的行数、列数，水
平、垂直间距将容器分割为网格。

【例 10-3】构建一个计算器的布局。

分析：如图 10-5 所示，计算器窗口
主要由上下两部分组成，使用 Frame 默
认的 BorderLayout 布局方式。北部使用
Panel 装载一个保存计算结果的文本框；
中部使用 Panel 装载计算器的 20 个按钮，
采用 GridLayout 布局。

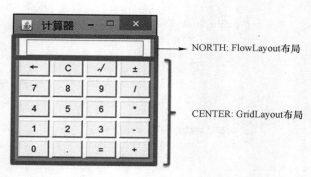

图 10-5　计算器的布局示意图

为了维持布局方式，禁止改变 Frame 的大小。

将计算器 20 个按钮上的符号初始化在一个 String 字符串中，创建按钮时从中截取相应的字符。

构建 GUI 时通常这样划分代码：将组件定义为属性；在构造方法中构建组件；自定义 init() 方法设置布局；在 show() 方法中设置 GUI 的显示属性。

计算器的代码如下：

```java
public class AWTCalculation {
    //将窗口中的组件定义为属性
    private Frame frame;
    private TextField field;
    private Button[] allButtons;
    //在构造方法中创建组件
    public AWTCalculation() {
        frame = new Frame("AWT 计算器");
        field = new TextField(20);
        //创建计算器的按钮
        allButtons = new Button[20];
        String str = "←C√±789/456*123-0.=+";
        for(int i = 0; i < str.length(); i++) {
            allButtons[i] = new Button(str.substring(i, i + 1));
        }
    }
    //初始化窗口,设置布局
    private void init() {
        //frame 的北部面板:默认 FlowLayout 布局
        Panel northPanel = new Panel();
        northPanel.add(field);
        //frame 的中部面板:设置 GridLayout 布局
        Panel center Panel = new Panel();
        GridLayout grid = new GridLayout(5, 4, 2, 2);
        centerPanel.setLayout(grid);
        //将按钮添加至中部面板
        for(int i = 0; i < allButtons.length; i++) {
            centerPanel.add(allButtons[i]);
        }
        //将面板添加到窗口
        frame.add(northPanel, BorderLayout.NORTH);
        frame.add(centerPanel, BorderLayout.CENTER);
    }
    //设置窗口的显示属性
    public void showMe() {
        init();
        frame.pack();
        frame.setLocation(300, 200);
        frame.setResizable(false);//禁止改变窗口的大小
        frame.setVisible(true);
    }
    public static void main(String[] args) {
        new AWTCalculation().showMe();
    }
}
```

4. CardLayout

卡片布局 CardLayout 将容器中的多个组件看成一叠卡片（组件重叠），在任何时候只有其中一张是可见的，这张卡片占据容器的整个区域。卡片布局就好比幻灯片在播放时，所有幻灯片都叠在一起，每次只能看见最前面的一张。

CardLayout 提供以下两个构造方法。

- CardLayout()：创建默认的 CardLayout 布局管理器。
- CardLayout(inthgap,intvgap)：指定卡片与容器左右边界间距和上下边界。

使用 first(Container target)、last(Container target)、previous(Container target)、next(Container target)方法显示容器 target 中的指定组件，show(Container target,String name)显示 target 容器中指定名字的卡片。

10.2 事件处理

如何在单击窗口"关闭"按钮■时关闭窗口，如何实现计算器的计算功能，这些都需要 GUI 能够进行事件处理。在 AWT 编程中，所有事件都必须由特定对象（事件监听器）处理。

10.2.1 事件处理的原理

当用户与 GUI 进行交互时，如单击鼠标、敲击键盘、关闭窗口…，GUI 应该接收到这些事件并予以处理。

每个可以触发事件的组件都被称作**事件源**（EventSource）。

发生的事件会被封装为**事件对象**（ActionEvent，事件对象中会包含事件源对象）。

每一种事件都对应专门的**事件监听器**（EventListener），监听器负责观察事件的发生，并处理事件。

事件源与事件监听器之间要通过"注册"这个动作发生关联，即为一个事件源指定一个（或多个）事件监听器。被指定的事件监听器将观察管辖范围内的事件在该事件源上是否发生。事件源一旦发生该事件，监听器立即调用其定义的**事件处理器**（EventHandler）做出响应。

如图 10-6 所示为 AWT 事件处理流程。

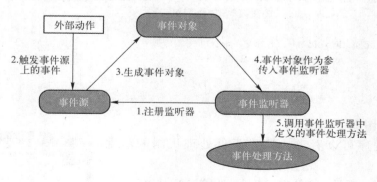

图 10-6　AWT 事件处理流程

事件监听器都是接口，java.awt.event 按照事件的不同类型定义了 11 个监听接口，每类事件都有对应的事件监听器。监听器接口定义了事件发生时可以调用的方法，一个类可以实现一个或多个监听器接口。

监听器接口中最常用的是 ActionListener，它监听按钮、菜单项的单击事件，文本框内的回车事件，它的事件处理方法为 actionPerformed(ActionEvent e)，其中 ActionEvent 即为事件对象，它封装了关于事件的相关信息。

【例10-4】编写一个事件响应程序，在窗体中放一个按钮和一个文本域，当单击按钮时，在文本域中添加一行"按钮被单击"。

分析：谁来实现 ActionListener 接口，也就是谁来做事件监听器，这是问题的关键。实现的方式有很多种，本例中令当前 GUI 类做事件监听器。

因为实现 ActionListener 接口时，其 actionPerformed(ActionEvent e)方法也需要使用窗体中的组件，所以组件以属性的方式定义。

代码如下：

```java
public class EventTest implements ActionListener {
    private Frame frame;
    private Button button;
    private TextArea area;
    public EventTest() {
        frame = new Frame("事件测试");
        button = new Button("单击我");
        area   = new TextArea(10,20);
    }
    private void init() {
        frame.add(button,BorderLayout.NORTH);
        frame.add(area,BorderLayout.CENTER);
    }
    public void showMe() {
        init();
        //为事件源注册事件监听器
        button.addActionListener(this);
        frame.setBounds(50,50,400,160);
        frame.setVisible(true);
    }
    //本类做监听,实现事件处理器
    public void actionPerformed(ActionEvent e) {//ActionEvent 为事件对象
        area.append("按钮被单击" + "\n");
    }
    public static void main(String[] args) {
        new EventTest().showMe();
    }
}
```

运行效果如图10-7所示。

从上面的程序可以看出，AWT 事件处理机制的步骤如下：

1）定义事件监听类，令其实现事件监听接口 XxxListener。

2）调用 addXxxListener()方法为事件源注册监听类对象。

这样，当事件源上发生指定事件时，AWT 会触发事件监

图10-7　事件演示

218

听器，由事件监听器调用相应的方法来处理事件，事件对象会作为参数传入该方法。

10.2.2 利用成员内部类实现事件监听

直接使用 GUI 类本身作为事件监听器类，这种形式虽然简洁，但可能造成混乱的程序结构。GUI 界面的职责是完成界面的初始化工作，但此时还需要包含事件处理器方法，而且有些事件监听接口中的方法还有很多个，这都降低了程序的可读性。

用户可以定义当前类的**成员内部类**做监听器。在一个类内部定义的类称为**内部类**，通过内部类可以将逻辑业务上相关的类组织在一起，并由外部类控制内部类的可见性。任何内部类都编译成独立的 class 文件。

成员内部类是内部类的一种，它定义在外部类内部，没有 static 修饰，具有以下特点：

1）成员内部类的实例自动持有外部类的实例引用，引用形式为：外部类名 . this。

2）内部类可以随意访问外部类的成员。但外部类不能直接访问内部类的成员，必须通过内部类的实例去访问。

3）在成员内部类中不能定义静态成员。

使用 GUI 的内部类做监听器，不仅可以自由访问外部类 GUI 中的组件，而且将逻辑相关的代码封装在了一起。

【例 10-5】利用成员内部类实现事件监听。

如图 10-8 所示，在窗体中放一个文本域、一个文本框和一个按钮。在文本框中输入文字，当按下〈Enter〉键或单击"发送"按钮时，文本框中的文字添加到文本域中。如果在文本框中输入的是"he-he"，则自动向文本域中添加一个表情"\(^o^)/"。

图 10-8　事件响应效果

分析：文本框的回车事件和按钮的单击事件都由 ActionListener 接口监听。

如果在文本框中输入的是"hehe"，则自动向文本域中添加一个表情"\(^o^)/"，这是根据文本框中键入的内容去触发事件。TextListener 接口监听文本事件，当文本框的取值发生变化时，触发事件。

所以，本例需要实现两个监听接口。ActionListener 接口的实现类分别注册给文本框和"发送"按钮。TextListener 接口的实现类注册给文本框。两个实现类均使用成员内部类实现。

代码如下：

```
public class Chat{
    private Frame frame;
    private TextArea area;
    private TextField field;
    private Button    buttonEnter;
    public Chat(){
        frame = new Frame("自言自语");
        area    = new TextArea(10,30);
        area. setFont(new Font("Times New Roman",Font. BOLD,14));
        area. setEditable(false);
        field = new TextField(26);
        buttonEnter = new Button("发送");
```

```
        }
        private void init() {
                Panel panelCenter = new Panel();
                panelCenter. add( area);
                Panel panelSouth = new Panel();
                panelSouth. add( field);
                panelSouth. add( buttonEnter);
                frame. add( panelCenter, BorderLayout. CENTER);
                frame. add( panelSouth, BorderLayout. SOUTH);
        }
        private void addEventHandler() {
                //为事件源注册事件监听器
                buttonEnter. addActionListener( new TextButtonActionHandler());
                field. addActionListener( new TextButtonActionHandler());
                field. addTextListener( new TextFieldChangeHandler());
        }
        public void showMe() {
                init();
                addEventHandler();
                frame. pack();
                frame. setVisible( true);
        }
        //成员内部类做监听器
        private class TextButtonActionHandler implements ActionListener {
                public void actionPerformed( ActionEvent e) {
                        area. append( field. getText() + "\n");
                        field. setText( "");
                }
        }
        //成员内部类做监听器
        private class TextFieldChangeHandler implements TextListener {
                public void textValueChanged( TextEvent e) {
                        if( field. getText(). equals( "hehe")) {
                                area. append( "\\(^o^)/\n");
                                field. setText( "");
                        }
                }
        }
        public static void main( String[] args) {
                new Chat(). showMe();
        }
}
```

TextButtonActionHandler 类和 TextFieldChangeHandler 类定义在 Chat 类内部，它们是 Chat 类的成员内部类，它们有权访问外部类的所有成员。

从这个例子可以看到，一个监听器可以监听多个对象（如本例的 TextButtonActionHandler）；同时，一个事件源也可以有多个事件的监听器（如本例中的文本框）。需要注意的是，事件的响应顺序并不是谁先注册就先响应谁，而是按照程序运行时事件被触发的先后次序进行的。

10.2.3 利用匿名内部类实现事件监听

大多情况下，事件监听器都没有复用价值，因此大部分监听器都只使用一次，对于这种情况还可以使用匿名内部类。

匿名内部类定义在外部类内部，但没有名字，它可以继承其他类，也可以去实现接口。因为它没有名字，因而无法定义构造方法，编译器会自动生成匿名内部类的构造方法，并完成构建过程。

【例 10-6】 用匿名内部类的方式实现事件响应。

用匿名内部类改写【例 10-4】中的事件响应部分，代码如下：

```
//为事件源注册事件监听器——匿名内部类对象
buttonNorth. addActionListener( new ActionListener() {
    public void actionPerformed( ActionEvent e ) {//ActionEvent 为事件对象
            area. append( e. getActionCommand() + "按钮被点击" + "\n" );
    }
} );
```

其中，"**new**ActionListener() { }"部分定义了一个实现 ActionListener 接口的匿名内部类，大括号内是它的类体，实现接口中的方法。"**new**ActionListener() { }"返回一个匿名内部类的实例，这个实例是作为参数直接传入 addActionListener()方法的。

使用匿名内部类时注意括号的匹配和书写方式。

10. 2. 4 适配器模式实现事件监听

有的事件监听器接口中含有很多需要实现的方法，例如 WindowsListener 监听器中有如下 7 个方法：

```
public void windowActivated( WindowEvent e)  { }
public void windowClosed( WindowEvent e)  { }
public void windowClosing( WindowEvent e)  { }
public void windowDeactivated( WindowEvent e)  { }
public void windowDeiconified( WindowEvent e)  { }
public void windowIconified( WindowEvent e)  { }
public void windowOpened( WindowEvent e)  { }
```

但是，对于某一个应用未必需要处理监听器中所有的事件，这种情况下可以使用事件适配器。

事件适配器是事件监听器的空实现，它实现了监听器接口，但每个方法都是空实现（方法体内没有任何代码）。当需要事件监听器时，可以选择继承事件适配器，这样就不再需要实现接口中所有的方法，有针对性地重写需要的事件方法即可，简化了事件监听器的实现类。

Java 中对包含多个方法的监听器接口都提供了对应的适配器。如 WindowsListener 接口的适配器是 WindowAdapter，MouseListener 接口的适配器是 MouseAdapter，FocusListener 接口的适配器是 FocusAdapter 等。

【例 10-7】 为 AWT 窗口编写"关闭"按钮的关闭功能。

AWT 的窗口没有自带关闭功能，所以需要进行 WindowEvent 的事件处理。

```
public class EventAdapterTest {
    private Frame frame;
    public EventAdapterTest() {
```

```
                    frame = new Frame();
        }
        public void showMe() {
                    frame. addWindowListener(new WindowCloseHandler());
                    frame. setBounds(100,100,200,200);
                    frame. setVisible(true);
        }
        //事件适配器
        private class WindowCloseHandler extends WindowAdapter {
                    public void windowClosing(WindowEvent e) {
                                System. exit(0);
                    }
        }
        public static void main(String[] args) {
                    new EventAdapterTest(). showMe();
        }
}
```

10.2.5　实现计算器的功能部分

【例10-8】实现【例10-3】布局的计算器的功能部分。

分析：显然，计算器上的 20 个按钮都应监听鼠标单击事件，所以设计监听器类实现 ActionListener 接口，并将其对象注册给 20 个按钮。监听器类由成员内部类实现。

关于计算器的功能实现的算法如下：

1）如果按下的是数字、小数点，则说明这是运算式的操作数部分，用字符串拼接的方式组织操作数，将之前文本框的取值与当前按下的字符合并在一起，例如：文本框原来是"123.4"，再按下"5"时，组成操作数"123.45"。

但是有一种情况是例外的，如果之前按下的是"="运算符，那么现在计算器上留下的不是操作数，而是前次运算的结果，不应再与新的输入拼接。为此设置一个 boolean 型的标识变量 flag 记录之前是否按下了等号，按下等号时 flag 置为 true，不是等号时 flag 置为 false。当前是数字、小数点时，根据 flag 的取值决定是继续拼接，还是重新开始组织一个新的操作数。

2）如果当前按下的是 +、-、*、/，则是运算式的运算符部分，说明这文本框中的数字就是第一个操作数，将其记下后清空文本框，准备接收下一个操作数。同时记录下当前的运算符。

3）如果当前按下的是等号，则说明第二个操作数也已经输入完毕，记录下文本框中的数字作为第二个操作数。根据之前记下的运算符组织 +、-、*、/算术运算，将计算结果写到文本框中。

关于按钮上的字符的获取可以使用事件对象的 getActionCommand()方法。

事件处理的相关代码如下：

```
public void addEventHandler() {   //添加监听
    for(int i = 0; i < allButtons. length; i++) { //按钮区监听
        allButtons[i]. addActionListener(new CalculateActionHandler ());
    }
}
```

```java
//全局初值,只被赋值一次
double op1 = 0, op2 = 0;
String operator = "";
boolean flag = true;
private class CalculateActionHandler implements ActionListener{
    public void actionPerformed( ActionEvent e) {
        String command = e. getActionCommand();              //按钮上的文本
        if( "0123456789.". indexOf( command)! = -1){//数字按钮或小数点按钮
            if( flag){                                       //之前处理的是 = 号,开始组织新的操作数
                field. setText( command);
            } else {                                         //继续拼接操作数
                field. setText( field. getText() + command);
            }
            flag = false;                                    //标识"当前不是 = 号"
        } else if( " + - */". indexOf( command)! = -1){//运算符号按钮
            //1. 取文本框中的数据:第 1 个操作数
            op1 = Double. valueOf( field. getText());
            //2. 记下运算符
            operator = command;
            //3. 清空文本框
            field. setText( "");
        } else if( command. equalsIgnoreCase( " = ")) {    //等号
            //取文本框中的数据:第 2 个操作数
            double res = 0;
            String text = field. getText();
            if( text. length() > 0) {
                op2 = Double. valueOf( text);
                if ( operator. equals( " +")) {
                    res = op1 + op2;
                } else if( operator. equals( " - ")) {
                    res = op1 - op2;
                } else if ( operator. equals( " * ")) {
                    res = op1 * op2;
                } else {
                    res = op1 / op2;
                }
                field. setText( String. valueOf( res));
            }
            flag = true;                                     //标识"当前是 = 号"
        }
    }
}
```

【健身操】 整理计算器的相关代码,写出一个完整的计算器程序。

10.3　Swing 组件

前面介绍过 Swing 和 AWT 的关系,实际开发 GUI 时很少使用 AWT,绝大部分时候都是通过 Swing 组件开发的。Swing 开发 GUI 有如下两个优势:Swing 组件不依赖本地平台的 GUI,不必采用各平台 GUI 的交集,因此可以提供大量图形界面组件,远远超出 AWT;Swing 组件在各种平台上运行时可以保证具有相同的图形界面外观,可以提供本地平台不支持的显示外观。

Swing 对 AWT 组件都提供了对应的实现，通常在 AWT 组件名前加上 "J" 就变成了对应的 Swing 组件。Swing 中常用组件的关系如图 10-9 所示。

大部分 Swing 组件都是 JComponent 抽象类的直接或间接子类，JComponent 是 java. awt. Container 类的子类，所以从理论上讲所有的 Swing 组件都可以作为容器使用。

Swing 中的 JWindow、JFrame、JDialog 直接继承了 AWT 组件，所以它们仍不是轻量级组件，仍需要将部分功能委托给本地运行平台。

JPanel 没有从 Panel 下继承，被 Swing 彻底重写，位于 swing 包下，含义与用法不变。

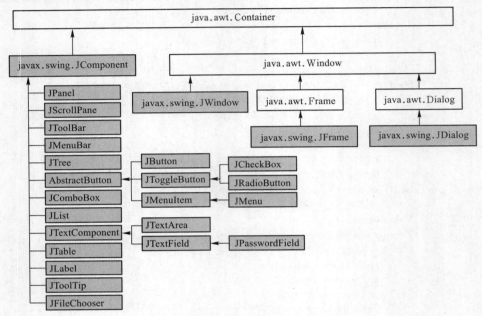

图 10-9 javax. swing 包下常用组件关系

Swing 中的常用组件按功能可以分为如下几类。

顶层容器：JFrame、JDialog、JWindow 等。

中间容器：JPanel、JScrollPane、JMenuBar、JToolBar 等。

基本组件：实现人机交互，如 JButton、JComboBox、JList、JMenu、JTree 等。

可编辑信息的显示组件：向用户显示能被编辑的格式化信息组件，如 JTextField、JTextArea、JPasswordField、JTable 等。

不可编辑信息的显示组件：如 JLabel、JToolTip 等。

特殊对话框组件：如 JFileChooser、JColorChooser 等。

Swing 的事件处理机制与 AWT 相同，只是 Swing 中又提供了更多的事件监听器。

10.4 综合实践——用户管理系统与常用 Swing 组件的应用

用户管理系统包括注册用户、编辑用户信息（修改用户信息、删除用户信息）、查询用户信息（按 email 查询、浏览所有用户）等功能。

10.4.1 主界面与 Swing 组件的应用

本系统的主界面设计如图 10-10 所示。

GUI 的应用大体分为 5 个步骤，主界面的构建过程如下。

图 10-10　用户管理系统主界面

1）选择容器：主界面含有菜单栏，所以选择 JFrame 作为容器。

2）选择布局管理器：使用 JFrame 的默认布局 BorderLayout。

3）向容器中添加组件：主界面由菜单栏 JMenuBar 和工具栏 JToolBar 组成，构建好菜单栏和工具栏之后添加至 JFrame。

4）添加事件：主界面中的事件包括菜单项的单击、热键和菜单项的快捷键，工具按钮的单击以及关闭窗口。

5）设置显示属性：设置 JFrame 的位置、大小及可见性。

1. JFrame

Swing 中简化了界面编程，JFrame 较 Frame 相比，如果用户希望通过单击窗口右上角的"关闭"按钮▣时退出程序，无须事件处理，直接调用 setDefaultCloseOperation() 方法即可。

该方法参数有以下 4 个选择。

JFrame. DO_NOTHING_ON_CLOSE：不执行任何操作。

JFrame. HIDE_ON_CLOSE：只隐藏窗口，相当于 setVisible（false）。

JFrame. DISPOSE_ON_CLOSE：隐藏窗口，并释放窗口及其组件占用的内存资源，相当于 dispose()，当最后的可显示窗口被释放后，则关闭程序。

JFrame. EXIT_ON_CLOSE：直接关闭应用程序，相当于 System. exit（0）。

默认情况下，该值被设置为 HIDE_ON_CLOSE，只隐藏窗口，不释放占用的内存。

JDialog 与 JFrame 相似，有 JDialog. DO_NOTHING_ON_CLOSE，JDialog. HIDE_ON_CLOSE，JDialog. DISPOSE_ON_CLOSE 三种关闭方式。

2. Swing 菜单

（1）JMenuBar、JMenu 和 JMenuItem

如图 10-11 所示是 Swing 菜单的示意图，菜单栏 JMenuBar 相当于是装载菜单的容器，JMenu 对应的是菜单，JMenuItem 是菜单中的菜单项。

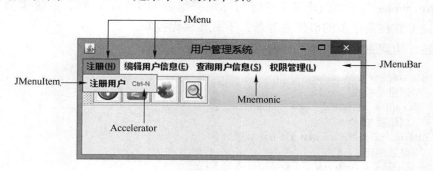

图 10-11　菜单示意图

JMenuItem 作为 AbstractButton 的子类，是一个特殊的按钮组件，其行为类似于 JButton，但比 JButton 的行为更丰富。

构建菜单的过程，就是用具有 JMenuItem 组件的 JMenu 组件来填充菜单栏 JMenuBar，然后将 JMenuBar 添加到 JFrame 或是其他需要菜单栏的用户界面组件上。

需要注意的是，添加 JMenuBar 的方法为 setJMenuBar（JMenuBar menuBar）（而不是 add()）。

（2）热键

每一个菜单组件 JMenu 和菜单项组件 JMenuItem 都可以设置热键属性 mnemonic。热键可以使用户通过键盘选择菜单和菜单项。例如，在 Windows 的记事本中，热键〈E〉出现在"编辑（E）"菜单中，按下〈Alt + E〉即可打开编辑菜单；热键〈P〉出现在其下的菜单项"粘贴（P）"中，打开"编辑"菜单后，直接按下〈P〉即可执行该菜单项的功能。

Java 中热键字符是通过 java. awt. event. KeyEvent 类中的不同常量来标识的。

例如，为"注册"菜单添加热键〈N〉的方法：

```
JMenu registeMenu = new JMenu("注册(N)");//创建菜单栏上的菜单
registeMenu. setMnemonic(KeyEvent. VK_N); //设置热键为"N"
```

菜单项的热键通常在菜单文本标签中加画线形式出现。但是，如果热键字符没有出现在文本标签中，用户将得不到提示。

如果是为 JMenuItem 添加热键，还可以在创建 JMenuItem 时通过构造方法传入，例如：

```
new JMenuItem("修改用户信息(M)",'M');
```

为菜单或菜单项设置了热键后，系统自动进行事件响应，不需要编程控制，系统会自动将热键关联至菜单或菜单项已注册的事件处理器。

（3）快捷键

JMenuItem 还可以设置快捷键属性 accelerator（加速器），快捷键一般与〈Ctrl〉键、〈Shift〉键、〈Alt〉键等组合，在不打开菜单的情况下，直接执行菜单项功能，如复制的快捷键是〈Ctrl + C〉。

例如，为菜单项"注册用户"设置快捷键〈Ctrl + N〉的代码如下：

```
JMenuItem jmiRegiste = new JMenuItem("注册用户");
jmiRegiste. setAccelerator(KeyStroke. getKeyStroke(KeyEvent. VK_N, ActionEvent. CTRL_MASK))
```

其中，KeyStroke 类可以创建基于按键与标识符组合的实例。同样，系统也会自动将快捷键的事件响应关联至菜单项的事件处理器，不需要编程控制。

综上所述，构建主界面菜单部分的代码大体如下：

```
private void createMenuBar() {
    //创建菜单栏
    JMenuBar   menuBar = new   JMenuBar();
    //创建菜单
    JMenu registeMenu = new JMenu("注册(N)");
    //设置热键
    registeMenu. setMnemonic(KeyEvent. VK_N);
    //创建、并向菜单添加菜单项
    registeMenu. add(jmiRegiste = new JMenuItem("注册用户"));
    //设置快捷键
    jmiRegiste. setAccelerator(KeyStroke. getKeyStroke(KeyEvent. VK_N, ActionEvent. CTRL_MASK));
    //将菜单添加到菜单栏
    menuBar. add(registeMenu);
    JMenu editmenu = new JMenu("编辑用户信息(E)");
```

```
            editmenu. setMnemonic( KeyEvent. VK_E);
            menuBar. add( editmenu);
            editmenu. add( jmiModify = new JMenuItem("修改用户信息(M)",'M'));
            editmenu. add( jmiRemove = new JMenuItem("删除用户信息(R)",'R'));
            …
            //将菜单栏添加至 JFrame,this 为当前窗口对象
            this. setJMenuBar( menuBar);
       }
```

3. Swing 工具栏

工具栏是显示图标按钮的控制条，单击工具栏按钮相当于选择菜单命令，是为了方便用户而设置的。

Swing 提供了 JToolBar 组件创建工具栏，将具有图标的按钮添加至 JToolBar 形成工具栏。

（1）Swing 中的按钮

Swing 中的所有按钮组件都继承自 AbstractButton 类，包括普通按钮 JButton、菜单项 JMenuItem、单选按钮 JRadioButton、复选框 JCheckBox 等。

Swing 的按钮除了使用文字外，还可以使用图标修饰，图标出现在文字的左侧。图标格式可以是 GIF、JPEG 或 PNG 文件，图标使用 ImageIcon 类封装。

如果当前类的包为 chap10. ums. gui，图标资源所在包为 chap10. ums. icon。为按钮（按钮都作为 GUI 类的属性存在）增加图标的常用写法：

```
            btnRegiste = new JButton("注册", new ImageIcon(this. getClass(). getResource("../ico/
add. gif")));
```

this. getClass()获取当前类的类路径（classPath），向下按照路径获取图标资源。

一般情况下，工具栏上的按钮都是没有文字的，当鼠标指向按钮时给出说明性的提示信息。Swing 组件使用 setToolTipText()方法设置按钮的提示性文字。例如：

```
            btnRegiste = new JButton("", new ImageIcon(this. getClass(). getResource("../ico/
add. gif")));
            btnRegiste. setToolTipText("注册用户");
```

（2）向工具栏添加按钮

Swing 使用 JButton add（Action a）方法向 JToolBar 添加工具按钮，并指派其动作。

【刨根问底】这个表面上看似简单的 add()方法将 Action 与 JButton 之间进行了关联，在后台完成了一系列的处理。

Action 是 ActionListener 的子接口，除包含 ActionListener 的 actionPerformed()方法外，还包含 name 和 icon 等属性，此处 name 用于指定按钮的文本，icon 用于指定按钮的图标。也就是说，Action 不仅被作为事件监听器，而且被转换为了按钮。

虽然 Action 本身不是按钮，但可以使用 Action 来创建按钮，JToolBar 会为该 Action 对象创建对应的组件。add()方法完成了以下工作：在工具栏上创建一个按钮；从参数 Action 对象获取相应的属性设置该按钮；将参数 Action 对象注册为按钮的事件监听器。

系统为该 Action 创建的所有组件注册同一个事件监听器，比如快捷键〈Ctrl + C〉、工具栏上的"复制"按钮、编辑菜单中的"复制"菜单命令，它们都对应着相同的功能。所以，可

以将事件处理封装在 Action 中，然后向它们传入相同的 Action 对象。

在简单的应用中，可以向 add() 方法直接传入一个 JButton 对象。例如：

```
JToolBar toolBar = new JToolBar();
btnRegiste = new JButton("", new ImageIcon(this.getClass().getResource("../ico/add.gif")));
toolBar.add(btnRegiste);
```

综上所述，构建主界面工具栏部分的代码如下：

```
private void createToolBar() {
    JToolBar toolBar = new JToolBar();  //创建工具栏
    //创建工具按钮
    btnRegiste = new JButton("", new ImageIcon(this.getClass().getResource("../ico/add.gif")));
    btnRegiste.setToolTipText("注册用户");
    btnEdit = new JButton("", new ImageIcon(this.getClass().getResource("../ico/modify.gif")));
    btnEdit.setToolTipText("修改用户信息");
    btnRemove = new JButton("", new ImageIcon(this.getClass().getResource("../ico/remove.gif")));
    btnRemove.setToolTipText("删除用户信息");
    btnSearch = new JButton("", new ImageIcon(this.getClass().getResource("../ico/search.gif")));
    btnSearch.setToolTipText("浏览所有用户");
    //添加至工具栏
    toolBar.add(btnRegiste);
    toolBar.add(btnEdit);
    toolBar.add(btnRemove);
    toolBar.add(btnSearch);
    //将工具栏添加至 JFrame,this 为当前窗口对象
    this.add("North", toolBar);
```

4. 事件处理

主界面中的事件包括菜单项的单击、热键和菜单项的快捷键，工具按钮的单击以及关闭窗口。

处理菜单项 JMenuItem 事件的方法有很多，最简单的方式还是使用 ActionListener 接口。因为 JMenuItem 是 AbstractButton 的子类，而 AbstractButton 允许使用 ActionListener 接口监听 ActionEvent 类事件。

热键、菜单项的快捷键的响应会自动关联，不需要处理。

工具按钮的单击事件也是使用 ActionListener 接口监听，因此菜单项和工具按钮可以使用相同的监听器。

例如，"注册用户"菜单项和"注册"工具按钮的事件处理如下，它们的功能是打开完成注册功能的对话框。

```
//菜单项的事件监听
jmiRegiste.addActionListener(new RegisteHandler());
//工具栏按钮的事件监听
btnRegiste.addActionListener(new RegisteHandler());
```

事件监听器由成员内部类实现：

```
private class RegisteHandler implements ActionListener{ //注册功能的事件监听器
    public void actionPerformed( ActionEvent events) {
        //创建并显示注册对话框
        new RegisterDialog( Menu. this, "注册用户", userDao). showMe( Menu. this) ;
    }
}
```

RegisteHandler 是主界面类 Menu 的内部类，在 RegisteHandler 中引用外部类对象的方法是 Menu. **this**，即将注册对话框的所有者传递给对话框对象。

JFrame 关闭窗口事件使用 setDefaultCloseOperation（JFrame. EXIT_ON_CLOSE）方法设置即可，关闭主界面时，退出应用程序。

10.4.2 注册界面与 Swing 组件的应用

1. 注册界面的构建

注册用户界面如图 10-12 所示。GUI 应用开发有 5 个步骤，具体如下。

（1）为注册界面选择容器

注册界面是在主界面的控制下打开的，附属于主界面，因此使用 JDialog 作为容器，主界面 Menu 是 Dialog 的所有者。

（2）选择布局管理器

使用 JDialog 的默认布局 BorderLayout，因为 Border-Layout 的每个区域只能添加一个组件，所以先将各行组件分别放在各自的 Panel 中，再将所有 Panel 放在一个总 Panel 中，最后将总 Panel 添加至 JDialog 的中心区。

（3）向容器中添加组件

图 10-12　注册用户界面

注册界面全部使用 Swing 组件构建。如图 10-12，注册界面中包含 JLabel、JTextField、JRadioButton、JCheckBox 和 JButton，这些组件都是注册界面类的属性。

其中，两个单选按钮 JRadioButton 应具有互斥性，将它们添加至 ButtonGroup 组件中进行管理。ButtonGroup 用于为一组按钮创建一个互斥作用域，使用相同的 ButtonGroup 对象创建的一组按钮，意味着"开启"其中一个按钮时，将关闭组中的其他所有按钮。

```
ButtonGroup sexRadioGroup = new    ButtonGroup() ;
JRadioButton male = new JRadioButton() ;   //单选按钮 -- 男
JRadioButton female = new JRadioButton() ;   //单选按钮 -- 女
sexRadioGroup. add( male) ;
sexRadioGroup. add( female) ;
```

setSelected()方法设置 ButtonGroup 内的某个组件为选中状态，如初始时设置性别"男"为选中状态：

```
male. setSelected( true) ;
```

（4）添加事件

注册界面中的事件处理包括"保存"和"退出"两个按钮。

"保存" 收集当前各组件的取值，将它们封装在用户对象中保存起来。

"退出" 调用 dispose() 方法释放组件占用的内存资源。

（5）设置 JDialog 的显示属性

因为注册 Dialog 附属于主界面，从美观的角度令其显示在主界面的中心位置，所以会通过计算得到对话框的初始位置。

注册界面的代码如下：

```
public class RegisterDialog extends JDialog{
    private JLabel labelEmail = new JLabel("email");
    private JTextField userEmail = new JTextField(20);
    private JLabel labelName = new JLabel("用户名");
    private JTextField userName = new JTextField(20);
    private JLabel labelSex = new JLabel("性别：");
    private JLabel labelMale = new JLabel("男");
    private JLabel labelFemale = new JLabel("女");
    private JRadioButton male = new JRadioButton();              //单选按钮--男
    private JRadioButton female = new JRadioButton();            //单选按钮--女
    private JLabel labelHobby = new JLabel("爱好：");
    private String[] strHobbies = {"体育运动","上网","看书","打游戏"};
    private JCheckBox hobbies[] = new JCheckBox[4];
    private JLabel labelHobbies[] = new JLabel[4];
    private JButton buttonSave = new JButton("保存");
    private JButton buttonModify = new JButton("修改");
    private JButton buttonExit = new JButton("退出");
    private int windowHeight = 280;   //窗口高度
    private int windowWidth = 400;    //窗口宽度
    public RegisterDialog(JFrame parent, String msg, UserDao userDao){//注册对话框
        super(parent,msg,true);
    }
    //设置布局
    private void init(){
        JPanel pEamil = new JPanel();                           //email
        pEamil.add(labelEmail);pEamil.add(userEmail);
        JPanel pName = new JPanel();                            //用户名
        pName.add(labelName);pName.add(userName);
        JPanel pSex = new JPanel();                             //性别
        ButtonGroup sexRadioGroup = new ButtonGroup();
        sexRadioGroup.add(male);sexRadioGroup.add(female);
        pSex.add(labelSex);pSex.add(labelMale);pSex.add(male);pSex.add(labelFemale);pSex.add
(female);
        male.setSelected(true);

        JPanel pHobby = new JPanel();                          //爱好
        pHobby.add(labelHobby);
        for(int i = 0; i < hobbies.length; i++){
            hobbies[i] = new JCheckBox();
            labelHobbies[i] = new JLabel();
            labelHobbies[i].setText(strHobbies[i]);
            pHobby.add(hobbies[i]);
            pHobby.add(labelHobbies[i]);
        }
        JPanel pButton = new JPanel();                   //按钮
        pButton.add(buttonSave);pButton.add(buttonExit);
```

```
                    JPanel panel = new JPanel();   //总面板
                    panel. add( pEamil);
                    panel. add( pName);
                    panel. add( pSex);
                    panel. add( pHobby);
                    panel. add( pButton);
                    this. add( panel);
                }
            public void showMe( JFrame parent) {
                    this. init();   //设置窗口布局
                    setPosition( parent);
                    this. validate();
                    setVisible( true);
                }
            private void setPosition( JFrame parent) {
                    //计算对话框的显示位置
                    int parentX = parent. getX();
                    int parentY = parent. getY();
                    int parentWidth = parent. getWidth();
                    int parentHeight = parent. getHeight();
                    int dialogX = parentX + ( parentWidth − windowWidth)/2;
                    int dialogY = parentY + ( parentHeight − windowHeight)/2 +40;
                    this. setBounds( dialogX, dialogY, windowWidth, windowHeight);
                }
        }
```

2. 保存功能的实现

（1）用户的封装

定义一个 User 类封装每个用户对象，包括 email、username、sex、hobbies 四个属性。

```
        public class User {
            private String email;
            private String userName;
            private String sex;
            private String hobbies;
            …
        }
```

（2）用户的数据访问接口 UserDao

设用户管理系统中的所有用户保存在一个 ArrayList 中，将系统中关于用户的操作封装在一个接口 UserDao 中。

```
        public interface UserDao {
            public void insert( User user);
            public User selectByEmail( String email);
            public List < User > selectAll();
            …
        }
```

定义 UserDao 的实现类 UmsDaoImplForList。

```java
public class UserDaoImplForList implements UserDao{
    private List < User > users;
    public UmsDaoImplForList() {
        users = new ArrayList < User > () ;
    }
    public void insert( User user) {
        users. add( user) ;
    }
    public List < User > selectAll() {
        return users;
    }
    public User selectByEmail( String email) {
        for( int i = 0; i < users. size() ; i ++ ) {
            User user = users. get( i) ;
            if( user. getEmail(). equals( email) ) {
                return user;
            }
        }
        return null;
    }
}
```

（3）从注册界面提取用户信息

1）"用户名"信息的提取。使用 getText()方法从文本框提取信息，注意用户名不能为空。

2）"性别"信息的提取。单选按钮的是否选中通过 isSelected()方法获取，返回值为 true 或 false，根据单选按钮的选中状态决定性别是"男"或"女"。

```java
String sex = male. isSelected() ? "男":"女";
```

3）"爱好"信息的提取。"爱好"信息由 4 项组成，将选中的各项拼成一个字符串存储在 User 对象中。复选按钮是否选中也是通过 isSelected()方法获取，将获取所有被选中复选框信息的过程封装为一个内部方法。

```java
private String getHobbiesInfo() {
    StringBuilder strHobbies = new StringBuilder() ;
    for( int i = 0; i < hobbies. length; i ++ ) {
        if( hobbies[ i]. isSelected() ) {   //选择了该爱好
            String hobbyText = labelHobbies[ i]. getText() ; //拼接复选框的标签文本
            strHobbies. append( "   " + hobbyText + "   ") ;
        }
    }
    return strHobbies. toString() ;
}
```

4）email 的处理。email 是每个用户的唯一标识，不允许为空，要符合 email 地址的规则，且不允许重复。

当 email 信息不符合要求时，使用 Swing 的 JOptionPane 对话框给出相应提示。

JOptionPane 有助于方便地弹出要求用户提供数据或向其发出通知的标准对话框。JOption-

232

Pane 类通常使用静态方法 showXxxDialog() 进行调用。

showConfirmDialog()：询问一个需要确认的问题，如 yes/no/cancel。

showInputDialog()：提示要求某些输入。

showMessageDialog()：告知用户某事已发生。

showOptionDialog()：上述 3 项的集成。

本应用中使用 showMessageDialog() 告知用户发生了哪些事情。

JOptionPane 对话框是有模式的，在用户交互完成之前，每个 showXxxDialog() 方法都一直阻塞调用者。

如果 email 不空、符合 email 规则，在将其添加至系统前，要先使用 UserDao 中的 select-ByEmail() 方法进行查重处理，只有未注册过的 email 用户才可以注册。

综上所述，"保存"按钮的事件监听器定义如下：

```
private class SaveHandler implements ActionListener{    //保存按钮的事件监听器
    public void actionPerformed( ActionEvent e) {
        String email = userEmail. getText() ;
        String name = userName. getText() ;
        String sex = male. isSelected() ? "男":"女";
        String hobby = getHobbiesInfo() ;
        //添加用户
        if( email. length() ==0 ) {
            JOptionPane. showMessageDialog( null, "请输入 email", "提示" ,JOptionPane. PLAIN_
MESSAGE ) ;
            userEmail. grabFocus() ;//光标置于 email 文本框内
        } else if( ! email. matches("[a-zA-Z0-9_+\\. -]+@([a-zA-Z0-9-]+\\.) +
[a-zA-Z0-9]{2,4}"))
        {
            JOptionPane. showMessageDialog ( null, " email 格式有误", " 提示 " , JOption-
Pane. PLAIN_MESSAGE ) ;
            userEmail. setText("") ;//重新填写 email
            userEmail. grabFocus() ;
        } else if( name. length() ==0) {
            JOptionPane. showMessageDialog( null, "请填写用户名", "提示" ,JOptionPane. PLAIN
_MESSAGE ) ;
            userName. grabFocus() ;//光标置于 userName 文本框内
        } else {
            if( userDao. selectByEmail( email)! = null) {    //邮箱已注册
                JOptionPane. showMessageDialog ( null, "该邮箱已存在", " 提示 " , JOption-
Pane. PLAIN_MESSAGE ) ;
                userEmail. setText("") ;//重新填写 email
                userEmail. grabFocus() ;
            } else {
                User user = new User( email, name, sex, hobby) ;   //封装用户
                userDao. insert( user) ;//存储用户
                clear() ;//清空组件
            }
        }
    }
}
```

清空组件是将组件还原为初始状态。

```
    private void clear() {
        userEmail. setText("");
        userName. setText("");
        male. setSelected(true);
        for(int i = 0; i < hobbies. length; i ++ ) {
            hobbies[i]. setSelected(false);
        }
    }
```

3. UserDao 的共享

在用户管理系统中有注册用户、修改用户、查询用户等功能，它们的底层数据结构都是存放用户的 ArrayList，因此系统必须在各项功能间共享这个 ArrayList，即共享 ArrayList 所在的 UserDao（其实现类为 UserDaoImplForList）。所以，在主界面创建 UserDao 对象，并在构造每项功能的 JDialog 窗口时，向它们传递这个对象。

例如，主界面和注册界面间传递 UserDao 对象的方式如下：

```
    public class Menu extends JFrame {
        private UserDao userDao;
        public Menu() {
            userDao = new UserDaoImplForList();    //初始化 userDao
            …
        }
        …
        private class RegisteHandler implements ActionListener {  //注册监听器
            public void actionPerformed(ActionEvent events) {
                //通过构造方法向注册对话框传递 userDao
                new RegisterDialog(Menu. this, "注册用户", userDao);
            }
        }
    }
    public class RegisterDialog extends JDialog {//注册对话框
        private UserDao userDao;
        …
        public RegisterDialog(JFrame parent, String msg, UserDao userDao) {
            super(parent, msg, true);
            this. userDao = userDao;    //接收 UserDao
            …
        }
        …
    }
```

10. 4. 3   浏览用户界面与 JTable 组件的应用

表格是 GUI 程序中的常用组件，是由多行、多列组成的二维区域。Swing 的 JTable 以及相关类提供了对表格的支持。

用户管理系统中浏览用户使用表格形式，如图 10-13 所示。

1. TableModel

Swing 组件采用 MVC（Model – View – Controller，模型 – 视图 – 控制器）设计模式，其中模型用于维护组件的各种状态，视图是组件的可视化表现，控制器用于控制对各种事件组件做出的响应。

当模型发生变化时，它会通知所有依赖它的视图，视图会根据模型数据来更新自己。

图 10-13　查看用户的列表界面

对于简单的 Swing 组件通常无须关心它对应的 Model 对象，但一些高级的 Swing 组件，如 JTable 等需要维护复杂的数据，这些数据就由该组件对应的 Model 来维护。通过创建 Model 类及其子类或实现适当的接口，可以为组件建立自己的模型，然后用 setModel( ) 方法把模型与组件关联起来。

使用 JTable 创建表格对象，可以利用 Swing 的 AbstractTableModel 抽象类，该抽象类已经实现了 TableModel 接口里的大部分方法，程序只需提供该抽象类的如下 3 个抽象方法。

int getColumnCount( )：返回表格数据的列数。

int getRowCount( )：返回表格数据的行数。

Object getValueAt（**int** row，**int** col）：返回 row 行 col 列的表格数据。

重写这 3 个方法可以告诉 JTable 组件表格的基本信息。

如果想告诉 JTable 表格的列标题信息，还要重写 String getColumnName（**int** col）方法，它返回指定列的列名字符串。

对于本系统中的用户信息的 TableModel 设计如下：

```
public class UserTableModel extends AbstractTableModel{
    private List < User > users;
    public UserTableModel ( List users) {
        this. users = users;
    }
    public int getColumnCount() {
        return 5;
    }
    public int getRowCount() {
        return users. size();
    }
    public Object getValueAt( int row, int col) {    //按指定的行、列取出数据
        User user = ( User)users. get( row);
        switch( col) {
            case 0: return row + 1 + "";    //序号
            case 1: return user. getEmail();   //email
            case 2: return user. getUserName(); //用户名
            case 3: return user. getSex();    //性别
            case 4: return user. getHobbies(); //爱好
        }
        return null;
    }
    public String getColumnName( int col) {//指定列名
        switch( col) {
            case 0: return "序号";
```

235

```
                    case 1： return "email";
                    case 2： return "用户名";
                    case 3： return "性别";
                    case 4： return "爱好";
            }
        return null;
    }
}
```

2. JTable

JTable 可以把一个二维形式的数据包装成一个表格，这个二维数据既可以是二维数组，也可以是集合元素。

（1）列宽的设置

JTable 默认按窗口平均分配列宽，如果要精确控制每一列的宽度，需通过 TableColumn 对象实现。TableColumn 表示 JTable 中的每一列，JTable 中每列的属性（如最佳宽度、是否可调整宽度、最小、最大宽度等）都保存在 TableColumn 对象中。TableColumn 提供如下方法。

setPreferredWidth()：设置该列的最佳宽度。

setResizeable（boolean isResizable）：设置是否可以调整该列的宽度。

setMinWidth()：设置该列的最小宽度。

setMaxWidth()：设置该列的最大宽度。

JTable 中的 TableColumn getColumn（Object identifier）方法，按照列标题的名称获取指定列的 TableColumn 对象。

（2）列宽的调整方式

除此之外，拖动两列分界线调整某列列宽时，默认该列后的所有列的列宽都会发生改变，该列前的所有列宽不发生变化，整个表格宽度不发生变化。

通过 setAutoResizeMode()方法可以设置列宽调整方式，该方法可以接收如下几个常量。

JTable. AUTO_RESIZE_SUBSEQUENT_COLUMNS：默认方式。

JTable. AUTO_RESIZE_OFF：关闭 JTable 的自动调整功能。调整某列时，其他列宽度不变，只改变表格总宽度。

JTable. AUTO_RESIZE_NEXT_COLUMN：只调整下一列的宽度。

JTable. AUTO_RESIZE_LAST_COLUMN：只调整最后一列的宽度。

JTable. AUTO_RESIZE_ALL_COLUMNS：平均调整表格中所有列的宽度，表格总宽度不变。

（3）JTable 的容器

JTable 对象通常放在 JScrollPane 容器中显示，使用 JScrollPane 包装 JTable 不仅可以为 JTable 增加滚动条，而且可以让 JTable 的列标题显示出来，如果不把 JTable 放在 JScrollPane 中显示，JTable 默认不显示列标题。

浏览用户信息的 JTable 表格使用 setPreferredWidth()方法设置各列的最佳宽度，并关闭 JTable 的自动调整功能。代码如下：

```
public class ShowDataTableDialog extends JDialog{
    private int windowHeight = 300;    //窗口高度
    private int windowWidth = 450;     //窗口宽度
```

```
            private JTable table;
            public ShowDataTableDialog(JFrame parent, String msg, List < User > users) {
                super(parent, "用户列表", true);
                table    = new JTable();
                //创建 TableModel
                UserTableModel model = new UserTableModel(users);
                //为 JTable 设置 TableModel
                table.setModel(model);
            }
            public void showMe(JFrame parent) {
                //设置列宽
                table.getColumn("序号").setPreferredWidth(30);
                table.getColumn("email").setPreferredWidth(100);
                table.getColumn("用户名").setPreferredWidth(60);
                table.getColumn("性别").setPreferredWidth(60);
                table.getColumn("爱好").setPreferredWidth(200);
                //关闭 JTable 的自动调整功能
                table.setAutoResizeMode(JTable.AUTO_RESIZE_OFF);
                //将 JTable 加入滚动条面板
                JScrollPane pane = new JScrollPane(table);
                //将滚动条加入窗口
                this.add(pane);
                //计算对话框的显示位置
                setPosition(parent);
                setVisible(true);
                validate();
                setDefaultCloseOperation(JDialog.DISPOSE_ON_CLOSE);
            }
        }
```

3. 浏览用户的事件处理

单击工具栏上的"查询"按钮激活浏览功能。

```
    btnSearch.addActionListener(new SearchAllHandler());
```

事件处理器如下:

```
    private class SearchAllHandler implements ActionListener {    //查询所有用户
        public void actionPerformed(ActionEvent e) {
            List < User > users = userDao.selectAll();
            if(users.size()! =0) {
                //浏览所有用户
                new ShowDataTableDialog(Menu.this, "查询结果", users).showMe(Menu.this);
            } else {
                JOptionPane.showMessageDialog( null, "没有用户的信息", "提示", JOption-
Pane.PLAIN_MESSAGE );
            }
        }
    }
```

【健身操】请大家按照如上所述整理用户管理系统中的主界面、注册、浏览部分的代码。

10.5 习题

根据 API 文档中 java. awt. event 包和 java. swing. event 包，找到相关事件及事件监听器，完成如下题目。

1）输入 email 和用户名，当焦点离开 email 和用户名时对它们进行校验。Email 要求符合规则，用户名要求是字母、数字和下画线组成的 6~8 个字符。（知识点：focus 焦点事件）

2）在窗口中放置两个下拉列表框，一个代表"省份"，一个代表"城市"。当选择"省份"发生变化时，更新"城市"下拉列表框中的条目；当"城市"发生变化时，将省份及城市名称填写到文本框中，如图 10-14 所示。（知识点：item事件）

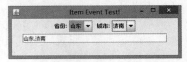

图 10-14 运行示意图

可使用如下数据进行测试：

```
String[] pro = {"河北","山东","江苏","浙江","湖北","山西"};
String[][] cities = {
    {"石家庄","保定","邯郸","唐山","张家口","邢台"},
    {"济南","青岛","烟台","淄博","泰安"},
    {"南京","苏州","扬州","镇江","徐州"},
    {"杭州","嘉兴","绍兴","宁波"},
    {"武汉","襄樊","宜昌","黄石","荆州"},
    {"太原","大同","运城","阳泉","长治"}
};
```

3）在窗口中放置一个"保存"按钮和一个 JTextArea 区域，当文本框中的内容发生变化时，令"保存"按钮有效；完成保存后"保存"按钮失效，如图 10-15 所示。（知识点：document 事件）

提示：JTextArea 所在的文档区 Document 对象需使用 getDocument()方法获取，之后才能对 Document 对象进行事件处理。

4）在窗口的北部放置一个按钮，单击按钮时利用 JColorChooser 组件打开颜色对话框，将选中的颜色作为窗口文档区的背景色，如图 10-16 所示。

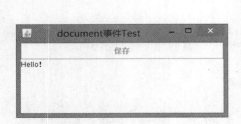

图 10-15 运行示意图

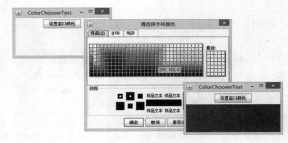

图 10-16 运行示意图

10.6 实验指导

1. 实验目的

1）掌握 GUI 的构建及 Swing 组件的使用。

2）掌握事件处理的方法。

2. 实验题目

【题目1】使用 Swing 组件改写计算器程序，并完成如下功能。

1） + – ＊/算术运算。

2） 按钮 "←" 每次删除文本框中的一个字符。

3） 按钮 "C" 清除文本框中的所有内容。

4） 按钮 "√" 计算操作数的平方根（负数不能开方）。

5） 按钮 "±" 为操作数的取负运算。

6） 对连续出现多个小数点的情况进行容错。

7） 以 "0" 开头的数字不显示数字 0。

8） 区分整数和实数运算。

提示：Swing 中的 JTextField 可以使用 setHorizontalAlignment()方法设置文本的水平对齐方式。具体方式包括：JTextField. RIGHT（右对齐），JTextField. LEFT（左对齐），JTextField. CENTER（居中），JTextField. LEADING（前端对齐）和 JTextField. TRAILING（尾部对齐）。

【题目2】完成用户管理系统的修改、删除、按 email 查询功能。

1. 修改用户信息

首先在对话框中输入要修改用户的 email，如果用户存在，则在"修改注册信息"对话框中显示该用户的已有信息，除 email 外均可以修改，单击"修改"按钮后将新数据更新到 List 中。如图 10-17 ~ 图 10-19 所示。

图 10-17　输入修改条件对话框

图 10-18　修改用户信息对话框

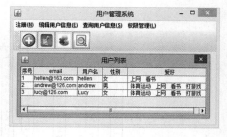

图 10-19　修改结果

2. 删除用户信息

在"删除用户信息"对话框中输入要删除用户的 email，如果用户存在，则从 List 中删除该用户，否则给出相应提示。如图 10-20 所示。

3. 按 email 信息查询

在"按 email 查询"对话框中输入要查询用户的 email，如果用户存在，则显示在表格中，否则给出相应提示。如图 10-21 所示。

图 10-20　删除用户信息对话框

图 10-21　按 email 查询用户信息对话框

10.7 本章思维导图

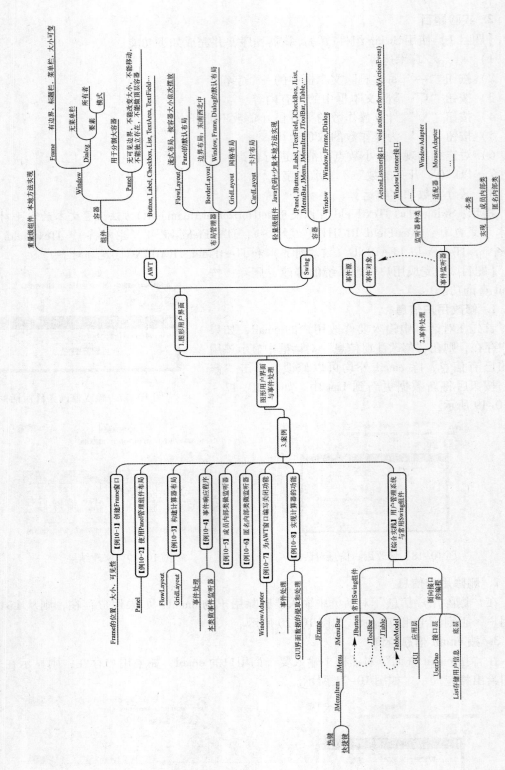

第 11 章　多　线　程

QQ 是一款即时通信工具，它支持在线聊天，还支持传送文件、收发邮件等。如果是一个单线程的运行环境，这些操作是逐个执行的，下一个操作只能在前一个操作完成后才能发生。如，一个人正在与另一个人聊天，那么他就无法同时再与其他人聊天；再比如，两个人在聊天过程中传送一个大文件需要花费几分钟的时间，那么只能几分钟之后再说下一句话…但事实上，QQ 并不是这样工作的。

很多应用程序工作在多线程环境下，发送和接收文件发生在后台（也就是另一个线程中），当有新的对话要发生时，会开启另一个线程，这样，所有的处理看起来就像是同时进行，用户始终与应用程序的各部分进行着交互。

单线程的程序只有一个顺序执行流，多线程的程序则包含多个顺序执行流，多个执行流彼此之间互不干扰。Java 语言提供了优秀的多线程支持，可以很方便地编写多线程程序。

11.1　线程的概念

先从操作系统的进程说起。几乎所有的操作系统都支持多任务，即在同一个时刻运行多个程序的能力。例如，我们可以一边编写文档一边听歌、杀毒软件忙碌着查杀…，这就是操作提供的多任务工作方式。

这些程序看起来像是同时工作，但对于一个 CPU 而言，操作系统在某个时间点只能执行一个程序，它将 CPU 的时间片轮流分配给每一个程序，给用户以并发处理的感觉，因为 CPU 轮转的速度通常以毫秒或微秒为单位，用户感觉不到这种切换。

操作系统中运行的每一个任务对应一个进程（Progress），当一个程序进入内存运行时，即变成一个进程。进程是操作系统进行资源分配和调度的一个独立单位。

多线程扩展了进程的概念，使得同一个进程可以同时并发处理多个任务。线程（Thread）是进程的执行单元，线程在进程中是独立的、并发的执行流。当进程被初始化后，主线程就被创建了，该线程从程序入口 main() 方法开始运行。进程内可以创建多个线程，每个线程互相独立。

进程和线程的关系如图 11-1 所示。

每个线程拥有自己独立的数据区：程序计数器、栈内存等，创建新线程时这些数据区会一并创建。程序计数器用于记录每个线程执行到的指令位置；栈内存区保存线程中每个被调用方法的相关性（如局部变量、操作数等）。线程不独立拥有进程资源（进程的堆内存区、方法区等），每个线程与父进程的其他线程共享该进程资源。

因为多个线程共享父进程资源，因此编程会更加方便，但同时也必须更加小心，管理好这些"共享"资源的使用。

操作系统可以同时执行多个任务，每个任务就是进程；

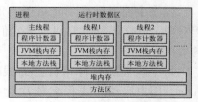

图 11-1　进程与线程关系示意图

进程中可以同时执行多个任务，这些子任务就是线程。线程与进程相比，会具有以下优势：

1）系统创建进程时需要为其分配独立的内存单元及分配大量的相关资源，相比而言，线程的创建简单得多，因此多线程的多任务并发比多进程的效率要高。

2）进程之间不能共享内存，线程之间共享内存则非常容易。

3）Java 语言提供了多线程的支持，不需本地操作系统的直接参与，简化了多线程编程。

【说明】 并发（Concurrency）和并行（Parallel）。

并行指在同一个时刻，有多条指令在多个 CPU 上同时执行，只有在多处理器的系统中才存在并行；而并发指的是同一个时刻只能有一条指令执行，多个进程指令被迅速地轮换，从而到达多个进程同时执行的效果。

11.2 线程的创建和执行

Java 中的线程是作为 java. lang. Thread 实例出现的。Thread 类中定义了管理线程的方法，包括创建、启动、暂停线程等，常用方法如下。

void run()：该方法需要被重写，代表了线程的执行体。

void start()：启动调用该方法的线程（由 JVM 调用该线程的 run()方法）。

static Thread currentThread()：静态方法，返回当前正在运行的线程对象的引用。

final StringgetName()：获取线程的名称。

static void sleep（long millis）throws InterruptedException：在指定的毫秒数内让当前正在运行的线程休眠。

static void yield()：暂停当前正在运行的线程，让出 CPU 资源。

final intgetPriority()：获取线程的优先级。

final void join() throws InterruptedException：令当前线程"加入到"调用 join()方法的线程的尾部。

这些方法将在后续各节中详细介绍。

创建线程有两种方式：继承 Thread 类和实现 Runnable 接口。

11.2.1 继承 Thread 类创建线程

通过继承 Thread 类创建并执行线程的步骤如下：

1）定义 Thread 的子类，并重写该类的 run()方法。run()方法的方法体代表了线程需要完成的任务。

2）创建线程对象。

3）线程对象调用 start()方法启动该线程。

【例 11-1】 通过 Thread 类创建线程。

程序中通过继承 Thread 类自定义了一个线程类。在测试类的 main()方法中创建两个该线程对象，并在不同的时机启动它们，演示 3 个线程（1 个主线程 +2 个自定义线程）并发运行的效果。

每个线程都只打印自己的线程名称和循环变量的取值。默认情况下，主线程的名字为 main，用户启动的线程名依次为 Thread - 0，Thread - 1，Thread - 2…。自定义线程继承自 Thread 类，所以可以直接使用 getName()方法获取线程名称。测试类中的主线程可以通过

Thread 中的静态方法 currentThread()，先获取当前线程对象再获取线程的名字。

为了体现多线程运行的效果，程序中通过空循环增加延时，使线程有机会被换下。否则因为 CPU 的速度过快，线程在给定的 CPU 时间片内完成全部工作，将看不到并发的效果。

代码如下：

```
public class FirstThread extends Thread{
    public void run(){                    //重写 run 方法
        for(int i=0; i<5; i++){
            System.out.println(this.getName()+":"+(char)(i+'A'));    //输出线程名
            for(int j=0; j<400000000; j++);   //增加延时
        }
    }
}
public class Test{
    public static void main(String[]args){
        //创建两个线程对象
        Thread t1 = new FirstThread();
        Thread t2 = new FirstThread();
        for(int i=0; i<10; i++){
            System.out.println(Thread.currentThread().getName()+":"+i);
            for(int j=0; j<500000000; j++);
            //在不同的时机启动两个线程
            if(i==1) t1.start();
            if(i==2) t2.start();
        }
    }
}
```

当运行 Test 类时，JVM 首先创建并启动主线程，主线程从 main() 方法开始运行。

主线程创建两个线程对象 t1 和 t2，在 i 为 1 时启动 t1 线程，在 i 为 2 时启动 t2 线程。

3 个线程竞争 CPU 的时间片，轮流执行。各个线程具有独立的内存空间，虽然 t1 和 t2 都是 FirstThread 的对象，但是它们使用各自 run() 方法中的局部变量。

多线程程序的运行具有"不确定性"，因为线程何时执行不是用户能控制的，在每个线程内，事情都是以可预测的顺序发生的。但是，不同的线程的操作会按不可预测的方式混杂在一起。如果多次运行程序，或者在多台计算机上运行程序，可能得到不同的输出结果。

所以，图 11-2 所示仅仅是这个程序运行时的一种情况。

从图 11-2 中可以看到 3 个线程交替执行的过程。虽然在主线程 i=1 时启动了 t1 线程，但是它并没有立刻被执行。对于单线程的程序，如果 main() 方法结束，则程序结束；而多线程程序只有当所有的线程都结束时程序才结束。

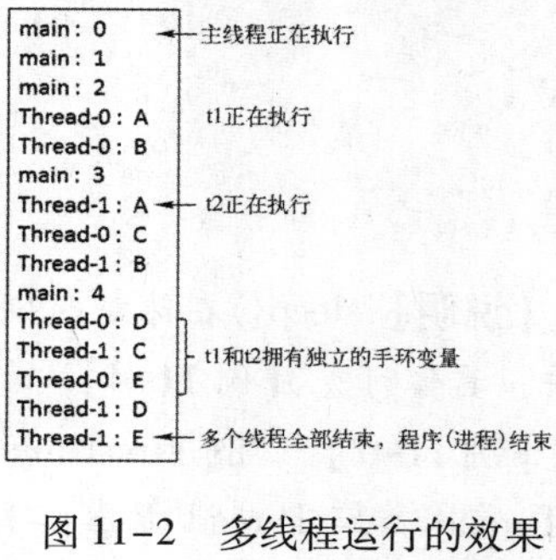

```
main: 0         ← 主线程正在执行
main: 1
main: 2
Thread-0: A     ← t1正在执行
Thread-0: B
main: 3
Thread-1: A     ← t2正在执行
Thread-0: C
Thread-0: B
main: 4
Thread-0: D
Thread-0: C     ← t1和t2拥有独立的手环变量
Thread-0: E
Thread-0: D
Thread-0: E
Thread-1: E     ← 多个线程全部结束，程序(进程)结束
```

图 11-2　多线程运行的效果

11.2.2　实现 Runnable 接口创建线程

另一种创建线程的方式是实现 java.lang.Runnable 接口。Runnable 接口只有一个 run() 方法。

因为 Runnable 接口和 Thread 类之间没有继承关系，所以不能直接赋值。为了使 run() 方法中的代码在单独的线程中运行，仍需要一个 Thread 实例，实现对 Runnable 对象的包装。这样，线程相当于由两部分代码组成：Thread 提供线程的支持；Runnable 实现类提供线程执行体，即线程任务部分的代码。

Thread（Runnable thread）构造方法用于包装 Runnable 实现类对象，并创建线程。

【例 11-2】通过 Runnable 接口创建线程。

本例中改用 Thread 类中的静态方法 sleep()让线程休眠指定的时间，起到延时的作用。sleep()方法会抛出已检查异常 InterruptedException，需要被捕获。

```java
public class SecondThread implements Runnable{
    public void run(){
        for(int i=0; i<5; i++){
            //利用静态方法 currentThread()获取线程对象
            System.out.println(Thread.currentThread().getName()
                          +" : "+(char)(i+'A'));
            try {
                Thread.sleep(700);          //休眠 700 ms
            } catch (InterruptedException e) {
                e.printStackTrace();
            }
        }
    }
}

public class Test {
    public static void main(String[] args) {
        Runnable target = new SecondThread();
        Thread t1 = new Thread(target);        //将 Runnable 对象传入 Thread
        Thread t2 = new Thread(target);
        for(int i=0; i<5; i++){
            System.out.println(Thread.currentThread().getName() +" :   "+i);
            try {
                Thread.sleep(500);          //休眠 500 ms
            } catch (InterruptedException e) {
                e.printStackTrace();
            }
            if(i==1) t1.start();
            if(i==2) t2.start();
        }
    }
}
```

【说明】sleep()在休眠时间内如何被打断呢？比如说线程在休眠时间内被执行了 interrupt()方法，具体可见【例 11-4】。

【例 11-1】中的 FirstThread 类继承自 Thread，所以可以直接调用 getName()方法；而 SecondThread 类与 Thread 无直接关系，所以获取当前线程对象仍需要使用 Thread 的静态方法 currentThread()。

继承 Thread 类创建的线程在运行时调用的是自己的 run()方法，实现 Runnable 接口创建的线程在运行时调用的是 Runnable 中的 run()方法。

两种创建线程的方式相比，实现了 Runnable 接口后还可以继承其他类；但如果是继承

Thread 类则不能再有其他父类。

传递给 Thread 类构造方法的 Runnable 对象也被称为目标（target）。可以将一个 Runnable 实例传递给多个 Thread 对象，这样同一个 Runnable 对象就成为多个线程的共享目标，适合多个相同线程处理同一份资源的情况，实际应用中建议使用实现 Runnable 接口的方式创建线程。

关于线程共享资源需要有一些技术上的处理，将在 11.5 节详细介绍。

11.3　线程的状态与生命周期

线程由新建、就绪、运行、阻塞、死亡这些状态构成了它的生命周期，呈现了其工作的过程。

11.3.1　新建和就绪状态

无论哪种实现线程的方式，创建 Thread 实例后，只是知道了要调用哪个 run() 方法，这个 Thread 对象与其他的 Java 对象没有区别，这个状态称为"新建"（new）。

为了得到实际的线程，为线程创建属于它的内存资源，需要使用 start() 方法启动线程，这样，线程进入"就绪"状态（runnable）。

runnable 状态的线程等待执行，即等待被分配 CPU 时间片，线程并未真正进入运行状态。如图 11-2 所示，主线程在 i = 1 时调用了 t1 线程的 start() 方法，启动 t1 线程，但是 t1 并没有立即执行，而是等到主线程输出了 2（i = 2）之后 t1 才开始执行。

【刨根问底】run() 方法和 start() 方法的区别。

对于 Java 而言，Thread 或 Runnable 中的 run() 方法没有任何特别之处。与 main() 一样，它只不过是线程要调用的方法的名称而已。因此，虽然直接调用 run() 方法是完全合法的，但这是在当前线程中执行 run() 方法，并没有开辟新的线程，所以仍然是单线程程序。如图 11-3 所示。

启动新的线程必须调用 start() 方法，将线程交付给线程调度器管理。start() 方法最基本的功能是申请新的线程空间来执行 run() 方法中的代码，在独立的线程空间运行，如图 11-4 所示。

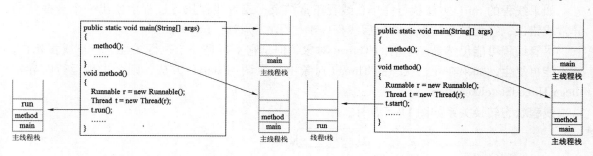

图 11-3　run() 方法与线程栈　　　　　图 11-4　start() 方法与线程栈

总之，调用线程对象的 run() 方法不会产生一个新的线程，虽然可以得到相同的执行结果，但执行过程和执行效率截然不同。

11.3.2　运行状态

如果处于就绪状态的线程获得了 CPU 时间片，就开始执行 run() 方法中的线程执行体，线程进入"运行"状态（running）。

从操作系统的角度，现代的桌面和服务器操作系统大都采用抢占式的调度策略，即系统给每个可执行的线程一个时间片来处理任务，时间片用完后线程被换下。选择下一个线程时，系统会考虑线程的优先级。

所以，对于一个线程而言，除非它的线程执行体特别短，在一个 CPU 时间片内就可以执行完毕，否则在运行过程中它将会被中断，以使其他的线程获得执行的机会。线程因失去时间片而中断时返回 runnable 状态。

另外，running 状态的线程可以调用 yield() 方法主动放弃执行，从 running 转入 runnable。

11.3.3 阻塞状态

"阻塞"状态（blocked）实际上是 3 种状态的组合体，即睡眠、资源阻塞、等待。这 3 种状态有一个共同点：线程依然是活的，但当前缺少运行它的条件，即当前是不可运行的，如果发生某个特定的事件，它将返回 runnable 状态。线程在运行状态时，遇到如下状况将会进入各种阻塞状态。

睡眠：线程调用 sleep() 方法睡眠一段时间。

资源阻塞：线程在等待一种资源，例如线程调用了阻塞式的 I/O 方法（等待输入流等），在该方法返回之前该线程被阻止；线程试图获得一个同步锁，但同步锁正被其他线程持有（11.5 节详述）。

等待：线程调用 wait() 方法后等候其他线程的唤醒通知（11.6 节详述）。

当前正在执行的线程被阻塞之后，其他线程就可以获得执行的机会。被阻塞线程的阻塞解除后返回 runnable 状态，必须重新等待线程再次被调度。

对应上面的阻塞情况，如下特定情况发生后阻塞被解除：sleep() 方法的睡眠时间到；线程调用的阻塞式 I/O 方法已返回，线程成功地获取了同步锁；等待唤醒的线程收到其他线程发出的 notify 通知。

11.3.4 死亡状态

如果线程的 run() 方法执行完毕，线程正常结束；或者线程执行过程中抛出一个未捕获的异常或错误，线程异常结束。结束后线程处于"死亡"状态（dead）。

尽管线程可能仍然是一个活的 Thread 对象，但是它不再是一个执行线程。一旦线程死亡，就不能再复生，如果在死亡状态的 Thread 对象上再次调用 start() 方法，则会出现运行时异常 IllegalThreadStateException。

线程状态转换关系如图 11-5 所示。

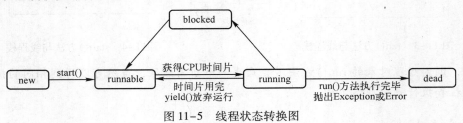

图 11-5　线程状态转换图

11.4　线程优先级与线程调度策略

线程调度器是 JVM 的一部分，JVM 通常将 Java 线程直接映射为本地操作系统上的本机线程。处于 runnable 状态的线程被放在可运行池中，它们都有资格被调度。线程调度器决定在某个时刻应该运行哪个线程。决定实际运行哪个线程是线程调度器的职权，用户无法控制线程调度器，不能要求、指定某个线程被运行。

在大多数 JVM 中，线程调度器使用基于优先级的抢先式调度机制。以如下方式使用线程的优先级：如果线程进入了 runnable 状态，而且它比可运行池中的任何线程以及当前运行的线程具有更高的优先级，则具有最高优先级的线程将被选择运行，较低优先级的运行中线程撤回到 runnable 状态；当运行池内线程具有相同的优先级，或者当前运行线程与运行池内线程具有相同优先级时，线程调度器将随意选择它"喜欢"的线程。

所以，在设计多线程应用程序时不能依赖线程的优先级。线程调度优先级操作是没有保证的，只能将线程优先级作为一种提高程序效率的方法。

下面的几个方法会影响线程调度器（注意，影响≠控制）。

（1）final void setPriority（int newPriority）

设置线程的优先级。Java 的优先级可以是 1 ~ 10，默认是 5，数值越大优先级越高。

然而，不同的平台对优先级的支持是不同的，且各平台并不都能识别 10 个优先级，所以为了更好地实现跨平台特性，通常是使用 Thread 类的以下 3 个静态常量设定线程的优先级。

Thread. MIN_PRIORITY（1）

Thread. NORM_PRIORITY（5）

Thread. MAX_PRIORITY（10）

（2）static void yield()

静态方法 Thread. yield() 使当前 running 状态的线程放弃 CPU 时间片而回到 runnable 状态，以便使其他线程得到运行的机会。尽管如此，回到 runnable 状态的这个线程仍与运行池中的其他线程具有相同的被选择的机会，所以还是有可能又一次被选中执行。也就是说，不能太相信 yield() 方法，它实际是无法保证一定将资源让给其他线程的。

（3）final void join() throws InterruptedException

join() 方法令当前线程"加入到"调用 join() 方法的线程的尾部。

join() 方法在这种情况下使用：如果线程 A 在线程 B 完成工作之前不能进行其工作，则可以让线程 A "加入到"线程 B，这意味着在线程 B 进入 dead 状态前，线程 A 不会变为 runnable 状态。

【例 11-3】join() 对线程调度的影响。

设主线程和自定义线程 B 分别输出 0 ~ 4 数字，主线程循环变量取值为 2 时，令主线程加入到自定义线程 B 中。代码如下：

```java
public class RunnableThread implements Runnable{
    public void run(){
        for(int i = 0; i < 5; i ++){
            System. out. println("B     is Running... B - " + i);
            try {
                Thread. sleep(500);        //休眠 500 ms
            } catch (InterruptedException e) {
                e. printStackTrace();
            }
        }
    }
}
```

```
}
public class ThreadJoinTest {
    public static void main( String[] args) {
        Thread B = new Thread( new RunnableThread());
        B. start();
        for( int i = 0; i < 5; i ++) {
            System. out. println( "main is running... main -" + i);
            try {
                if( i == 2) B. join();        //主线程加入到 B 线程的末尾
                Thread. sleep( 300);        //休眠 300 ms
            } catch ( InterruptedException e) {
                e. printStackTrace();
            }
        }
    }
}
```

此时将能看到之前的线程交替改变为自定义线程 B 的率先执行，其全部执行完毕后，主线程才又开始工作，如图 11-6 所示。

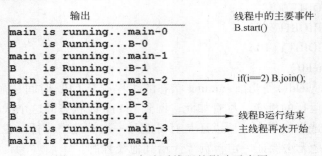

图 11-6　join() 方法对线程的影响示意图

join() 方法可以带有时间参数，例如 B. join（1000），表示在线程 B 结束之前主线程请等待，但如果等待时间超过了 1000 ms，则无论如何主线程都会停止等待，进入 runnable 状态。如果任何线程中断了当前线程，join() 方法会收到 InterruptedException 异常，需要被捕获。

（4）static void sleep（long millis）throws InterruptedException

静态方法 Thread. sleep() 强制线程进入睡眠状态以"减慢"线程，当线程睡眠时，会"流浪"在某个地方，醒来之后返回 runnable 状态。

尽管睡眠时间不能完全左右线程调度器的调度，但是 sleep() 仍然是帮助所有的线程都有机会运行的最佳方法，至少可以保证当一个线程进入 running 状态后，不会一直运行到完。

需要注意的是，sleep() 的时间到期后线程醒来是回到 runnable 状态，而不是 running 状态，所以 sleep 指定的时间是线程不会运行的最短时间，而不是线程不会运行的实际时间。而且，sleep() 是 Thread 类的静态方法，它只能指定当前线程进入睡眠，而不能控制其他线程的睡眠。

【注意】假设 t 是一个 Thread 对象，尽管可以使用"t. sleep()"的形式调用 sleep() 方法，但这只能证明你不够专业，而且在用这样的代码混淆视听，降低它的可读性。无论是哪个 Thread 对象调用 sleep() 方法，实际上都是当前线程进入睡眠状态。

对于静态方法，强烈建议使用"类名. 方法()"的形式进行调用。

sleep() 方法可能抛出 InterruptedException 异常，这个异常发生在睡眠线程因其他线程使用

interrupt()方法提前被打断的情况下。

【例 11-4】打断线程的睡眠。

在主线程中利用 interrupt()方法打断自定义线程睡眠的代码如下：

```java
public class MyThread  implements Runnable {
    public void run() {
        try {
            System.out.println(Thread.currentThread().getName() + "开始运行...");
            Thread.sleep(5000);
            System.out.println(Thread.currentThread().getName() + "睡眠时间到...");
        } catch (InterruptedException e) {
            System.out.println(Thread.currentThread().getName() + "被打断...");
        }
        System.out.println(Thread.currentThread().getName() + "结束...");
    }
}

public class SleepInterruptTest {
    public static void main(String[] args) {
        System.out.println(Thread.currentThread().getName() + "开始运行...");
        Thread t = new Thread(new MyThread());
        t.start();
        try {
            Thread.sleep(3000);
        } catch (InterruptedException e) {
            System.out.println(Thread.currentThread().getName() + "被打断...");
        }
        t.interrupt();//打断 t 线程
        System.out.println(Thread.currentThread().getName() + "结束...");
    }
}
```

程序的执行过程如表 11-1 所示。从表中可以看到：在主线程中，t.interrupt()语句向线程 t 发送了一个中断指令，如果线程 t 仍然在睡眠状态，则会捕获到 InterruptedException 异常，线程 t 结束睡眠进入 runnable 状态等待再次被调度。

比如说，可能出现这样的运行结果：

```
main 开始运行...
Thread-0 开始运行...
main 结束...
Thread-0 被打断...
Thread-0 结束...
```

表 11-1　程序执行过程中的线程状态

时　序	主线程状态	主线程执行语句	线程 t 状态	线程 t 执行语句
1	running	Thread t = new Thread(new MyThread())	new	
2	running	println("开始运行...") ;		
3	running	t.start();	runnable	
4	running	Thread.sleep（3000）;	runnable	

时　序	主线程状态	主线程执行语句	线程 t 状态	线程 t 执行语句
5	sleep blocked		running	println("开始运行...");
6	sleep blocked		running	Thread. sleep(5000);
7	sleep blocked		sleep blocked	
8	sleep blocked		sleep blocked	
9	runnable		sleep blocked	
10	running	t. interrupt()	sleep blocked	catch(InterruptedException e)
11	running	println("结束...");	runnable	
12	dead		running	println("被打断...")
13			running	println("结束...");
14			dead	

11.5　线程同步

当多个线程共享同一个数据时，如果处理不当，很容易出现线程的安全隐患，所以多线程编程时经常需要解决线程同步问题。

11.5.1　数据共享问题

多线程编程很容易出现意想不到的"错误情况"，下面看一个多线程安全问题中经典的"银行取钱"问题。

想象这样一个场景：一对夫妻两个人都有对某个账户的操作权，现都想取款，取款前他们将查看账户余额，以确保有足够的资金支付这次取款。取款操作分两步：一是检查账户余额；二是如果账户中有足够的余额则取款。

如果以上两步永远不分开则一切 ok，但是对于同时进入 runnable 状态的两个取钱线程，这两步很有可能在调度的过程中是被分开的。

设想这样一个过程：

1）妻子线程首先执行，检查账户发现账户余额满足取款条件（妻子线程的步骤1完成），但在妻子取款之前线程被换下。

2）丈夫线程上来后检查账户余额，此时妻子还未取款，丈夫看到的是妻子取款前的账户余额，账户余额也可以满足他的取款要求（丈夫线程的步骤1完成），在丈夫取款之前线程被换下。

3）妻子线程换上来后接着运行，取走了账户中的全部余额（妻子线程的步骤2完成），妻子线程结束。

4）丈夫线程换上来后接着运行，因为之前丈夫线程已经确认账户有足够的余额可以支取，于是，丈夫在没有足够余额的情况下仍然进行了取款。

就这样，在多线程环境下，不该发生的事情发生了，这就是多线程环境下的共享问题。当多个线程共享一个数据时，如果处理不当，很容易出现线程的安全隐患。

11.5.2　同步和锁机制

为了保证共享对象的正确性，Java 使用关键字 synchonized 修饰对象的同步代码块或同步方法。所谓"同步"语句块或方法指的是一个"原子"操作，让该操作是不可分割的。

synchonized 的一般使用格式如下：

```
synchonized 方法签名{
    …
}
```

或者：

```
synchonized（对象）{
    …
}
```

Java 使用锁机制保证同步代码块或方法的"原子性"。

Java 中每个对象都有一个内置锁，只有当对象具有同步代码时，内置锁才会起作用。

当进入一个同步方法时，线程自动获得方法所在类的当前实例（this）相关的锁，即给 this 对象加锁。因为一个对象只有一个锁，加锁成功才能执行同步方法，这样所有其他试图对同一个对象执行同步方法的线程，都会因获取锁不成功而进入阻塞状态（在锁池等待）。

同步代码块的处理与之类似，只是同步代码块可以在 synchonized 后指定加锁的对象，除了 this 对象外，还可以为其他对象加锁。

被加锁的对象有时也被称作"同步监视器"，它负责"监视"执行同步代码的线程是否具有它的锁。

当同步代码块或同步方法执行完毕后，同步对象上的锁就被解除，其他操作同步代码块或方法的线程有机会去获取该对象的锁。

需要注意的是，锁不属于线程，而是属于对象，一个线程可以拥有多个对象的锁，而只有同一个对象的锁之间才会存在互斥。

11.5.3　同步代码块

因为同步所形成的"原子"操作会损害并发性，所以不要同步原子操作之外的其他代码。如果方法体超出了应同步的操作的范畴，则可以将同步部分缩减为代码块。

【例 11-5】多线程同步的程序设计举例。

设计一个实现 Runnable 接口的线程类，输出 1 ~ 5 的数字。其中，计数器变量 i 作为属性存在。

```java
public class MyRunnable implements Runnable{
    private int i = 0;   //i 作为属性
    public void run(){
        while(i < 5){
            i ++ ;
            for（int j = 0; j < 20000000; j ++ ）;
            System. out. print( Thread. currentThread(). getName() + " " );
            System. out. println("i = " + i);
        }
    }
}
```

接下来，在主线程中创建两个线程，共享同一个 MyRunnable 对象，两个线程分别称作"A"和"B"。

```java
public class Test {
    public static void main(String[] args) {
        Runnable target = new MyRunnable();
        Thread t1 = new Thread(target,"A");      //创建线程的同时，为线程命名
        Thread t2 = new Thread(target,"B");
        t1.start();
        t2.start();
    }
}
```

按照对代码的理解，A 和 B 两个线程共享 MyRunnable 对象中的属性 i，合力输出 1~5 的数字。因为线程调度器调度的不确定性，每次的运行结果不尽相同。但是，在运行结果中经常会发现诸如 i=1 没有输出，i=5 被两个线程都输出了的状况，如：

```
B i=2
A i=3
B i=4
A i=5
B i=5
```

这是为什么呢？

1）状况 1：i=1 为什么没有被输出？

设想这样一个场景，如图 11-7 所示：①线程 A 率先开始执行，i++ 后 i 取值为 1，但是线程 A 在输出信息之前被换下；②线程 B 换上后开始执行 run() 方法，因为是共享变量 i，所以在方才 i=1 的基础上执行 i++，使 i 取值为 2，向下执行完成输出。因此没有 i=1 的输出。

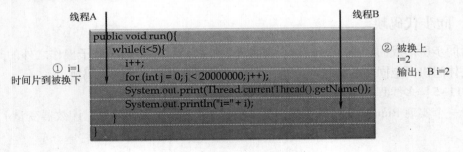

图 11-7　不输出 i=1 的状况

2）状况 2：i=5 为什么输出了两次？

设想这样一个场景，如图 11-8 所示：①B 线程中 i=4 时线程被换下；②A 线程换上后将 i 的取值改为 5，并输出 i=5，随后被换下；③B 线程再次换上后继续向下执行，也输出当前 i 的取值，因此 i=5 两次出现。

这两种状况出现的原因都是因为 A、B 两个线程共享数据 i，但是在处理业务的过程中不应该被打断的地方（修改 i 和输出 i）被打断了。因此，这段代码应使用 synchronized 括起来。

同步代码块需要指定在哪个对象上同步，依据是找到各线程需要共享、互斥的对象。

在这个问题中，线程 t1 和 t2 共享 MyRunnable 对象，所以在 MyRunnable 的 run() 方法内，

将 synchronized 加在当前实例对象"this"上，保证 MyRunnable 对象在不同的线程间互相排斥，保证共享数据的安全性。

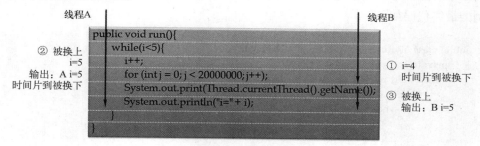

图 11-8　输出两次 i = 5 的情况

代码如下：

```java
public class MyRunnable implements Runnable{
    private int i = 0;
    public void run() {
        while(i < 5) {
            synchronized(this) {
                i++;
                for(int j = 0; j < 20000000; j++);
                System.out.print(Thread.currentThread().getName() + " ");
                System.out.println("i = " + i);
            }
        }
    }
}
```

有了 synchronized 配置的互斥锁，i++ 和输出 i 操作组成了不可分的"原子"操作，不会再出现以上的两种状况了。

但是事情还没有结束，如图 11-9 所示，上述代码会出现 i = 6 的错误状况。

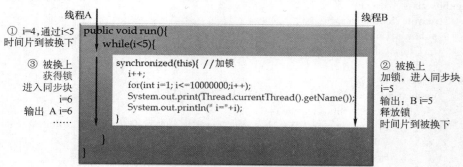

图 11-9　同步代码块出现 i = 6 的状况

设想这样一个场景：①线程 A 通过 while（i < 5）的检测后被换下，它未进入同步代码块所以没有占用 this 对象的锁；②线程 B 换上后获得 this 的锁（为 this 对象加锁）进入同步代码块，执行 i++，并输出 i = 5，代码执行完毕后释放 this 对象的锁被换下；③线程 A 换上后继续向下执行（此时它已经认为 i < 5 是成立的），获得 this 对象的锁之后进入同步代码块执行，导致输出 i = 6。

究其原因，这是因为在同步代码块内没有检测 i 的取值，显然这存在风险。所以，在同步代码块内如果发现 i≥5，则应退出 while 循环。

本例的最终代码如下：

```java
public class MyRunnable implements Runnable{
    private int i = 0;    //i 作为属性
    public void run(){
        while(i < 5){
            synchronized(this){
                if(i >= 5) break;          //退出循环
                i++;
                for (int j = 0; j < 20000000; j++);
                System.out.print(Thread.currentThread().getName() + " ");
                System.out.println("i = " + i);
            }
        }
    }
}
```

在设计同步代码块时，一方面不要同步需要形成"原子"操作之外的代码，以免降低代码的执行效率；另一方面还要处理好同步的边界情况。

11.5.4 同步方法

如果一个方法内的所有代码组成"原子"操作，那么可以将该方法定义为同步方法，使用 synchronized 关键字修饰。

【例 11-6】完成多线程环境下的银行取钱操作。

定义一个账户类 Account，其中的取钱方法 draw() 代表一个取钱的完整过程，不允许被打断，将 draw() 方法定义为同步方法。

```java
public class Account {
    private double balance;
    public Account(double balance) {
        this.balance = balance;
    }
    //同步取钱方法
    public synchronized void draw(double drawAccount){
        if(balance >= drawAccount){
            System.out.print(Thread.currentThread().getName() + " 取钱" + drawAccount);
            balance -= drawAccount;
            System.out.println("（余额为:" + balance + "）");
        }else{
            System.out.println(Thread.currentThread().getName() + " 当前余额不足");
        }
    }
}
```

在 Runnable 接口实现类中组合 Account 对象，创建一个带有该参数的构造方法，使线程接收 Account 对象。

```
public class MyRunnable implements Runnable{
    private Account account;
    public MyRunnable( Account account) {
        this. account = account;
    }
    public void run() {
        for(int i = 0; i < 3; i ++) {
            account. draw(1000);   //每次取1000元
            try {
                Thread. sleep(1000);
            } catch ( InterruptedException e) {
                e. printStackTrace();
            }
        }
    }
    public static void main( String[] args) {
        Runnable target = new MyRunnable( new Account(5000));   //账户初始5000元余额 Thread
t1 = new Thread( target , "wife");
        Thread t2 = new Thread( target , "husband");
        t1. start();
        t2. start();
    }
}
```

某次运行结果如下:

```
husband 取钱 1000. 0 ( 余额为:4000. 0)
wife 取钱 1000. 0 ( 余额为:3000. 0)
husband 取钱 1000. 0 ( 余额为:2000. 0)
wife 取钱 1000. 0 ( 余额为:1000. 0)
husband 取钱 1000. 0 ( 余额为:0. 0)
wife 当前余额不足
```

对于同步方法,调用该方法的对象就是被加锁对象 (同步监视器),如本例 MyRunnable 类中的 account 对象。

一个对象中的所有 synchronized 方法都共享一把锁,这把锁能够防止多个方法对共享对象同时进行写操作,避免引起线程安全问题。

比如说,设某类中有两个同步方法:

```
public synchronized void method1() {}
public synchronized void method2() {}
```

设 obj 为该类的一个实例,如果线程 A 调用 obj. method1(),线程 B 调用 obj. method2(),那么,如果线程 A 在 method1()中间被换下,因为线程 A 依然占据着 obj 对象的锁,所以线程 B 不能执行 method2()方法。

但是,如果不涉及共享对象,则不存在锁排斥的问题。

设 obj1 和 obj2 都是上述类的实例,线程 A 调用 obj1. method1 () 方法,线程 B 调用 obj2. method2()方法,如果线程 A 在 method1()中间被换下,线程 B 此时是可以执行 method2()方法的,因为线程 A 占据的是对象 obj1 的锁,不会影响 obj2 对象的使用。

对于同步，必须分清楚同步对象是谁。

11.5.5　线程安全的集合类

【例11-7】多线程环境下的集合类。

模拟 Java 中的 ArrayList，设计一个 MyArrayList 类，代码如下：

```java
public class MyArrayList {
    private Object[] data;
    private int count = 0;
    public MyArrayList() {
        data = new Object[10];
    }
    public void add(Object obj) {
        data[count] = obj;
        for(int i = 0; i < 1000000; i++); //延时空循环
        count++;
    }
    public String toString() {
        StringBuffer buffer = new StringBuffer("[");
        for(int i = 0; i < count - 1; i++) {
            buffer.append(data[i] + ",");
        }
        buffer.append(data[count - 1] + "]");
        return buffer.toString();
    }
}
```

设有两个线程共享一个 MyArrayList 对象，每个线程类需要创建一个带有该参数的构造方法接收 MyArrayList 对象。每个线程都向该对象添加几个字符串，代码如下：

```java
public class ThreadA extends Thread{
    private MyArrayList list;
    public ThreadA(MyArrayList list) {
        this.list = list;
    }
    public void run() {
        list.add("1");
        list.add("2");
        list.add("3");
    }
}
public class ThreadB extends Thread{
    private MyArrayList list;
    public ThreadB(MyArrayList list) {
        this.list = list;
    }
    public void run() {
        list.add("4");
        list.add("5");
        list.add("6");
```

```
            }
        }
    public class ThreadArrayListTest {
        public static void main( String[] argas) {
            MyArrayList list = new MyArrayList();
            Thread t1 = new ThreadA( list);
            Thread t2 = new ThreadB( list);
            t1. start();
            t2. start();
            try {
                Thread. sleep( 100);
            } catch( InterruptedException e) {}
            System. out. print( list);
        }
    }
```

这两个线程填入 MyArrayList 的数据应为"1" "2" "3" "4" "5" "6"这 6 个字符串，它们出现的次序不能保证。但是，实际运行该程序时却经常会发现如下的结果：

```
[4,null,2,3]
[4,5,6,3]
[4,5,2,6,3]
```

也就是说，MyArrayList 在执行 add()方法的过程中出现了丢失字符串或空串的问题。

【健身操】 请大家依据前面的方法分析此问题。

实际上，因为 MyArrayList 没有同步控制，所以是线程不安全的，add()方法中的赋值和 count ++ 应该是一个"原子组合"操作。所以应为 add()方法加上 synchronized 修饰，使其成为一个线程安全的方法。

```
    public synchronized void add( Object obj) {
        data[ count] = obj;
        for( int i = 0;i < 1000000;i ++); //延时空循环
        count ++;
    }
```

在 Java 提供的集合框架中，也有很多是线程不安全的，如 ArrayList、HashSet、TreeSet、HashMap 等，它们都不适合工作在多线程环境中。解决此问题的常用方法是使用 Collections 工具类提供的 synchronizedXxx()方法，将指定集合包装为线程同步安全的集合，从而使集合可以工作在并发访问的环境中。例如：

```
    List list = Collections. synchronizedList( new ArrayList());
    Set set = Collections. synchronizedSet( new HashSet());
```

但是仍需要注意，经过包装后的集合类虽然成为线程同步安全的，但是如果一段代码中涉及集合的几个操作，则仍需保证代码段的原子性。

分析下列代码中的 removeFirst()方法：

```
public class NameList {
    private List names;
    public NameList() { //包装 List 为线程安全类
        this. names = Collections. synchronizedList( new ArrayList());
    }
    public void add( String name) {
        names. add( name);
    }
    public String removeFirst() { //存在线程不安全问题
        if( names. size() >0) { //调用 List 的方法 1
            return ( String)names. remove(0); //调用 List 的方法 2
        }else{
            return null;
        }
    }
}
```

removeFirst() 方法调用了 List 类中的 size() 和 remove() 方法, 如果没有 synchronized 的修饰, 它们之间是非常有可能被打断的。如果被打断, remove(0) 将会抛出 IndexOutOfBoundsException 异常。请读者依据前面的方法分析其原因。

所以, 此时仍然要人为地保证代码段的原子性:

```
public synchronized String removeFirst() {
    if( names. size() >0) { //调用 List 的方法 1
        return ( String)names. remove(0); //调用 List 的方法 2
    }else{
        return null;
    }
}
```

包装只保证了集合中的每个独立方法是同步安全的, 但是无法保证多线程环境下集合的多个方法调用之间不会被换下, 集合类多个方法协同工作的同步安全仍需要程序设计者来保证。

11.6 线程间的通信

在多线程环境中, 线程之间经常需要协调通信从而共同完成一件任务。Java 传统的线程通信是通过 Object 类中的 wait() 和 notify() 方法完成, 除此之外, 在 Java SE 5.0 中增加了阻塞队列 BlockingQueue 等方式控制线程通信。

11.6.1 wait() 和 notify() 方法

Object 类中提供了 wait()、notify() 和 notifyAll() 3 个方法来操作线程。它们只能在同步代码块或者同步方法内使用, 而且只能通过同步监视器 (拥有锁的对象) 来调用。

对于同步方法, 该方法所在类的实例 this 就是同步监视器, 所以可以在同步方法中直接调用这 3 个方法, 如 this. wait() 直接简写为 wait()。

对于同步代码块, synchronized 括号中的对象是同步监视器, 所以必须通过该对象调用这 3 个方法。

1. wait()方法

在线程已获得对象锁的情形下，如果该线程需要再满足一些条件才能继续执行线程任务，此时该线程可调用 wait() 方法进入等待池（阻塞状态的一种）。

线程调用 wait() 方法会解除对象的锁，让出 CPU 资源，并使该线程处于等待状态，使其他线程可以获取该对象的锁，执行该对象的同步代码块或方法。

wait() 方法有 3 种重载形式：void wait()，void wait（long timeout），wait（long timeout，int nanos）。第一种没有参数，线程会一直等待，直到其他线程调用同步监视器的 notify() 或 notify-All() 方法后苏醒；后两种带有参数的 wait() 方法指定了等待时间，所以如果线程在等待时间内没有被同步监视器的 notify() 方法唤醒，则在等待指定时间后自动苏醒。

2. notify() 和 notifyAll()方法

notify() 方法唤醒一个处于等待状态的线程，使之进入 runnable 状态。

某个线程执行完同步代码，或该线程使另一个线程所等待的条件得到满足，这时它利用同步监视器调用 notify() 方法，以唤醒一个因该同步监视器而处于等待状态的线程再次进入 runnable 状态。从等待状态进入 runnable 状态的线程，将再次尝试获得同步监视器的锁。

notifyAll() 方法：使因该同步监视器而处于等待状态的全部线程进入 runnable 状态。

编程时应该用 notifyAll() 取代 notify()，因为用 notify() 只是从等待池释放出一个线程，至于是由哪一个线程调度器决定的，是不可保证的。

【刨根问底】 wait() 和 sleep() 的区别。

wait() 和 sleep() 方法都可以使线程进入阻塞状态，但是它们之间存在以下诸多不同：

1）两个方法来自不同的类，sleep() 是 Thread 类中的静态方法，wait() 是 Object 类中的实例方法。

2）wait() 方法只能在同步代码块或同步方法中使用；sleep() 可以在任何地方使用。

3）wait() 方法被调用后会解除对象的锁，使其他线程可以执行同步代码块或方法；而 sleep() 方法则保持已有的任何锁，不会将它们释放。

前面提到过，线程的阻塞可能包括这几种情况：睡眠导致的阻塞、阻塞式的 I/O 方法导致的阻塞、等待同步锁导致的阻塞（进入锁池）、调用 wait() 方法导致的阻塞（进入等待池）等，下面将阻塞状态细化如图 11-10 所示。解除阻塞状态后线程都是返回 runnable 态，等待再次被调度。

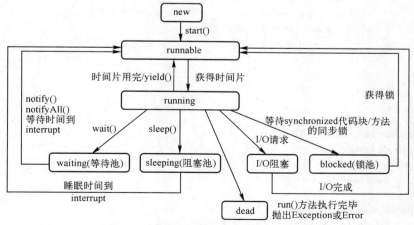

图 11-10　细化阻塞状态后的线程状态转换图

【例11-8】线程间的通信。写两个线程，线程 A "做" 10 个披萨，线程 B "做" 20 份意大利面，要求线程 A 每做一个披萨，就通知线程 B 去做两份意大利面，线程 B 完成两份意大利面后通知线程 A 继续做披萨……。

Thread - 0 完成一份意大利面 ...
Thread - 0 完成一份意大利面 ...
该你做披萨了 ...
Thread - 1:完成一个披萨 ...
该你做意大利面了 ...
Thread - 0 完成一份意大利面 ...
Thread - 0 完成一份意大利面 ...
该你做披萨了 ...
...

分析：这个例子中的两个线程的工作是彼此依赖的，等待对方的通知开始自己的任务，自己的任务完成后再唤醒对方接着工作。这样的线程通信可以通过 wait() 和 notifyAll() 方法配合完成，即在每个线程进入等待池前先唤醒另外的线程。

关键问题是，wait() 和 notifyAll() 只能工作在同步代码中，在同步代码块中需要为 synchronized 指定一个同步监视器，这个对象负责调用 wait() 和 notifyAll() 方法，它被两个线程共享，在两个线程间传递信息。为此，每个线程都引入这个对象，利用构造方法对其初始化。代码如下：

```java
public class Pizza extends Thread{
    private Object message;                  //负责线程间通信的对象:同步监视器
    public Pizza( Object message) {
        this. message = message;
    }
    public void run() {
        synchronized( message) {             //为 message 对象加锁
            for( int i = 1; i < = 10; i + + ) {
                System. out. println( this. getName() + " :完成一个披萨 ... " );
                System. out. println( "该你做意大利面了 ... " );
                message. notifyAll();        //利用 message 唤醒其他线程
                try {
                    message. wait();          //释放锁,开始等待
                } catch ( InterruptedException e) {
                    e. printStackTrace() ;
                }
            }
        }
    }
}
public class Pasta extends Thread{
    private Object message;
    public Pasta( Object message) {
        this. message = message;
    }
    public void run() {
        synchronized( message) {
```

```
                    for(int i = 1; i < = 20; i ++ ){
                        System. out. println(this. getName() + "完成一份意大利面... ");
                        if(i%2 == 0){                    //完成了两份
                            System. out. println("该你做披萨了... ");
                            message. notifyAll();        //利用 message 唤醒其他线程
                            try {
                                message. wait();          //释放锁,开始等待
                            } catch (InterruptedException e) {
                                e. printStackTrace();
                            }
                        }
                    }
                }
            }
    public class Test {
        public static void main(String[] args) {
            Object message = new Object();
            Thread t1 = new Pasta(message);              //共享线程通信的 message 对象
            Thread t2 = new Pizza(message);
            t1. start();
            t2. start();
        }
    }
```

上述代码中,对象 message 被两个线程共享,承担起线程通信的任务。执行 Synchronized 代码块时为 message 加锁,线程完成任务后,利用 message 唤醒另外的线程(message. notifyAll()),并令当前线程释放 message 对象的锁,进入等待池(message. wait())。

11.6.2 消费者和生产者模型

生产者和消费者问题是线程模型中的经典问题:生产者和消费者在同一时间段内共用同一个缓冲区(仓库),如图 11-11 所示,生产者向缓冲区存放数据,而消费者从缓冲区取用数据。

图 11-11 生产者/消费者模型

该问题的关键就是要保证生产者不会在缓冲区满时再加入数据,消费者也不会在缓冲区空时再消耗数据。要解决该问题,就必须让生产者在缓冲区满时停止工作,等到消费者消耗了缓冲区中的数据后,生产者才能被唤醒,开始向缓冲区添加数据。同样,消费者在缓冲区空时应停止工作,等到生产者向缓冲区添加了数据之后,再唤醒消费者,开始消耗缓冲区中的数据。

比如说,可以将 Web 浏览器的工作看作是生成者/消费者模型。浏览器的"仓库"就是本地缓冲区,"生产者"是下载网页信息的线程,"消费者"是显示网页信息的线程。下载与显示速度应匹配,如果下载的信息太多已填满缓冲区,则应令生产者等待,消费者加快显示;如果缓冲区已空,则应令消费者等待,而生产者加快下载。

生产者和消费者问题通常采用进程间通信的方法解决。如果解决方法不够完善,则容易出

现死锁（两个线程互相等待对方释放锁）的情况。出现死锁时，两个线程都会进入阻塞态，等待对方唤醒自己。

【例 11–9】 实现生产者/消费者模型。

在应用程序中，生产者和消费者是可以同时运行的线程，它们共享缓冲区对象，持有缓冲区对象锁的线程可以进行操作（生产或者消费）。

（1）仓库的设计

设 Store 类代表共享缓冲区（仓库），仓库容量为 SIZE，仓库中实际数据的个数用 count 存储。生产者线程调用 Store 中的 addData()方法生产数据，消费者调用 Store 中的 removeData()方法消费数据，两个方法都需要使用 synchronized 加锁，保证生产和消费的完整性。对于同步方法，同步监视器就是同步方法所在类的实例 this，即 addData()和 removeData()方法共享 Store 类对象。

addData()方法中，（生产者线程）将数据在放入共享缓冲区时，要检查缓冲区是否已满。若满则调用 wait()方法使生产者线程等待，并释放锁，使 removeData()方法有机会获得锁；缓冲区不满时，将数据写入缓冲区，并调用 notifyAll()方法使处于等待状态的线程转为 runnable 状态，消费者线程准备消费。addData()方法执行完毕后会自动释放锁。

```java
public synchronized void addData() {
    if( count == SIZE) {    //停止生产
        try {
            this. wait() ;    //等待,并释放锁
        } catch (InterruptedException e) {
            e. printStackTrace() ;
        }
    }
    count ++ ;    //生产
    System. out. println( Thread. currentThread(). getName() + " add Data:" + count) ;
    this. notifyAll() ;    //唤醒其他线程
}
```

类似地，removeData()方法中，（消费者线程）从共享缓冲区读取数时，应检查缓冲区是否还有数据存在。若无数据，则调用 wait()方法让消费者线程等待，并释放锁，使 addData()方法有机会获得锁；若有数据存在，则从缓冲区读取数据，并调用 notifyAll()方法使处于等待状态的线程转为 runnable 状态，生产者线程准备生产。removeData()方法执行完毕后自动释放锁。

```java
public synchronized void removeData() {
    if( count ==0) {    //停止消费
        try {
            this. wait() ;    //等待,并释放锁
        } catch (InterruptedException e) {
            e. printStackTrace() ;
        }
    }
    System. out. println( Thread. currentThread(). getName() + " remove data:" + count) ;
    count -- ;    //消费
    this. notifyAll() ;    //唤醒其他线程
}
```

（2）生产者线程

生产者线程将仓库作为自己的属性。下面令生产者线程使用 Store 中的 addData()方法向仓库 Store 对象中加入 5 个数据，且每生产一个数据后休眠 100 ms。

代码如下：

```java
public class Producer extends Thread{
    private Store store;
    public Producer(String name, Store store){
        super(name);
        this. store = store;
    }
    public void run(){
        try{
            for(int i = 0; i < 5; i ++ ){
                store. addData();
                Thread. sleep(100);
            }
        } catch (InterruptedException e) {
            e. printStackTrace();
        }
    }
}
```

（3）消费者线程

消费者线程将仓库作为自己的属性。下面令消费者线程使用 Store 中的 removeData()方法消耗仓库 Store 对象中的 10 个数据。每消费一个数据后休眠 200 ms，即消费的速度小于生产的速度。

代码如下：

```java
public class Customer extends Thread{
    private Store store;
    public Customer(String name, Store store){
        super(name);
        this. store = store;
    }
    public void run(){
        try{
            for(int i = 0; i < 10; i ++ ){
                store. removeData();
                Thread. sleep(200);
            }
        } catch(InterruptedException e){
            e. printStackTrace();
        }
    }
}
```

（4）测试类

在测试类中，创建一个容量为 5 的仓库，启动两个生产者线程，一个消费者线程，它们共享一个仓库资源。代码如下：

```
public class Test {
    public static void main( String[] args) {
        Store s = new Store( 5 ) ;
        Producer p1 = new Producer( "A" ,s ) ;
        Producer p2 = new Producer( "B" ,s ) ;
        Customer c1 = new Customer( "C" ,s ) ;
        p1. start() ;
        p2. start() ;
        c1. start() ;
    }
}
```

运行该代码，生产者一边生产，消费者一边消费，某个运行结果如表 11-2 所示。

表 11-2　生产者消费者模型的执行情况

序　号	操　作	序　号	操　作	序　号	操　作
1	A add Data:1	8	A add Data:4	15	C remove data:6
2	C remove data:1	9	A add Data:5	16	C remove data:5
3	B add Data:1	10	C remove data:5	17	C remove data:4
4	B add Data:2	11	B add Data:5	18	C remove data:3
5	A add Data:3	12	C remove data:5	19	C remove data:2
6	B add Data:4	13	B add Data:5	20	C remove data:1
7	C remove data:4	14	A add Data:6		

但是，有没有发现仓库的容量设定的是 5，而表中步骤 14 和步骤 15 出现了 count = 6 的情况，即 count > size，仓库发生了溢出，这是为什么呢？

下面对这种状况进行分析。

1）在步骤 11 后 count = 5，A 线程调用 addData() 方法，遇到 if（count == SIZE）进入等待状态。之后只要换上来的是生产者线程，都会去等待（设等待池中有 A、B 两个线程）。

2）步骤 12：消费者线程 C 被换上，数据 5 被消费后 count = 4，执行 notifyAll() 从等待池放出所有的线程（生产者线程 A、B 都转入 runnable，被调度后如果未能获得锁则进入锁池）；消费者线程 C 执行完毕后释放锁，调用 sleep() 方法进入阻塞池（睡眠时间到后转入 runnable 状态，被调度后如果未能获得锁也进入锁池）。

3）步骤 13：B 线程在锁池获得锁后进入 runnable 状态，被调度后从当初换下的地方继续向下执行，即从 **this**. wait() 后开始（注意此时不会再判断 count == SIZE）。B 线程生产一次后使 count = 5，执行 notifyAll() 放出所有线程，代码结束，释放锁，调用 sleep() 进入阻塞池。

4）步骤 14：A 线程在锁池获得锁后进入 runnable 状态，与上面相同，被调度后也是不再判断 count == SIZE，直接从 **this**. wait() 后执行，生产导致 count = 6，发生溢出。

因此，为了使 **this**. wait() 返回后能够再次返回条件 count == SIZE，判断不能使用 if，而要使用 while。addData() 方法如下：

```
while( count == SIZE) {    //停止生产,此处应使用 while!
    try {
        this. wait() ;    //等待,并释放锁
    } catch ( InterruptedException e ) {
        e. printStackTrace() ;
    }
}
```

removeData()方法与之类似：

```
while(count ==0){    //停止消费,此处应使用 while!
    try {
        this. wait();   //等待,并释放锁
    }catch (InterruptedException e) {
        e. printStackTrace();
    }
}
```

【画龙点睛】在生产者/消费者模型中，共享缓冲区对象的添加和删除方法必须使用 while 循环控制临界点。

生产者/消费者模型适用于所有一边生产一边消费的情况。

11.6.3　使用 BlockingQueue 控制线程通信

Java SE 5.0 提供了一个 java. util. concurrent. BlockingQueue 接口（Queue 的子接口），它的主要作用是作为线程同步的工具。BlockingQueue 的一个特征：当生产者线程试图向 BlockingQueue 中放入元素时，如果该队列已满，则该线程被阻塞；当消费者线程试图从 BlockingQueue 中取出元素时，如果该队列已经空，则该线程被阻塞。所以，直接使用 BlockingQueue 作为"仓库"，则不需要特殊的设计就可以很好地控制线程间的通信。

BlockingQueue 接口中支持阻塞的方法有如下几种。

void put（E e）throws InterruptedException：尝试把 e 元素放入 BlockingQueue 中，如果该队列元素已满，则阻塞该线程。

E take() throws InterruptedException：尝试从 BlockingQueue 的头部取出元素，如果该队列已空，则阻塞该队列。

BlockingQueue 常用的实现类有 ArrayBlockingQueue（基于数组实现）、LinkedBlockingQueue（基于链表实现）等。

【例 11-10】使用 BlockingQueue 实现生产者/消费者模型。

使用 BlockingQueue 作为"仓库"，生产者线程和消费者线程都将其作为属性，在构造线程时，用同一个对象初始化各个线程的仓库，实现共享。

```
public class Producer extends Thread{
    private BlockingQueue queue;    //使用 BlockingQueue 作为仓库
    public Producer(String name, BlockingQueue queue){
        super(name);
        this. queue = queue;
    }
    public void run(){
        try {
            for(int i =0; i <5; i ++){
                System. out. println(this. getName() +" add Data:" +i);
                queue. put(i);   //用阻塞方法向仓库放数据
                Thread. sleep(100);
            }
        }catch (InterruptedException e) {
            e. printStackTrace();
```

```
                }
            }
        }
    public class Customer extends Thread{
        private BlockingQueue queue;    //使用 BlockingQueue 作为仓库
        public Customer(String name, BlockingQueue queue){
            super(name);
            this. queue = queue;
        }
        public void run(){
            try{
                for(int i = 0; i < 10; i++){
                    Object obj = queue. take();//用阻塞方法从仓库取数据
                    System. out. println(this. getName() + " remove data:" + obj);
                    Thread. sleep(200);
                }
            }catch(InterruptedException e){
                e. printStackTrace();
            }
        }
    }
    public class Test {
        public static void main(String[] args) {
            BlockingQueue store = new ArrayBlockingQueue(5);    //创建仓库
            Producer p1 = new Producer("A",store);    //共享仓库
            Producer p2 = new Producer("B",store);
            Customer c1 = new Customer("C",store);
            p1. start();
            p2. start();
            c1. start();
        }
    }
```

可见，用 BlockingQueue 实现的生产者/消费者模型更为简单。

11.7　习题

1）读下面的程序并填空。（知识点：run() 和 start() 的区别）

```
1 public class StartRunTest implements Runnable{
2   public static void main(String[] args) {
3     /*此处插入代码*/
4     System. out. println(Thread. currentThread(). getName());
5   }
6   public void run() {
7     System. out. println(Thread. currentThread(). getName());
8   }
9 }
```

① 如果 3 行处的代码为 new StartRunTest(). start()，程序的输出是什么？
② 如果 3 行处的代码为 new Thread (new StartRunTest()). run()，程序的输出是什么？

266

③ 如果 3 行处的代码为 **new** Thread（**new** StartRunTest()）.start()，程序的输出是什么？

2）下面说法（ ）是正确的。（知识点：wait() + notify() + notifyAll()）

　　A. notifyAll()方法必须在 synchronized 上下文中使用

　　B. notify()方法会使线程立刻释放它占用的锁

　　C. notify()方法是在 java. lang. Thread 中被定义的

　　D. 当一个线程因执行 wait()方法而等待时，它会释放它占用的锁

　　E. notifyAll()和 notify()方法的区别是，notifyAll()会唤醒所有等待的线程，notify()仅仅唤醒在这个对象上等待的线程

3）下面代码编译、执行的结果是（ ）。（知识点：synchronized + wait）

```java
public class WaitTest {
    public static void main(String[] args) {
        System. out. print("1");
        synchronized(args) {
            System. out. print("2");
            try {
                args. wait();
            } catch (InterruptedException e) {
            }
        }
        System. out. print("3");
    }
}
```

　　A. 1 2 3　　　　B. 1 3　　　　　C. 1 2

　　D. 因未处理 wait()方法的 IllegalMonitorStateException 而不能通过编译

　　E. 执行 wait()方法时会抛出 IllegalMonitorStateException 异常

　　F. synchronized 只能同步在 this 对象上，此段代码不能通过编译

4）关于下面代码的说法中正确的是哪些？（ ）（知识点：join）

```java
public class JoinTest implements Runnable{
    public static void main(String[] args) {
        Thread t = new Thread(new JoinTest());
        t. start();
        System. out. print("m1 ");
        try {
            t. join();
        } catch (InterruptedException e) {
        }
        System. out. print("m2 ");
    }
    public void run() {
        System. out. print("r1 ");
        System. out. print("r2 ");
    }
}
```

A. 输出 r1 r2 m1 m2　　　　B. 输出 m1 m2 r1 r2

C. 输出 m1 r1 r2 m2　　　　D. 输出 m1 r1 m2 r2

5）创建一个计数线程，从 1 计数到 100，在每个数字之间暂停 1 s。在保持计数的过程中，每隔 10 个数输出一个字符串。（知识点：创建线程）

6）编写一个线程安全的数据结构"顺序栈"，以数组作为底层的存储结构，包括入栈 push()、出栈 pop()、打印栈 printStack() 方法，实现数据后进先出的管理方式，并且能够满足多线程的安全需求。至少使用两个线程对自定义栈的线程安全进行测试。（知识点：同步方法）

7）创建两个线程，每个线程的工作是在自己界面的文本区域中从左到右以指定速度滚动显示一个字符串；通过界面上的"启动"和"停止"按钮可以控制每个线程的运行，如图 11-12 所示。（知识点：GUI + 创建线程）

图 11-12　运行示意图

【提示】

1）可以将线程类设计为窗口的内部类，线程类中包含两个线程需要的各组件（文本框、按钮等）。

2）线程可以使用 sleep() 方法控制文字滚动的速度，该时间随机生成。

3）文字滚动的效果通过拼接、更新文本框中的字符串实现。初始在字符串末尾添加若干空格；每滚动一次将第一个字符移动到字符串的尾部：

```
str = str. substring(1) + str. substring(0,1);
```

例如："welcome 空格……"变为"elcome 空格……w"，依此类推形成向左滚动的效果。

11.8　实验指导

1. 实验目的

1）使用 synchronized 正确控制同步代码块和同步方法。

2）掌握使用 wait() 和 notifyAll() 方法进行线程间通信。

2. 实验题目

【题目 1】启动 3 个线程，共同完成 26 个大写字母的输出，不允许重复，不允许缺项，不允许多项。

【题目 2】编写两个线程，一个线程打印数字 1~52，另一个线程打印字母 A~Z。打印顺序为 12A34B56C…5152Z，即按照每两个数字一个字符的形式打印输出。

11.9 本章思维导图

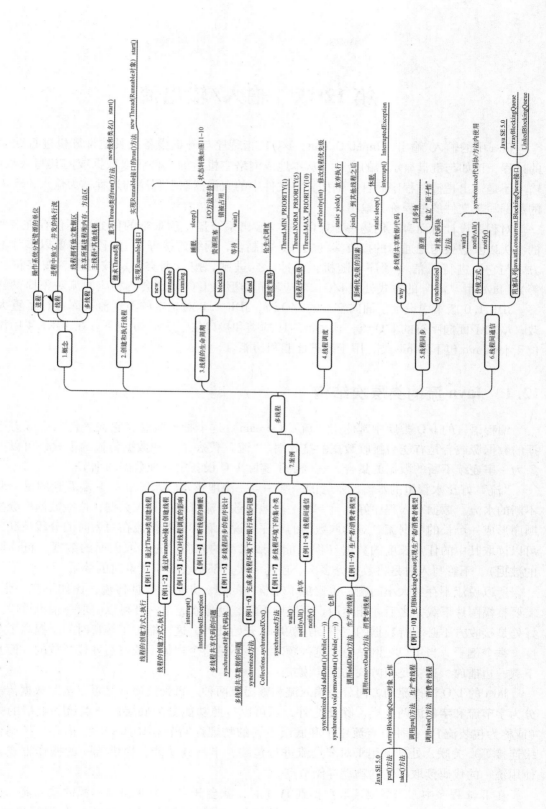

第 12 章　输入/输出流

Java 中的输入/输出（Input/Output，I/O）指程序与外部设备或其他计算机进行数据交换的过程，比如与键盘显示器的交互、从本地或网络主机上的文件读取数据或向其写入数据等。输入还是输出是针对程序而言，例如，将文件中的数据读取至程序的过程称为输入，将内存中的数据写至文件的过程称为输出。

对程序设计者而言，创建一个好的输入/输出系统是一项艰难的任务。不仅存在各种 I/O 的源头以及想要与之通信的接收端（文件、控制台、网络连接等），而且还需要以多种不同的方式与它们进行通信（顺序、随机、缓冲、二进制、按数据类型、按对象、按字符、按行等）。Java 用"流"的方式处理 I/O，对应不同类型的 I/O 问题会有相应的流对象提供解决方案。JDK 1.0 版本中设计了面向字节的 I/O 流，JDK 1.1 对基本的 I/O 流类库进行了重大的修改，增加了面向字符的 I/O 流，这些流对应的类和接口位于 java.io 包下。在 JDK1.4 中添加了位于 java.nio 包下的 nio 类，用于改进性能和功能。

12.1　Java 流的类层次结构

编程语言的 I/O 类库中常使用"流"（stream）这个抽象概念，它代表任何有能力产出数据的数据源或者是有能力接收数据的接收端。"流"代表了一种数据传输的模式，可以把流想象为一串连续不断的数据的集合，它屏蔽了实际 I/O 设备中处理数据的细节。

"流"好比水管里的水流，水管的一端一点一滴地供水，水管的另一端看到的是一股连续不断的水流。数据写入程序好比是一段一段地向数据流管道中写入数据，这些数据段会按先后顺序形成一个长的数据流。对读取数据的程序来说，看不到数据流在写入时的分段情况，每次可以读取其中的任意长度的数据（但只能按照水流的方向，先读取前面的数据，再读取后面的数据）。不管写入时是将数据分多次、还是一次，都不会影响读取时的效果。

所以说流不存在大小问题，也避免了完整性问题。非流的数据传输，比如下载一张图片，需要整幅图片下载完之后才能使用。而流则不同，就像水，取一杯可以，取一桶也可以。流的好处是接收方不必等待数据的完整到达就可以开始处理，这样缩短了等待时间，提高了响应速度。举个例子，当用户在网站上浏览视频时，并不是整个视频下载好后才能播放的，而是一边下载一边播放，这就是流方式的工作模式。

Java 的 I/O 流按流的方向分为**输入流**和**输出流**两种。每种流通常又可以按照数据传输单位分为**字节流**和**字符流**两大类。除此之外，还可以按照功能分为底层的**节点流**和上层的**处理流**（或称为包装流），各种节点流用于和底层不同的物理存储节点（如文件、内存、控制台、网络连接等）关联，处理流用于对节点流进行包装，丰富其功能、提供统一的操作方式，实现使用统一的代码读取不同的物理存储节点。

在 Java 程序中，当需要读取数据到 JVM 时，就会开启一个通向数据源的输入流，这个数据源可以是文件、内存，或是网络连接。类似地，当程序需要将 JVM 中的数据写出的时候，就会开启一个通向目的地的输出流，这个数据源同样可以是文件、内存，或是网络连接。一个文件，当向其写数据时，它就是一个输出流；当从中读取数据时，它就是一个输入流。

在 Java 类库中，I/O 部分的内容非常庞大，其中输入、输出流是主体部分，包括如图 12-1 所示的由抽象类 InputStream 和 OutputStream 派生出来的字节流类体系，如图 12-2 所示的由抽象类 Reader 和 Writer 派生出来的字符流类体系。

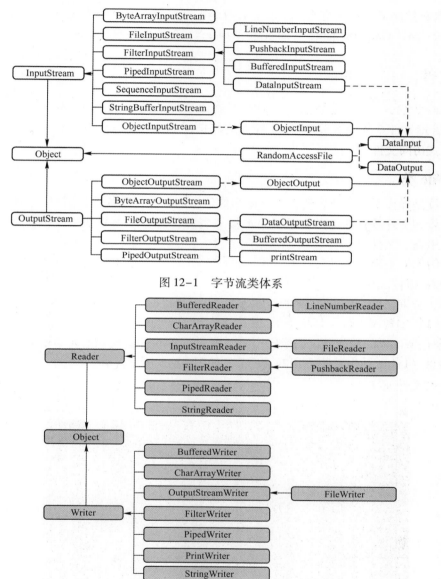

图 12-1　字节流类体系

图 12-2　字符流类体系

字节流读写的最小单位是字节，字符流读写的最小单位是 16 位的字符（Unicode 编码，每个字符为 2 字节）。任何继承自 InputStream 和 Reader 的类都含有名为 read() 的基本方法，用于读取单字节、字节数组；任何继承自 OutputStream 和 Writer 的类都含有名为 write() 的基本方法，用于写单字节或者字节数组。这些基本的 read() 和 write() 方法被直接使用的概率比较小，它们通常是提供给子类去实现更有用的 read() 和 write() 方法。

在 Java 中很少使用单一的类创建流对象，通常是通过几个流的叠加包装最终提供所期望的功能，这被称作是"装饰器"设计模式，即前面提到的通过处理流对底层节点流进行包装，利用处理流提供更丰富的操作方式及功能。

另外，Java 的 I/O 体系还包括非流式部分，如 File 类、RandomAccessFile 类等。

【画龙点睛】java.io 包中有 6 个最重要的类和 1 个接口，这 6 个类是 File、RandomAccess-File、InputStream、OutputStream、Reader 和 Writer；1 个接口是 Serializable。

12.2　文件

学习 Java 的输入/输出流之前，先了解下流体系外的两个类：File 和 RandomAccessFile。File 类用于管理文件系统中有关文件/文件夹的信息；RandomAccessFile 类用区别于输入/输出流的行为方式访问文件。

12.2.1　File 类

文件系统是操作系统中负责管理和存储文件信息的部分，它负责为用户建立文件、控制文件的存取、管理文件等，即各操作系统中类似"资源管理器"所提供的功能。文件系统管理的对象包括磁盘、文件夹（目录）、文件。

Java 中的 File 类用于表示文件系统中的文件/文件夹，File 不能访问文件的内容，只包含文件系统中对文件/文件夹的增删改查等管理操作，如创建、删除文件/文件夹，修改文件/文件夹的名称，查询文件/文件夹的路径、大小、创建/修改时间等。

【例 12-1】实现 Windows 环境下的 dir 命令。

dir 命令是 Windows 操作系统命令行方式下最常用的指令，使用它可以查看磁盘上的文件或文件夹信息（Linux 操作系统中用 ls 命令），如图 12-3 所示。dir 命令可以带有参数，用以指定要查看的文件或文件夹。

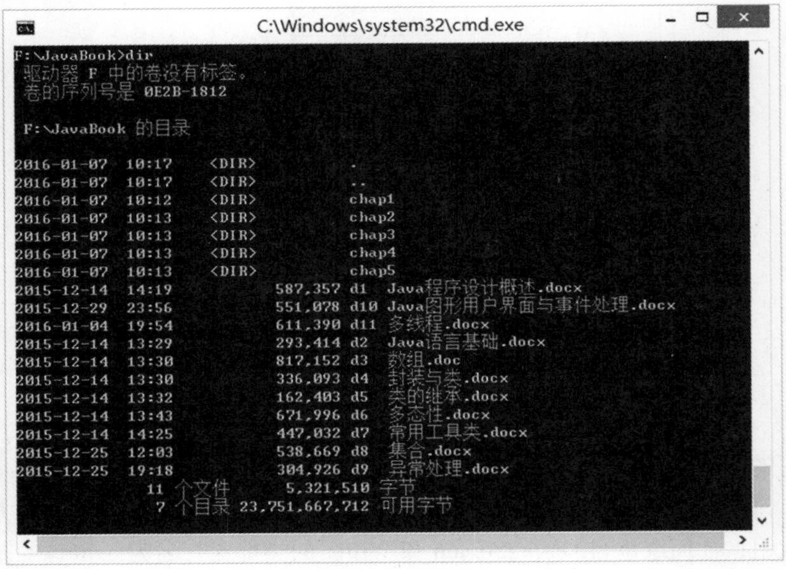

图 12-3　dir 命令效果图

从图 12-3 中可以看到，dir 命令默认显示当前路径下的文件和文件夹信息。

1）文件夹信息：包括文件夹的创建（或修改）时间、"＜DIR＞"标志和名称。

2）文件信息，包括创建（或修改）日期、文件大小、名称。

这些信息均可以使用 File 类中的方法获取。

File()：构造方法，创建一个 File 对象。

boolean isDirectory()：检测 File 对象是否是文件夹。

boolean isFile()：检测 File 对象是否是文件。

File[] listFiles()：获取 File 对象的所有子文件/文件夹，返回 File 数组。

Date lastModified()：获取文件的最后修改时间。

int length()：返回文件内容的长度。

String getName()：返回 File 对象的名称。

代码如下：

```java
public class MyDir {
    public static void main(String[] args) {
        MyDir md = new MyDir();
        Scanner scn = new Scanner(System. in);
        System. out. print("输入指令:");
        String[] command = scn. nextLine(). trim(). split("\\s+");        //按空格分解指令
        if(command[0]. equalsIgnoreCase("dir")) {
            if(command. length > 1) {                                      //指定路径
                md. dir(command[1]);
            } else {
                md. dir(".");                                             //默认为当前目录
            }
        } else {
            System. out. print("请输入 dir 指令.");
        }
    }

    public void dir(String arg) {
        File nowDir = new File(arg);                                       //创建 File 对象
        if(! nowDir. isDirectory()) {
            System. out. println("不是有效的目录名");
            System. exit(0);
        }
        File[] subDir = nowDir. listFiles();                               //目录下的所有文件及目录
        SimpleDateFormat sdf = new SimpleDateFormat("yyyy-MM-ddhh:mm");
        for(int i = 0; i < subDir. length; i++) {
            System. out. print(sdf. format(new Date(subDir[i]. lastModified())) + "\t");
            if (subDir[i]. isDirectory()) {                                //文件夹
                System. out. print("<DIR>\t\t");
            } else {                                                       //文件
                System. out. print("\t" + subDir[i]. length() + "\t");
            }
            System. out. println(subDir[i]. getName());
        }
    }
}
```

其他关于 File 的方法可以查阅 API 文档。

【注意】创建一个文件对象和创建一个文件在 Java 中是两个不同的概念。前者是在 JVM 中创建了一个表示文件的对象，并没有将它真正地创建到操作系统的文件系统中，随着 JVM 的关闭这个对象也随之消失。

【说明】路径的跨平台表示。

Windows 的文件系统中，路径间的分隔符为"\"，而这个符号不具备跨平台性，不同操作系统的文件系统的表示方法不尽相同，例如 Linux 下用"/"表示路径分隔。所以为了实现代码的跨平台性，路径分隔符应用 File 类中静态常量 separtor 获取，由 Java 动态地依据平台获取路径分隔符。

例如，对于"f:\javaBook\chap1"这样一个路径，Windows 的表示方法："f:\\javaBook\\chap1"（"\"需要转义），Linux 的表示方法："f:/javaBook/chap1"，而它们应统一为如下的表示方式:"f:" + File. separator + "javaBook" + File. separator + "chap1"。

12. 2. 2　RandomAccessFile 类

如图 12-1 所示，RandomAccessFile 类是字节流的一部分，也就是说它以字节为单位进行文件内容的存取。但是，RandomAccessFile 类几乎与 Java 的输入/输出流体系无关，它仅实现了 DataInput 和 DataOutput 接口（定义了按基本数据类型存取数据的方法），直接继承自 Object 类，所以它与 Java 中的诸多输入/输出流的行为也截然不同。

1. RandomAccessFile 的特点

Java 中流的特点包括两点：一是顺序存取：可以一个接一个地向流中写入一串字符，读出时也将按写入顺序读取一串字符，不能随机访问中间的数据；二是只读或只写：每个流只能是输入流或输出流的一种，不能同时具备两个功能，在同一个数据传输通道中，如果既要读取数据，又要写入数据，要分别提供两个流。

RandomAccessFile 类与之不同。

1）RandomAccessFile 提供了文件的"随机访问"方式，在 RandomAccessFile 类中定义了文件记录指针，标识当前正在读写的位置，它可以指向文件中的任意位置，由此可以自由访问文件的任意地方，所谓"随机"（random）即"任意"的意思。

如果程序只是访问文件的一部分内容，而不是从头到尾的所有内容，使用 RandomAccess-File 类是最好的选择。

2）RandomAccessFile 既可以读取文件的内容，也可以向文件输出数据，集读、写功能于一身。

2. RandomAccessFile 中的读写方法

RandomAccessFile 提供了丰富的输入/输出方法，包括 3 个基本的 read()方法、3 个基本的 write()方法，以及实现 DataInput 和 DataOUtput 接口中的各种基本数据类型的读写方法。

新建 RandomAccessFile 对象时文件记录指针位于文件头处，随着文件的读写操作，文件记录指针也将随之向后移动相应字节。

int read()：从文件的记录指针处向后读取 1 字节，其余高 24 位为 0。以整数形式返回此字节，范围为 0 ~ 255，如果已到达文件的末尾，则返回 −1。

int read(byte[] b)：将最多 b. length 字节从此文件读入字节数组，方法返回读入缓冲区的总字节数，如果由于已到达此文件的末尾而不再有数据，则返回 −1。

int read(byte[] b,int off,int len)：将从参数 off 位置开始的最多 len 字节从此文件读入字节数组。返回值情况同上。

void write （int b）：向此文件对象写入 int 型参数的低 8 位，文件记录指针自动移动到下一个位置，准备再次写入。

void write(byte[] b)：将指定字节数组的 b. length 字节从文件对象的文件指针开始处写入。

void write(byte[] b,int off,int len)：将指定字节数组从偏移量 off 处开始的 len 字节写入到文件对象。

这些基本的 read() 和 write() 方法每次读写 1 字节，其他的读写方法都是基于它们而实现的。这些 read() 和 write() 方法都会抛出 IOException 异常，需要被捕获处理。

下面是 RandomAccessFile 提供的按各种基本数据类型进行读写的方法。

boolean readBoolean()，byte readByte()…：从文件的记录指针处读取指定的数据类型长度的数据，并解释成该类型数据返回。

void writeBoolean （boolean v），void writeByte （int v）：将参数按相应数据类型的数据取值写入文件对象。

3. RandomAccessFile 中的其他方法

RandomAccessFile 中还有以下两个涉及文件记录指针操作的重要方法。

long getFilePointer()：返回文件记录指针的当前位置。

void seek （long pos）：将文件记录指针定位在 pos 位置。

通过它们可以获取和操作文件记录指针，实现 RandomAccessFile 与众不同的定位随机访问。

4. RandomAccessFile 的常用访问方式

创建 RandomAccessFile 对象时，需要指定文件的访问方式，常用的包括下面两种。

"r"：以只读方式打开指定文件。

"rw"：以读、写方式打开指定文件，如果文件不存在则尝试创建该文件。

RandomAccessFile 没有只写的访问方式。

【例 12-2】利用 RandomAccessFile 对象向 data. dat 文件中写入字符和 int 型数据，并检测每次写入后文件记录指针的取值。

因为 RandomAccessFile 没有只写的访问方式，所以使用 "rw" 方式。

代码如下：

```
public static void main(String[] args) throws IOException{
    File demo = new File("data. dat");
    RandomAccessFile rf = new RandomAccessFile(demo,"rw");
    System. out. println(rf. getFilePointer());        //0
    rf. write （'A'）;                                   //write()方法每次写入 1 字节，低 8 位
    System. out. println (rf. getFilePointer());        //1
    int i = 0x41;
    rf. write （i）;                                     //write()方法每次写入 1 字节，变量 i 的低 8 位
    System. out. println (rf. getFilePointer());        //2
    rf. writeInt （i）;                                  //writeInt()方法写入一个 int：4 字节
    System. out. println (rf. getFilePointer());        //6
    rf. close();                                        //文件读写完成以后一定关闭文件
}
```

其中，write() 方法每次向文件写入 1 字节，即字符'A'的低 8 位，i 变量的低 8 位。'A'在

Unicode 编码为 0x0041（16 位），低 8 位对应 0x41，写入文件后仍是'A'，i 变量占 4 字节 0x00000041，低 8 位对应 0x41，写入文件后也是'A'，。writeInt()方法向文件写入一个 int，占 4 字节，虽然写入文件的 i 依然被按文本解释为'A'，但是却占 4 字节，这些可以从 getFilePointer()方法获取的指针获悉。

另外，需要注意文件读写完成以后一定要进行关闭。流已经超越了 JVM 管辖范畴，所以必须由程序员释放流对象资源。

【例 12-3】向磁盘"demo"文件夹的 data. dat 文件中写入 10 个 int 型随机整数；从键盘上输入 1~10 这些序号，在控制台打印出对应数字。

分析：关于文件夹和文件是 File 类的管辖范畴，如果磁盘上没有"demo"文件夹或"data. dat"文件（使用 File 类的 exists()方法检测），则使用 File 类中的 mkdir()、createNewFile()方法创建。

因为 RandomAccessFile 没有只写的访问方式，所以使用"rw"方式。在文件中读写的是 int 型数据，所以使用 writeInt()和 readInt()方法。在 Java 中，每个 int 类型的数据都占 4 字节，按照序号 position 读取某个数字时，根据（position - 1）* 4 计算得到该数据记录指针的起始位置，从这里开始读取一个 int。

代码如下：

```java
public static void main(String[] args) throws IOException{
    File demo = new File("demo");
    if(! demo. exists()){
        demo. mkdir();                          //创建文件夹
    }
    File file = new File(demo,"data. dat");
    if(! file. exists()){
        file. createNewFile();                  //创建文件
    }
    RandomAccessFile raf = new RandomAccessFile(file,"rw");
    for(int i = 0; i < 10; i ++){               //写入 10 个随机 int 数据
        int number = (int)(Math. random() * 100);
        System. out. println("[" + (i+1) + "]" + number);
        raf. writeInt(number);
    }
    System. out. print("输入要读取的整数的序号 1 - 10(0 结束):");
    Scanner scn = new Scanner(System. in);
    int position = scn. nextInt();
    long fp = raf. getFilePointer();            //获取文件指针
    while(position ! = 0){
        raf. seek((position - 1) * 4);          //定位文件指针
        int number = raf. readInt();            //读取一个 int
        System. out. println(number);
        System. out. print("输入要读取的整数的序号 1 - 10(0 结束):");
        position = scn. nextInt();
    }
}
```

RandomAccessFile 类适合处理由大小已知的数据所组成的文件，可以使用 seek()将文件记录指针从一处移到另一处，然后读取或写入数据。文件中的数据的大小不一定都相同，只要能

276

够确定数据有多大以及它们在文件中的位置即可。

与文件的写操作不同，读取一个文件的前提是必须对文件有足够清晰的了解，需要清楚到它的每个字节。

【例 12-4】 利用 RandomAccessFile 实现文件的多线程下载。

因为 RandomAccessFile 中设有文件记录指针，所以使用它下载一个文件时，可以将文件分成几块，每块用不同的线程进行下载，几个线程共同操作一个文件的不同位置。

预先分配好文件所需要的空间，然后在所分配的空间中进行分块，进行写入操作。

```java
public class FileWriteThread extends Thread {
    private int offset;
    private byte[] content;
    private String fileName;
    public FileWriteThread(int offset, byte[] content, String fileName) {
        this. offset = offset;
        this. content = content;
        this. fileName = fileName;
    }
    public void run() {
        System. out. println(getName());
        RandomAccessFile raf = null;
        try {
            raf = new RandomAccessFile(fileName, "rw");
            raf. seek(offset);
            raf. write(content);
        } catch (FileNotFoundException e) {
            e. printStackTrace();
        } catch (IOException e) {
            e. printStackTrace();
        } finally {
            try { raf. close(); } catch (Exception e) {}
        }
    }
}
public class Download {
    public static void main(String[] args) throws Exception {
        String fileName = "demo" + File. separator + "abc. txt";
        //预分配文件所占的磁盘空间,磁盘中会创建一个指定大小的文件
        RandomAccessFile raf = new RandomAccessFile(fileName, "rw");
        raf. setLength(5 * 256);          //预分配文件空间
        raf. close();
        //利用多线程同时写入一个文件
        for(int i = 0; i < 5; i ++) {      //要写入的文件内容
            String s = "第" + (i + 1) + "个字符串";
            //每个线程从文件的 256 * i 字节之后开始写入数据
            Thread t = new FileWriteThread(256 * i, s. getBytes(), fileName);
            t. start();
        }
    }
}
```

【思维扩展】 利用 RandomAccessFile 可以实现文件下载时的多线程断点续传。在下载开始

时建立两个文件，一个是与被下载文件大小相同的空文件，一个是记录各线程文件记录指针的位置文件。下载时使用多条线程启动输入流读取网络数据，并使用 RandomAccessFile 类将网络上读取的数据写入已建好的空文件中，同时记录文件指针的文件分别记下每个线程当前写入后的文件指针的位置。即便网络断开下载中断，再次启动下载时，依然可以依据记录下的各文件指针位置继续向下写数据。

12.3　字节流

字节流以字节为读写单位。Java 的字节流体系以抽象类 InputStream 和 OutputStream 作为顶层向下包含了众多子类成员，可以按照输入流/输出流的方式完成各种基本数据类型数据、数组、字符串、对象、文件等的读入和写出。

12.3.1　抽象类 InputStream 和 OutputStream

InputStream 和 OutputStream 是字节流的抽象父类，它们以字节为单位进行 I/O 操作。

1. InputStream 类

InputStream 的作用是用来表示那些从不同数据源产生输入的类，如图 12-1 所示，这些数据源包括字节数组（ByteArrayInputStream）、字符串（StringBufferInputStream）、文件（FileInputStream）、管道（PipedInputStream）、流序列（SequenceInputStream）以及网络连接等。

（1）子类

InputStream 主要有以下子类。

ByteArrayInputStream：把内存中的一个缓冲区作为 InputStream，读取该缓冲区内容。

StringBufferInputStream：把一个字符串对象转换成 InputStream。

FileInputStream：把文件作为 InputStream，用于从文件中读取信息。

PipedInputStream：实现了管道（pipe）的概念，产生用于写入 PipedOutputStream 的数据，在线程通信中使用。

SequenceInputStream：把多个 InputStream 合并为一个 InputStream。

（2）方法

InputStream 中定义了 3 个输入方法：int read()，int read（byte[] b），int read（byte[] b，int off，int len），用法同 RandomAccessFile 类。

除此之外，还有以下几个常用方法。

int available()：返回流中可用字节数。需要注意，如果在输入阻塞、当前线程将被挂起时，调用这个方法只会返回 0。

void close()：关闭输入流，并释放与该流关联的所有系统资源。

对于带有缓冲区的 InputStream，还可以使用以下几个方法。

long skip（long n）：跳过数据流中指定数量的字节不读，返回跳过的字节数。

void mark（int limit）：在流中的当前位置做标记（以后可能再返回该位置继续读操作）。"流"如同它的名字，像流水一样不可逆，所以如果要返回，则需要提前做好标记，这样系统会将标记后的数据缓存起来以便再次读取。例如，mark（1024）表示在当前位置做标记，并缓存从当前位置开始的 1024 字节。

278

void reset()：返回上一个标记过的位置。

boolean markSupported()：是否支持标记和复位操作。

2. OutputStream

OutputStream 表示输出要去往的目标，如字节数组（ByteArrayOutputStream）、文件（FileOutputStream）或者管道（PipedOutputStream）。

（1）子类

OutputStream 主要的子类包括以下几种。

ByteArrayOutputStream：在内存中创建缓冲区，所有送往"流"的数据都先放置在此缓冲区。

FileOutputStream：用于将信息写入文件。

PipedOutputStream：配合 PipedInputStream 类在线程间通信。

（2）方法

OutputStream 类中定义了 3 个输出方法：write（int b），write（byte[] b），write（byte[] b，int off，int len），用法同 RandomAccessFile 类。

除此之外，还有两个常用方法。

void close()：关闭输出流。

void flush()：强制刷新输出缓冲区内容，将输出缓冲区内容写入流。对于带有缓冲区的 OutputStream，可以使用 flush()方法。

12.3.2 文件流 FileInputStream 和 FileOutputStream

FileInputStream 和 FileOutputStream 基于字节，广泛用于文件操作。

FileInputStream 类用于读取一个文件，FileOutputStream 类用于将数据写入一个文件。FileInputStream 常用构造方法包括：FileInputStream（String name）和 FileInputStream（File file）。

它们都会打开一个到实际文件的连接，并创建一个文件输入流。如果该文件不存在，或者它是一个目录，或者因为其他原因而无法打开，会抛出 FileNotFoundException 异常。前者文件通过路径名 name 指定，后者通过 File 对象指定。

FileOutputStream 常用构造方法包括：FileOutputStream（String name）、FileOutputStream（File file）、FileOutputStream（String name，boolean isAppend）和 FileOutputStream（File file，boolean isAppend）。

它们都会创建一个向文件中写数据的文件输出流。如果该文件存在，但它是一个目录；或者该文件不存在，且无法创建它；或者因为其他原因而无法打开它，则抛出 FileNotFoundException 异常。前两个构造方法，如果原来已存在这个文件，则会把原来的删掉，再创建一个新的。后两个构造方法由参数 isAppend 指定文件已存在时，是否采取追加方式，true 为采用追加方式，不新建文件而是从文件末尾处开始写入。

【例 12-5】编写一个对指定文件进行加密复制的程序。

分析：复制文件就是将一个文件读出再写入另一个文件的过程，无论文件是何类型，都可以按照字节一一读出，一一写入，所以使用 FileInputStream 和 FileOutputStream 可以实现任意文件的复制。

read()方法每次从文件中读取 1 字节，范围为 0～255，如果已到达文件的末尾，则返回

-1，所以循环读取的条件：检测读到的数据是否为 -1。

所谓加密复制就是在写入数据前对其进行加密处理，这里采取异或运算。

```java
public class FileCopy {
    public static void main(String[] args) {
        FileInputStream fis = null;
        FileOutputStream fos = null;
        //指定加密密码
        int code = 123456;
        int data;
        try {
            fis = new FileInputStream("a.jpg");
            fos = new FileOutputStream("b.jpg");
            while((data = fis.read()) != -1) {        //边读边加密边写
                fos.write(data^code);
            }
        } catch (IOException e) {
            e.printStackTrace();
        } finally {
            if (fis != null) try {fis.close();} catch (IOException e) {}
            if (fos != null) try {fos.close();} catch (IOException e) {}
        }
    }
}
```

所以，得出 Java 中操作流的基本框架：

1）声明流对象的引用变量，赋初值为 null。

2）在 try 代码块中完成对输入流、输出流的操作。

3）在 catch 代码块中对可能抛出的异常进行捕获处理。

4）在 finally 代码块中关闭输入/输出流，关闭操作也需要在 try – catch 代码块中书写。

【提示】因为异或具有这样的性质：a^b = c，则 c^b = a，所以通过两次异或即可还原文件。

12.3.3 缓冲流 BufferedInputStream 和 BufferedOutputStream

FilterInputStream 和 FilterOutputStream 是 InputStream 和 OutputStream 的子类，它们是"装饰器"类的基类。因为 Java 的 I/O 类库需要多种不同功能的组合，所以使用了装饰器模式，用装饰器类对其他输入/输出流进行包装。所谓"包装"即提供更多的功能，如为读写数据增加缓冲、将字节数据结合成有意义的基本数据类型数据等，它们在读/写数据的同时可以对数据进行特殊处理。这些也被称为"处理流"，与"节点流"的概念相对应。

BufferedInputStream 和 BufferedOutputStream 是 FilterInputStream 和 FilterOutputStream 的子类，为普通的字节流增加了缓冲区功能，将 InputStream 和 OutputStream 对象包装为一个带缓冲的字节流。

因为内存的读写速度快，而磁盘的读写速度慢，二者间的数据传输堵塞严重。所以，为了减少对磁盘的存取，通常在内存和磁盘间建立一个缓冲区，从磁盘中读数据时一次读入一个缓冲区大小的数量，数据写入磁盘时也是先将缓冲区装满后，再将缓冲区数据一次性写入到磁盘，由此提高了文件存取的效率。

BufferedInputStream 和 BufferedOutputStream 提供的缓冲机制可以提高输入/输出流的读取效

率，支持 skip()、reset() 等操作。

BufferedInputStream 的构造方法如下。

BufferedInputStream（InputStream in）：包装 InputStream 对象、创建 BufferedInputStream 对象，并创建一个默认大小（8192 字节）的字节数组做缓冲区。

BufferedInputStream（InputStream in，int size）：包装 InputStream 对象、创建指定缓冲区大小的 BufferedInputStream 对象。

BufferedOutputStream 的构造方法与之相似，BufferedOutputStream 对象默认的缓冲区大小为 8192 字节。当使用 write() 方法写入数据时，会先将数据写至缓冲区，待缓冲区满时才会执行 write() 方法，将缓冲区数据写入目的地。

内部带缓冲区成员的缓冲流的工作原理如图 12-4 所示。

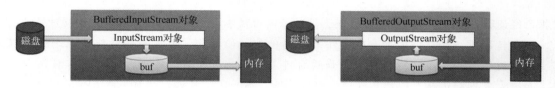

图 12-4　内部带缓冲区成员的缓冲流的工作原理图

【例 12-6】对比带缓冲区的文件复制与不带缓冲区文件复制的性能。

通过完成相同的复制工作所花费的时间对比得到带缓冲区与不带缓冲区间的差别。

```java
public static void main( String[] args) {
    FileInputStream fis = null;
    FileOutputStream fos = null;
    BufferedInputStream bis = null;
    BufferedOutputStream bos = null;
    try {
        fis = new FileInputStream( "a. jpg" );
        fos = new FileOutputStream( "b. jpg" );
        bis = new BufferedInputStream( fis );    //包装
        bos = new BufferedOutputStream( fos );
        int data;
        Date d1 = new Date();
        while ( ( data = bis. read())! = -1) {   //复制文件
            bos. write ( data);
        }
        Date d2 = new Date();
        System. out. println ( " 消耗时间:" + ( d2. getTime() - d1. getTime()));
    } catch ( IOException e) {
        e. printStackTrace();
    } finally {
        if ( bis! = null) try { bis. close();} catch ( IOException e) {}
        if ( bos! = null) try { bos. close();} catch ( IOException e) {}
    }
}
```

运行完程序后，将复制部分改为直接使用文件输入流 fis 和输出流 fos：

```
        while( ( data = fis. read( ) ) ! = -1) {
            fos. write（data）;
    }
```

通过对比发现，带缓冲区的复制操作要比不带缓冲区的复制时间少很多。

流关闭的顺序是：流之间存在依赖关系时，根据依赖关系，如果流 a 依赖流 b，应该先关闭流 a，再关闭流 b。例如，缓冲流 bos 依赖节点流 fos，应该先关闭缓冲流 bos，再关闭节点流 fos。但是，因为处理流在关闭的时候，会自动调用节点流的关闭方法，所以通常只关闭处理流，本例 finally 中的处理即只关闭了处理流 bis 和 bos 两个对象。

【关于 flush()刷新】 对于 BufferedOutputStream，只有缓冲区满时，才会将数据真正送到输出流。那么有些情况下，就需要人为地调用 flush()方法将尚未填满的缓冲区中的数据送出。例如，数据已经读取完毕，但缓冲区尚未装满，这时必须由程序调用 flush()方法强制刷新缓冲区。

一般情况下，如果调用 close()方法，会隐含 flush()操作。但是有些特殊情况下通信双方需要保持通信，建立的流不能关闭。如两台计算机使用 QQ 软件聊天，流对象需长期保持连接，而聊天数据都是在本地计算机的输出缓冲区，不一定被装满，此时不能关闭流，每次必须调用 flush()操作将数据发送给对方。

12.3.4　数据过滤流 DataInputStream 和 DataOutputStream

数据过滤流类 DataInputStream 和 DataOutputStream 也是 FilterInputStream 和 FilterOutputStream 的子类。它们将字节数据按照指定形式结合成有意义的基本数据类型数据以及 String 类型数据。

DataOutputStream 可以将各种基本数据类型以及 String 对象格式化输出到流，这样任何机器上的任何 DataInputStream 都能够读取它们。无论读写数据的平台多么不同，只要使用 DataOutputStream 写入数据，Java 就保证可以使用 DataInputStream 准确地读取数据。

DataInputStream 除父类 InputStream 中的 3 个 read()方法外，还有 8 种基本数据类型数据的读方法：short readShort()、int readInt()、long readLong()、byte readByte()、boolean readBoolean()、char readChar()、float readFloat()、double readDouble()，以及 readUTF()方法用于读取一个 String。如果读取过程中输入流已到达文件末尾，则抛出 EOFException 异常。

DataOutputStream 除父类 OutputStream 中的和 3 个 write()方法外，还有 8 种基本数据类型数据的写方法：void writeShort（int）、void writeInt（int）、void writeLong（long）、void writeByte（int）、void writeChar（int）、void writeBoolean（boolean）、void writeFloat（float）、void writeDouble（double），以及 void writeChars（String）、void WriteUTF（String）方法用于写入一个 String。

它们的构造方法有 DataInputStream（InputStream in），DataOutputStream（OutputStream out），对已有的 InputStream 和 OutputStream 对象进行包装，包装的过程如图 12-5 所示。

【例 12-7】 使用数据过滤流将 1000~2000 的素数写到文件中持久化保存；将这些素数从文件读出，按每行 10 个的形式打印。

分析：使用自定义方法 boolean isPrime（int）判断某数是否为素数。找到素数后，将其用 writeInt()方法写入文件。读取文件时，每次使用 readInt()方法读取一个 int。

虽然在 DataInputStream 的读过程中，如果已到达文件末尾，会抛出 EOFException 异常，

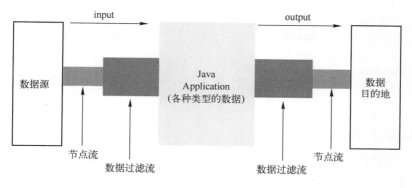

图 12-5　数据过滤流包装过程

但用异常进行流控制被认为是对异常特性的错误使用。但使用 readInt() 每次读取 4 字节, 任何值都可能是合法的结果, 因此也不能用返回值来检测输入流读取是否结束。此时, 应使用 available() 方法查看还有多少可供存取的字符, 以此作为循环的条件。

代码如下:

```java
public static void main( String[] args) {
    FileOutputStream fos = null;
    DataOutputStream dos = null;
    try {
        fos = new FileOutputStream( "a. dat") ;
        dos = new DataOutputStream( fos) ;
        for( int n = 1000; n < 2000; n ++ )
            if( isPrime( n) )
                dos. writeInt( n) ;                    //写入一个素数
    } catch( IOException e) {
        e. printStackTrace() ;
    } finally {
        if( dos! = null) try{ dos. close() ;} catch( Exception e) {}
    }
    FileInputStream fis = null;
    DataInputStream dis = null;
    int count = 0;
    try {
        fis = new FileInputStream( "a. dat") ;
        dis = new DataInputStream( fis) ;
        while( dis. available() > 0) {                 //用 available() 控制循环
            count ++ ;
            System. out. print( dis. readInt() + "     ") ;  //读取一个素数
            if( count % 10 == 0) System. out. println() ;
        }
    } catch( IOException e) {
        e. printStackTrace() ;
    } finally {
        if( dis! = null) try{ dis. close() ;} catch( Exception e) {}
    }
}
private static boolean isPrime( int x) {
```

```
            for( int div = 2 ; div < = Math. sqrt( x ) ; div ++ )
                if( x% div == 0 )
                        return false ;
            return true ;
    }
```

12. 3. 5　打印流 PrintStream

PrintStream 是打印输出流，它继承自 FilterOutputStream。PrintStream 用来装饰其他输出流，为其他输出流添加功能，使它们能够方便地打印各种基本类型的数据和字符串。

1. 关于 PrintStream

PrintStream 提供了大量重载的 print() 和 println() 方法，可以打印各种数据值。以 print() 方法为例，有 print（boolean）、print（char）、print（char[]）、print（double）、print（float）、print（long）、print（int）、print（Object）、print（String）等。println() 方法在 print() 的基础上，每次输出完毕后打印一个回车符并换行。

与其他输出流不同，PrintStream 永远不会抛出 IOException，它产生的 IOException 会被自身的方法所捕获并设置为错误标记，用户可以通过 checkError() 方法返回错误标记，从而查看 PrintStream 内部是否产生了 IOException。

另外，PrintStream 提供了自动刷新功能，在构造方法中可以指定自动刷新的参数。

PrintStream(OutputStream out ,boolean autoFlush)

当参数 autoFlush 为 true 时，每次输出后可以自动刷新缓冲区，即自动调用 flush() 方法。PrintStream 还可以指定输出字符的编码方式。

PrintStream(OutputStream out ,boolean autoFlush ,String encoding)

若不指定编码，则采用系统默认的字符编码，关于字符的编码详见 12.4 节。

标准输出流对象 System. out 已被封装为 PrintStream 类型，写在 System. out 后面的 print()、println() 和 Java SE 5.0 提供的 printf() 都是 PrintStream 定义的方法。

2. PrintStream 和 DataOutputStream 的区别

PrintStream 和 DataOutputStream 都是继承自 FilerOutputStream，用于包装其他输出流，但它们有如下不同。

1）PrintStream 和 DataOutputStream 的目的不同。

DataOutputStream 的作用是装饰其他输出流，它和 DataInputStream 配合使用，允许应用程序以与机器无关的方式从底层输入流中读、写 Java 数据类型数据。

PrintStream 的作用虽然也是装饰其他输出流，但是它的目的不是读写 Java 数据类型数据，而是为其他输出流提供打印各种类型数据值的方法，使其他输出流能方便地通过 print()、println() 或 printf() 等输出各种格式的数据。

2）PrintStream 和 DataOutputStream 都可以将数据格式化输出，但它们在输出字符串时的编码不同。

DataOutputStream （和 DataInputStream） 在读、写字符串时固定地使用 UTF - 8 编码。

284

DataOutputStream 中的 writeUTF（String）方法使用 UTF-8 编码将字符串写入输出流，DataInputStream 中的 readUTF()方法使用 UTF-8 编码读取输入流中的字符串，所以，无论读写数据的平台多么不同，只要使用 DataOutputStream 写入字符串，Java 就保证可以使用 DataInputStream 无乱码地读取字符串。

PrintStream 输出字符串时采用的是用户指定的编码（创建 PrintStream 时指定的），若没有指定，则采用系统默认的字符编码 ISO 8859-1。

3）PrintStream 和 DataOutputStream 写入数据时的异常处理机制不同。

DataOutputStream 向输出流中写入数据时，若产生 IOException 则会将其抛出。PrintStream 向输出流中写入数据时，若产生 IOException，则会在 write() 中进行捕获处理，并设置 trouble 标记为 true（用于表示产生了异常）。用户可以通过 checkError() 返回 trouble 值，从而检查输出流中是否产生了异常。

4）PrintStream 和 DataOutputStream 的构造方法不同。

DataOutputStream 的构造方法只有一个：DataOutputStream（OutputStream out），即它只能包装 OutputStream。

PrintStream 的构造方法有许多，可以包装 OutputStream 对象、File 对象或者 String 类型的文件名对象等。而且，在 PrintStream 的构造方法中可以指定字符集以及是否支持自动 flush() 操作。

12.3.6 序列化接口 Serializable 与对象流 ObjectInputStream 和 ObjectOutputStream

有时希望将以对象方式存在于内存中的数据存储至文件（持久化到文件），需要时再将其从文件中读出还原为对象，或者在网络上传送对象，这时可以使用 Java 提供的对象流 ObjectInputStream 和 ObjectOutputStream。

如果对象需要被持久化到文件，或者在网络上传送对象，则定义该对象的类必须实现 Serializable 接口。Serializable 接口中并没有任何方法，这个接口只具有标识性的意义，代表该对象是可以序列化的。

把 Java 对象转换为字节序列的过程称为对象的序列化，把字节序列恢复为 Java 对象的过程称为对象的反序列化。

【例 12-8】将一个 Student 对象持久化到文件，并从文件读出和打印。

定义一个 Student 类如下：

```
public class Student implements Serializable{
    private String name;
    private int age;
    private static final long serialVersionUID = -71080277765951316257L;
    public Student(String name,int age) {
        this. name = name;
        this. age = age;
    }
    //set、get 方法…
}
```

Student 类中有一个常量 serialVersionUID，它代表了可序列化对象的版本。

Java 的序列化机制是通过运行时判断类的 serialVersionUID 来验证版本的一致性。在进行反序列化时，JVM 会把传来的字节流中的 serialVersionUID 与本地相应类的 serialVersionUID 进行比较，如果相同则认为是一致的，可以进行反序列化，否则就会出现序列化版本不一致的 InvalidCastException 异常。因此，为了维持版本信息的一致，提高 serialVersionUID 的独立性和确定性，强烈建议显式定义 serialVersionUID，为它赋予明确的取值。

一个类实现了 Serializable 接口，如果没有显式地定义 serialVersionUID，Eclipse 会给出警告提示。单击 Eclipse 类中的警告图标，Eclipse 就会自动给出两种生成方式的提示，可根据需要进行选择。

1）默认值：private static final longserialVersionUID = 1L。

2）根据类名、接口名、成员方法及属性等来生成一个 64 位的敬列字段：

private static final long serialVersionUID = xxxxL。

为了区分序列化对象，建议采用第 2 种方式生成 serialVersionUID，令不同的类对象对应不同的 serialVersionUID 取值。

ObjectInputStream 和 ObjectOutputStream 在 InputStream 和 OutputStream 的基础上增加了对象的读写功能。

void writeObject（Object）：写入对象。

Object readObject()：读出对象，返回值为 Object 类型，需要将其强转为对象原来的类型。

读写一个 Student 对象的代码如下：

```java
public static void main(String[] args) {
    FileInputStream fis = null;
    FileOutputStream fos = null;
    ObjectInputStream ois = null;
    ObjectOutputStream oos = null;
    try {
        fos = new FileOutputStream("object. dat");
        oos = new ObjectOutputStream(fos);                          //包装
        Student stu = new Student("Lucy",15);
        System. out. println(stu. getName() + "," + stu. getAge());  //Lucy,15
        System. out. println(stu);                                   //Student@ e53108
        oos. writeObject(stu);                                       //写至文件
        oos. flush();
    } catch (IOException e) {
        e. printStackTrace();
    } finally {
        if(oos! = null) try{oos. close();} catch(IOException e){}
    }
    try {
        fis = new FileInputStream("object. dat");
        ois = new ObjectInputStream(fis);                           //包装
        Student stu = (Student)ois. readObject();                   //从文件读取
        System. out. println(stu. getName() + "," + stu. getAge()); //Lucy,15
        System. out. println(stu);                                   //Student@ 1de3f2d
    } catch (Exception e) {
        e. printStackTrace();
    } finally {
        if(ois! = null) try{ois. close();} catch(IOException e){}
    }
}
```

将写入文件前的 Student 对象的地址和从文件读出的 Student 对象的地址进行对比，发现两个地址并不相同，这说明持久化到文件中的对象是原对象的复制，其取值与原对象相同，但并非原对象（原对象也存在于 JVM 中）。

12.3.7　字节数组流 ByteArrayInputStream 和 ByteArrayOutputStream

流的来源或目的地不一定是文件，也可以是内存中的一段空间。

内存虚拟文件就是把内存中的数据缓存区虚拟成一个文件，原来应该写入到磁盘文件的内容，可以写入内存中；原来应该从磁盘文件中读取的内容，也可以从内存中读取。这样可以大大提高应用程序的性能和效率。

在 Java 中定义了 ByteArrayInputStream 和 ByteArrayOutputStream，用于以 I/O 流的方式来完成对字节数组内容的读写，支持类似内存虚拟文件的功能。

它们的构造方法如下。

ByteArrayInputStream(byte[] buf)：使用 buf 作为其缓冲区数组创建一个 ByteArrayInput-Stream 对象。

ByteArrayInputStream(byte[] buf, int offset, int length)：使用 buf 数组从 offset 位置开始的 length 长度空间作为缓冲区创建 ByteArrayInputStream。

ByteArrayOutputStream()：创建一个新的字节数组输出流。

ByteArrayOutputStream(int size)：创建一个新的字节数组输出流，它具有指定大小的缓冲区容量。

ByteArrayInputStream 和 ByteArrayOutputStream 作为与内存这个物理存储打交道的节点流，它们可以被处理流所包装，从而用更丰富的操作使用字节数组流中的字节数据。

【例 12-9】实现对象的深复制。

在 Java 中深复制一个对象的前提是对象以及对象内部所有引用到的对象都是可序列化的，即都实现了 Serializable 接口（或者不可序列化的对象已设为 transient（瞬间属性），从而可以将其排除在复制过程之外）。

通过【例 12-8】看到，将对象持久化到文件中再读出可以获得原对象的复制，所以利用这个方法可以深复制对象。将【例 12-8】中的文件流改为字节数组流，用对象流包装 ByteArrayInputStream 和 ByteArrayOutputStream，将写出对象和读回对象都在内存中完成，同样实现获得原对象的复制，但通过使用字节数组流而提高了效率。

在一个 Student 类中增加一个 Teacher 对象的引用，标识与学生相关联的教师信息。

```java
public class Teacher implements Serializable{
    private static final long serialVersionUID = -6989255306342194450L;
    private String name;
    public Teacher(String name) {
        this. name = name;
    }
    //set、get 方法…
}
public class Student implements Serializable{
    private static final long serialVersionUID = -5079927634365312280L;
```

```
        private String name;
        private int age;
        private Teacher teacher;
        public Student(String name, int age, Teacher teacher) {
            this.name = name;
            this.age = age;
            this.teacher = teacher;
        }
        //set、get 方法…
        public Student deepClone() throws ClassNotFoundException, IOException {
            //将对象写到字节数组流里
            ByteArrayOutputStream bos = new ByteArrayOutputStream();
            ObjectOutputStream oos = new ObjectOutputStream(bos);          //包装字节数组流
            oos.writeObject(this);
            //从流里读出对象
            //初始化字节数组输入流,大小及内容由字节数组输出流决定
            ByteArrayInputStream bis = new ByteArrayInputStream(bos.toByteArray());
            ObjectInputStream ois = new ObjectInputStream(bis);
            return ((Student)ois.readObject());              //可能抛出 ClassNotFoundException 异常
        }
        public static void main(String[] args) throws ClassNotFoundException, IOException {
            Teacher teacher = new Teacher("LeoKang");
            Student s1 = new Student("Lucy", 15, teacher);
            Student s2 = (Student)s1.deepClone();            //调用深复制方法
            s2.teacher.setName("GraceZhang");                //修改学生 2 的老师
            System.out.println("s1 - teacher - name:" + s1.teacher.getName());  //LeoKang
            System.out.println("s2 - teacher - name:" + s2.teacher.getName());  //GraceZhang
        }
    }
```

ByteArrayOutputStream 类中的 byte[] toByteArray()方法创建一个字节数组,其大小等于调用该方法的字节数组输出流的缓冲区实际大小,并将缓冲区的有效内容复制到该数组中。由此将前面写入 ByteArrayOutputStream 对象的数据读回到 ByteArrayInputStream 对象中,再由 readObject()方法将字节数组中的数据反序列化为 Student 对象。

通过运行程序可以看到这样的方法实现的是对象的深复制。当修改复制对象 s2 的 teacher 信息时,并没有影响原对象 s1 的 teacher 信息,s1 和 s2 的引用变量 teacher 各自拥有独立的 Teacher 对象。

12.4 字符流

InputStream 和 OutputStream 系列处理的是字节流,存取数据流时以字节为单位,但它们在读写文本字符、字符串时就不太方便。另外,字节流只支持 ISO – 8859 – 1 编码,而 Java 本身使用 Unicode 编码,各个平台、系统中的字符还会使用其他编码方式。

为了便于读写字符型数据,让 Java 的 I/O 流都支持 Unicode 编码,并允许使用其他字符编码方案,Java 1.1 的类库中增加了 Reader 和 Writer 继承层次结构,分别表示字符输入流和字符输出流。

12. 4. 1　抽象类 Reader 和 Writer

如图 12-2 所示，几乎所有的原始的 I/O 流都有相应的 Reader 和 Writer 类来提供字符操作（但这不意味着任何场合都要使用字符流，字节流仍然有其特定的应用场合）。

1. Reader 类

Reader 类中定义了以下 3 个基本的读取数据的方法。

int read()：从输入流中读取单个字符。因为 Java 采用 Unicode 编码，每个字符分配 2 字节的存储空间，所以 read()方法将读取 2 字节，返回所读取的字符数据的 Unicode 编码。

int read（char[]cbuf）：从输入流中最多读取 cbuf. length 个字符的数据，并将其存储在字符数组 cbuf 中，返回实际读取的字符数。

int read（char[]cbuf, int off, int len）：从输入流中最多读取 len 个字符的数据，并将其存储在字符数组 cbuf 中，从数组的 off 位置开始存储。

所有 read()方法在读取流数据时，如果已到达流的末尾，则返回 -1。

2. Writer 类

Writer 类中定义的向输出流写出数据的方法，既包括写出字符、字符数组的，同时也包括写出字符串的，如下几种。

void write（int c）：将指定的字符输出到输出流。

void write（char[]cbuf）：将字符数组 cbuf 中的数据输出到指定输出流。

void write（char[]cbuf, int off, int len）：将字符数组 cbuf 从 off 位置开始的 len 个字符输出到指定输出流。

void write（String str）：将 str 字符串中的字符输出到指定输出流。

void write（String str, int off, int len）：将 str 字符串中从 off 位置开始的 len 个字符输出到指定输出流。

12. 4. 2　转换流 InputStreamReader 和 OutputStreamWriter

有时用户必须把来自于"字节"层次结构中的类和来自于"字符"层次结构中的类结合起来使用，为了实现这个目的，要用 InputStreamReader 将 InputStream 转换为 Reader，用 OuputStreamWriter 将 OutputStream 转换为 Writer。

1. 关于字符编码

读取字符流时，最主要的问题是字符编码的转换。

我们所看到的计算机中的文本文件、数据文件、图片文件等其实只是一种表象，所有文件在底层都是二进制文件，即存储的全部都是二进制字节数据。对于文本文件而言，之所以可以看到一个个字符，是因为系统已经将底层的二进制序列按照某种字符编码转换成字符。

当需要保存文本文件时，程序必须先把文件中的每个字符翻译成二进制序列，这个过程称为编码（encode）；当读取文本文件时，程序需要将底层二进制序列转换为一个个的字符，这个过程称为解码（decode）。

常用的编码方案包括以下几种。

（1）ASCII

美国国家信息交换标准码，使用 7 个或 8 个二进制位进行编码，最多可以给 256 个字符

（包括字母、数字、标点符号、控制字符及其他符号）编码。其他所有的编码方案都兼容 ASCII，所以 ASCII 范围内的字符不会出现乱码。

（2）汉字编码

- GB2312：使用两字节表示一个汉字，由一字节的区码和一字节的位码组成。为了与西文加以区分，每个汉字的区位码在原始区码和位码的基础上各自加上 0xA0 得到。
- GBK：GBK 是 GB2312 的扩展方案，使用了 GB2312 中原来编码空间的一些空位，增加了一些汉字，因此向下兼容 GB2312，是 Windows 中文系统的默认字符集。

（3）国际编码

Unicode：国际统一的编码方式，真正的纯两字节的编码方案。对所有的字符一视同仁，原有的 ASCII 字符通过在高位加 00 来兼容 Unicode。Unicode 编码的文件可以同时对地球上几乎所有已知的文字字符进行书写和表示。缺点是网络传输速度慢，且一旦有一字节丢失即会出现乱码。

UTF-8：建立在 Unicode 基础上，采用变长字节，对于英文为 1 字节，对于汉字为 2 或 3 字节，能够更有效地利用存储空间，同时克服了 Unicode 编码因丢失某字节而造成全部乱码的情况。

（4）ISO-8859-1（ISO 拉丁字母表，也称 ISO-LATIN-1）

单字节编码，将汉字的双字节解释成两个单独的 ASCII 字符。使用 HTTP 进行数据传输的时候，所有的信息都是按照 ISO-8859-1 编码方式进行编码，浏览器默认采用ISO-8859-1来解码。

例如："北京 Bei" 这几个字符用 GBK、Unicode、UTF-8 方案编码的形式如表 12-1 所示。

表 12-1　编码示例

编　码	北	京	B	e	i	特　　点
GBK	B1B1	BEA9	42	65	69	汉字 2 字节，西文 1 字节
Unicode	5317	4EAC	0042	0065	0069	全部 2 字节
UTF-8	E58C97	E4BAAC	42	65	69	汉字 2 个或 3 字节，西文 1 字节

2. 利用转换流设置字符编码

Reader 类能将输入流中采用其他编码方式的字节流转换为 Unicode 字符，然后在内存中为这些 Unicode 字符分配内存。Writer 类能将内存中的 Unicode 字符转换为其他的编码方式的字节流，再写到输出流。在默认的情况下，Reader 和 Writer 会在本地平台默认字符编码和 Unicode 编码间进行转换。中文 Windows 操作系统中默认的是 GBK 编码，中文 Linux 操作系统中默认的是 UTF-8 编码。

如果需要输入、输出流采用特定编码方案，可以使用 InputStreamReader 和 OutputStreamWriter 类，它们在将字节流转换为字符流的同时，可以指定字符编码方式。

InputStreamReader 和 OutputStreamWriter 工作在字节流与字符流之间，被称作转换流，InputStreamReader 可以将 1 字节流中的若干字节解码成字符，OutputStreamWriter 可以将写入的字符编码成若干字节的二进制数据。

常用的构造方法如下。

- InputStreamReader（InputStream in）：创建一个使用默认字符集的 InputStreamReader。
- InputStreamReader（InputStream in，String charsetName）：创建使用指定字符集的

InputStreamReader。

- OutputStreamWriter（OutputStream out）：创建使用默认字符编码的 OutputStreamWriter。
- OutputStreamWriter（OutputStream out，String charsetName）：创建使用指定字符集的 Out-putStreamWriter。

【例 12-10】 向文件中写入一个中文字符串，再将其从文件读出。

说明：为了演示汉字编码的使用，本例利用两种编码向输出流写入字符串"北京"，一次使用默认的本地编码方案 GBK，一次指定编码方式 UTF - 8。从输入流读取数据时使用 UTF - 8 编码。

代码如下：

```java
public static void main(String[] args) {
    FileOutputStream fos = null;
    OutputStreamWriter osw = null;
    FileInputStream fis = null;
    InputStreamReader isr = null;
    try {
        fos = new FileOutputStream("a. dat");
        osw = new OutputStreamWriter(fos);            //使用默认编码方案 GBK
        osw. write("北京");
        osw. flush();
        //指定新的编码方案 UTF - 8
        osw = new OutputStreamWriter(fos,"UTF - 8");
        osw. write("北京");
    } catch (FileNotFoundException e) {
        e. printStackTrace();
    } catch (IOException e) {
        e. printStackTrace();
    } finally {
        if(osw! = null) try { osw. close(); } catch (IOException e) {e. printStackTrace();}
    }
    int ch;
    try {
        fis = new FileInputStream("a. dat");
        isr = new InputStreamReader(fis,"UTF - 8");    //指定编码方案 UTF - 8
        while((ch = isr. read())! = -1) {              //读出一个字符:2 字节
            System. out. print((char)ch);             //强转为 Unicode 编码字符
        }
    } catch (FileNotFoundException e) {
        e. printStackTrace();
    } catch (IOException e) {
        e. printStackTrace();
    } finally {
        if(isr! = null) try { isr. close(); } catch (IOException e) {e. printStackTrace();}
    }
}
```

如图 12-6 所示，Java 程序中的字符串"北京"默认采用 Unicode 编码，它首先按照本地默认编码 GBK 转换为相应的中文字符编码，这些 GBK 形式的编码所对应的二进制序列被写入到底层文件中；第二次，字符串"北京"从 Unicode 编码转换为 OutputStreamWriter 指定的

UTF-8编码，并将这些UTF-8编码所对应的二进制序列写入底层文件。

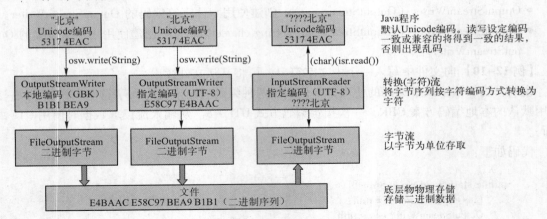

图 12-6　汉字字符的读写与编码关系

当从文件读出这些二进制序列后，InputStreamReader 类指定编码方案为 UTF-8，所以这些二进制数据将按照 UTF-8 编码的方案进行重组。显然，写入和读出都使用 UTF-8 编码方案的中文字符串被解读正确；但用 GBK 方式写入，用 UTF-8 方式读出的中文字符因无法解读而出现了乱码。

所以，为了保证不出现中文乱码，在写入和读出时都传递编码方式，且使用统一的编码方案（或者是兼容的编码方案亦可，如 GBK 兼容 GB2312），实现跨平台的特性。

【刨根问底】向输出流写入字符数据时，除了使用转换流 OutputStreamWriter 指定编码方案外，还可以使用 String 类的 byte[] getBytes() 方法或 byte[] getBytes（String encode）方法直接获取字符串在某编码方案下的字节序列，将其写入输出流。

byte[] getBytes()：使用本地平台默认字符编码完成解码。

byte[] getBytes（String encode）：使用指定的字符集将字符串解码为字节序列，并将结果存储到一个字节数组中。

例如，上述写入输出流的代码也可以写为：

```
fos = new FileOutputStream("a.dat");
fos.write("北京".getBytes());            //使用本地默认编码方案 GBK 转换为字节序列
fos.write（"北京".getBytes（"UTF-8"））; //使用指定编码 UTF-8 转换为字节序列
```

向文件写入数据时，省去了转换流 OutputStreamWriter。

当从文件读出的时候依然要使用转换流 InputStreamReader 指定编码方式，实现将二进制字节序列组织为符合编码标准的相应字符。

12.4.3　FileReader 和 FileWriter

如果存取的是一个文本文件，可以直接使用 FileReader 和 FileWriter 类，它们分别继承自 InputStreamReader 和 OutputStreamWriter。

FileReader 类用于文本文件的读，每次读取一个字符或一个字符数组。FileWriter 类用于文本文件的写，每次写入一个字符、一个数组或一个字符串。通常可以将 FileReader 对象看作一个以字符为单位的无格式的字符输入流，将 FileWriter 对象看作是以字符为单位的无格式的字

292

符输出流。

FileReader 和 FileWriter 类只能按照平台默认的字符编码进行字符的读写，若要指定编码，则应使用 InputStreamReader 和 OutputStreamWriter。

【例 12-11】将九九乘法表保存在文本文件中。

```java
public static void main(String[] args) {
    FileWriter fw = null;
    FileReader fr = null;
    int ch;
    try {
        fw = new FileWriter("aa.txt");
        for(int i = 1; i < = 9; i ++) {
            for(int j = 1; j < =i; j ++) {
                //写入字符串
                fw.write(j + " * " + i + " = " + (i * j) + "\t");
            }
            fw.write("\r\n");                //每行结束后输出一个回车换行
        }
        fw.flush();                          //强制刷新
        //读出并在控制台打印
        fr = new FileReader("aa.txt");
        while((ch = fr.read())! = -1) {      //每次读取一个字符
            System.out.print((char)ch);
        }
    } catch(FileNotFoundException e) {
        e.printStackTrace();
    } catch(IOException e) {
        e.printStackTrace();
    } finally {
        if(fw! = null) try {fw.close();} catch(IOException e) {e.printStackTrace();}
        if(fr! = null) try {fr.close();} catch(IOException e) {e.printStackTrace();}
    }
}
```

12.4.4 BufferedReader 类

BufferedReader 和 BufferedWriter 类都带有 8192 个字符的缓冲区。除此之外，BufferedReader 类还可以"文本行"为基本单位读取数据，文本行是以回车换行结束的字符序列。

String readLine()：从输入流中读取一行字符，如果读遇到流结束，则返回 null。

12.4.5 PrintWriter 类

PrintWriter 和 PrintStream 一样都是打印流。

PrintStream 的问题是它不支持国际化，不能用与平台无关的方式处理换行。所以在 JDK 1.1 中引入了 PrintWriter 类，它是字符流，依旧使用与 PrintStream 相同的格式化接口 print() 和 println() 方法，但提供了国际化支持。在输出方面，PrintWriter 比 PrintStream 更为合适。JDK 1.1 版的 API 中建议新开发的程序使用 PrintWriter 类。

PrintWriter 提供了既能接收 Writer 对象又能接收 OutputStream 对象的构造方法，简化了输出流对象的创建过程。

PrintWriter 也可以设置缓冲区的自动刷新。PrintWriter 仅在调用 println() 方法时自动刷新；而 PrintStream 只要输出遇到换行符（调用 println() 方法、输出换行符等），缓冲区的内容就会被强制输出。

【例 12-12】将计算得到的几个圆的面积写入一个文件，如图 12-7 所示，再将文件中的信息读取出来并打印。

图 12-7　文件内容

分析：圆的面积为 double 类型，使用 PrintWriter 的 println() 方法打印输出。代码如下：

```
FileOutputStream fos = null;
PrintWriter pw = null;
try {
    fos = new FileOutputStream("a. txt");
    pw = new PrintWriter(fos);
    for(int r = 1; r < =5; r++){
        double area = Math. PI * r * r;
        //一次写入一行
        pw. println(area);              //PrintWriter 不抛出异常
    }
} catch (FileNotFoundException e) {
    e. printStackTrace();
} finally {
    if(pw! = null)        pw. close();
}
```

将数据读出时，可以使用 BufferedReader 的 readLine() 方法每次读出一行，这样最为便捷。但是，BufferedReader 不能直接包装 FileInputStream，所以中间引入转换流 InputStreamReader，即 FileInputStream→InputStreamReader→BufferedReader。代码如下：

```
FileInputStream fis = null;
InputStreamReader isr = null;
BufferedReader br = null;
String line;
try {
    fis = new FileInputStream("a. txt");
    isr = new InputStreamReader(fis);
    br = new BufferedReader(isr);
    while( (line = br. readLine())! = null){      //每次读取一行
        System. out. println(line);               //System. out: PrintStream
    }
```

```
        }catch (FileNotFoundException e) {
            e. printStackTrace();
        }catch (IOException e) {
            e. printStackTrace();
        }finally {
            if( br! = null) try { br. close() ;} catch (IOException e) {e. printStackTrace() ;}
        }
```

PrintWriter 的按行写方法 println() 和 BufferedReader 的按行读方法 readLine() 为文本文件的读写提供了极大的便利。

12.5　输入/输出流汇总

Java 的输入/输出流体系提供了几十个类，不能尽述，下面按功能将常用流进行分类梳理，如表 12-2 所示。

表 12-2　Java 输入/输出流体系中常用的流分类

分　类	字节输入流	字节输出流	字符输入流	字符输出流
抽象父类	InputStream	OutputStream	Reader	Writer
访问文件	FileInputStream	FileOutputStream	FileReader	FileWriter
访问数组	ByteArrayInputStream	ByteArrayOutputStream	CharArrayReader	CharArrayWriter
访问字符串	StringBufferInputStream		StringReader	StringWriter
转换流			InputStreamReader	OutputStreamWriter
对象流	ObjectInputStream	ObjectOutputStream		
装饰流父类	FilterInputStream	FilterOutputStream	FilterReader	FilterWriter
缓冲流	BufferedInputStream	BufferedOutputStream	BufferedReader	BufferedWriter
打印流		PrintStream		PrintWriter
数据过滤流	DataInputStream	DataOutputStream		

表 12-2 中灰色背景的为节点流，直接与不同的物理存储打交道；其他的非抽象类为处理流，可以对节点流进行包装，或提供缓存、或提供数据的格式化读写、打印，总之使输入/输出更简单便捷，执行效率更高。

表 12-2 中的节点流包括以下几类。

1）对内存进行读写（包括字符数组、字节数组、字符串）：CharArrayReader、CharArray-Writer、ByteArrayInputStream、ByteArrayOutputStream、StringReader、StringWriter。

2）对文件进行读写：FileReader、FileWriter、FileInputStream、FileOutputStream。

另外，来自和写入网络 Socket 端口的数据以字节的形式读写，也是一种节点流。

表 12-2 中的处理流包括以下几种。

1）对对象进行读写：ObjectInputStream、ObjectOutputStream。

2）按 Java 基本数据类型读写：DataInputStream、DataOutputStream。

3）格式化打印输出：PrintWriter、PrintStream。

4）读写时对数据进行缓存：BufferedReader、BufferedWriter、BufferedInputStream、

BufferedOutputStream。

5）按照一定的编码标准将字节流转换为字符流：InputStreamReader、OutputStreamWriter。

如图 12-8 和图 12-9 所示为输入流和输出流的工作过程。输入/输出流按传输数据单位分为字节流和字符流。它们都由与底层直接打交道的节点流和对节点流进行包装处理的处理流组成。处理流对字节序列，或者字符序列进行加工处理。转换流工作在字节流和字符流间，提供加入编码方式的字节数据与字符数据间的转换。

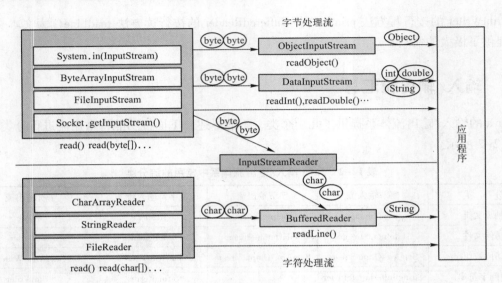

图 12-8　输入流的工作过程

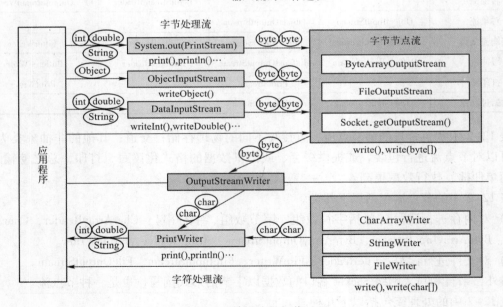

图 12-9　输出流的工作过程

应用程序可以直接操作节点流，也可以通过处理流操作节点流。

按照读写的数据单位将输入/输出流整理如表 12-3 所示。

表 12-3　实现不同数据读写的输入/输出流

	输　入　流	读　方　法	输　出　流	写　方　法
1 字节	FileInputStream RandomAccessFile	int read()	FileOutputStream RandomAccessFile	void write（int）
字节数组	ByteArrayInputStream FileInputStream RandomAccessFile	int read（byte[]） int read（byte[], int, int）	ByteArrayOutputStream FileOutputStream RandomAccessFile	void write（byte[]） write（byte[], int, int）
基本类型数据的写入与读出	DataInputStream	int readInt() double readDouble() …	DataOutputStream	void writeInt（int） void writeDouble（double） …
一个字符	StringReader CharArrayReader InputStreamReader FileReader	int read()	StringWriter CharArrayWriter OutputStreamWriter FileWriter	void write（int）
字符数组	FileReader CharArrayReader StringReader InputStreamReader	int read（char[]） int read（char[], int, int）	FileWriter CharArrayWriter StringWriter OutputStreamWriter	void write（char[]） void write（char[], int, int）
字符串	DataInputStream	String readUTF()	DataOutputStream	void writeChars（String） void WriteUTF（String）
			StringWriter CharArrayWriter OutputStreamWriter FileWriter	void write（String） void write（String, int, int）
一行字符	BufferedReader	String readLine()	PrintWriter	void println（double） void println（int） …
基本数据类型数据的输出			PrintWriter	void print（double） void print（int） …
对象	ObjectInputStream	Object readObject()	ObjectOutputStream	void writeObject（Object）

通过以上的梳理，希望读者能够充分理解 Java 的 I/O 系统，能够灵活、准确、高效地应用这些输入/输出流。

12.6　习题

1）举例说明 Java 的 I/O 系统中有哪些节点流和处理流，这些处理流都为节点流包装了哪些功能，各自应用在哪些场合。

2）列出某一个文件夹下创建日期晚于指定时间的所有的文件。（知识点：File 类）

3）将几个 int 型整数写到一个文件中，并按相反顺序读出这些数据。（知识点：RandomAccessFile 类）

4）向文件中写入几个数据，包括 int 型、double 型、long 型、boolean 型、字符串等数据，再将它们依次读出来。（知识点：DataOutputStream 和 DataInputStream）

5）向一个文件写入 20 行的杨辉三角形。（知识点：FileWriter 和 BufferdReader）

6）将一个文本文件的内容按行读出，每读出一行就顺序地添加行号，并写入另外一个文件中。（知识点：BufferdReader 和 PrintWriter）

7）设计一个 GUI 界面，包含文本域、"打开"按钮和"保存"按钮，如图 12-10 所示。单击"保存"按钮可以将文本域的内容保存至指定文件，单击"打开"按钮可以在文本域中显示选中文件的内容。提示：使用文件对话框指定打开和保存文件。（知识点：GUI + BufferdReader 和 PrintWriter）

图 12-10　运行效果图

8）下面程序的执行结果是什么？（知识点：read()方法）

```java
public static void main(String[] args) {
    FileOutputStream out = null;
    FileInputStream in = null;
    try {
        out = new FileOutputStream("hello. txt");
        byte[] content = "ABCDEFG". getBytes();
        out. write(content);
        in = new FileInputStream("hello. txt");
        byte[] tom = new byte[3];
        StringBuffer bufferOne = new StringBuffer();
        StringBuffer bufferTwo = new StringBuffer();
        int m;
        while((m = in. read(tom,0,3))! = -1){
            String s1 =    new String(tom,0 ,m);
            bufferOne. append(s1);
            String s2 = new String(tom,0,3);
            bufferTwo. append(s2);
        }
        System. out. println(bufferOne);
        System. out. println(bufferTwo);
    } catch (IOException e) {
    } finally {
        try { out. close(); } catch(IOException e) {}
        try { in. close(); } catch(IOException e) {}
    }
}
```

12.7　实验指导

1. 实验目的

1）掌握 File 类的使用。

2）掌握将对象持久化保存和读取的方法。

2. 实验题目

【题目 1】编写程序，列出指定目录下所有文件后缀名为 java 的文件。

【题目 2】扩充第 10 章"用户管理系统"的功能，如图 12-11 所示。

1）在系统退出前可以将所有用户信息写入文件。

2）下次进入系统时可以从该文件导入用户信息。

3）在导入用户信息的基础上继续保存新的注册用户。

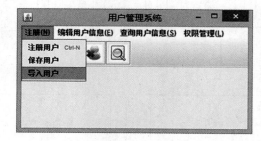

图 12-11　运行效果图

12.8 本章思维导图

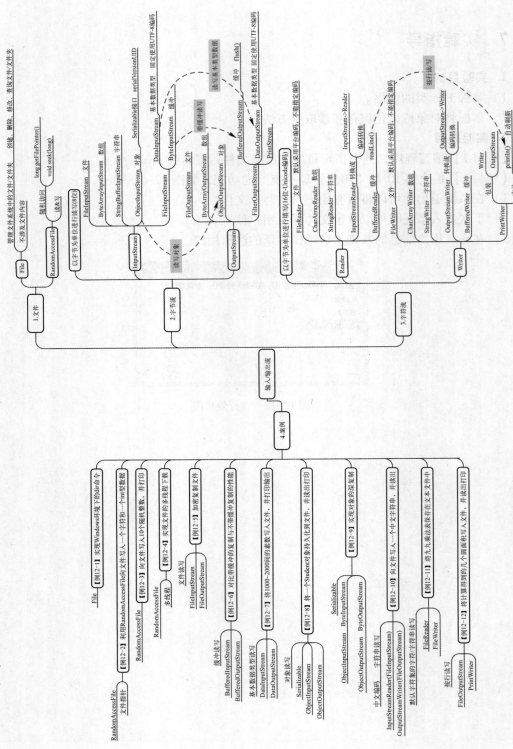

第 13 章　数据库访问技术

Java 使用 JDBC（Java Database Connectivity）技术完成数据库访问。通过 JDBC API，Java 程序可以以统一的方式、非常方便地操作各种主流数据库。

JDBC API 是 Sun 公司制定的操作数据库的标准，与数据库操作相关的部分都是接口，没有提供实现类。这些实现类由每个数据库厂商依据接口标准提供，实现类即相当于该数据库的驱动程序。这样，程序员使用 JDBC 时只要面向标准的 API 编程即可，如果需要在不同的数据库之间切换，只要更换数据库的驱动程序。JDBC 采用的就是面向接口编程的模式。

如果使用标准的 SQL，那么 JDBC 开发的数据库应用既可以跨平台，也可以跨数据库运行。因此，可以使用任何一种数据库来学习 JDBC 编程，本章以 MySQL 数据库为例讲解标准 SQL 语句的语法，以及数据库应用。

13.1　MySQL 数据库与 SQL 语法

MySQL 是一种开源的关系型数据库管理系统，它采用客户端/服务器体系结构，数据库服务相当于一个网络应用程序。它的特点是小巧，使用简单。

13.1.1　MySQL 数据库的安装

MySQL 数据库的安装与普通应用程序相似，关键点在于安装过程中为数据库选择支持中文的编码集，并指定好 root 用户的口令。

MySQL 的安装程序可以在官网 http://dev. mysql. com/downloads/mysql 根据自己所用平台选择下载，这里选择安装 MySQL 5.5.47 版本。

安装过程依据提示逐步单击 "Next" 按钮完成。安装完成后选择立即配置 MySQL 数据库实例，如图 13-1 所示。除设置字符集编码和 root 用户密码外，均可以依次采取默认配置。

关于 MySQL 务必关注以下概念。

（1）MySQL 服务的端口号

如图 13-2 所示，MySQL 默认数据库应用实例的服务端口是 3306。

这里的 "端口" 是一个软件领域抽象出来的概念，如果把计算机的 IP 地址看作是一部电话，那么端口就相当于分机。

每个端口会对应一个端口号，标识计算机为某个应用程序分配的可以与外部进行通信的编号，比如 HTTP 服务的端口号为 80，FTP 服务的端口号为 21 等。

网络应用程序一定要和某个端口绑定监听关系，这是为什么呢？

举一个例子，一台计算机有多个网络应用程序被打开：聊天工具、网络视频、浏览网页等。而该计算机的网卡只有一个，这些应用程序的数据传递给网卡后，网卡需要将数据解包分发给对应的应用程序。因此，端口就是网络应用程序的标识。显然，各网络服务程序的端口号不能重复，否则会引发端口冲突。

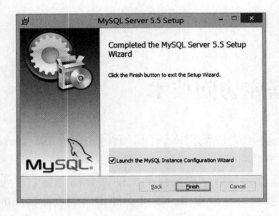
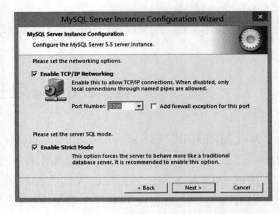

图 13-1　安装后选择配置 MySQL 实例　　　　　　图 13-2　设定 MySQL 的服务端口

（2）字符集

安装过程中若遇到如图 13-3 所示的 MySQL 字符集对话框时，选择中文"gbk"。

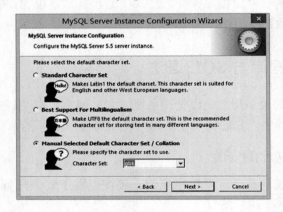

图 13-3　指定 MySQL 数据库的字符集

MySQL 数据库默认的字符集是 latin1，即 ISO - 8859 - 1，为单字节编码，为了使数据库应用能按照中文字符进行 SQL 操作，建议在安装时将字符集选定为 gbk。

中文乱码是数据库编程时需要面对的一个问题，所以大家需要了解 MySQL 数据库字符集设置的各个环节。MySQL 中涉及字符集的系统变量如表 13-1 所示。

表 13-1　字符集的系统变量

系 统 变 量	说　　明	安装时指定 gbk 后的 my. ini 配置文件
character__set_client	从客户端发送给服务器的语句的字符集	[mysql] default - character - set = gbk
character_set_connection	客户端和服务器连接的字符集	
character_set_results	从服务器发送到客户端的 select 语句的最终结果的字符集	
character_set_database	当前数据库的默认字符集	[mysqld] character - set - server = gbk
character_set_server	服务器的默认字符集	

因为 MySQL 是客户端/服务器架构，指令有从客户端传送到服务器端的过程，所以编码涉及客户端和服务器端两部分。"客户端"视访问 MySQL 的方式而定：通过命令行访问，命令

行窗口就是客户端（命令行的字符集依据操作系统，如 Windows 的默认字符集为 gbk，Linux 的默认字符集为 UTF-8）；通过 JDBC 等连接访问，程序就是客户端（如果是 Java 程序，那么默认的字符集为 Unicode 编码）。

MySQL 的字符集转换过程如图 13-4 所示。

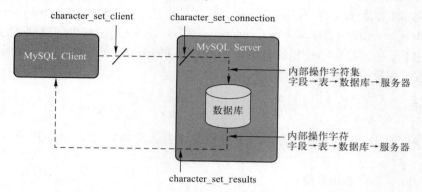

图 13-4　MySQL 的字符集转换过程

以 MySQL 的命令行作为客户端，发送请求的转码过程如下：

1）在命令行输入指令（可能含中文字符），依据平台编码转换为二进制流。

2）二进制流依据 character_set_client 解码，通过 MySQL Client 传送到 MySQL Server。

3）MySQL Server 收到客户端的请求时，将请求数据从 character_set_client 转换为 character_set_connection（如果二者相同，则不需要转码，下同）。

4）MySQL Server 进行内部操作前，将请求数据从 character_set_connection 转换为内部操作字符集，转换后的字符编码以二进制流形式存入数据库文件。MySQL 数据库对象的字符集的指定有如下继承关系：

Column(字段)→Table(表)→Database(数据库)→Server(服务器)

也就是说，如果前者没有显式指定字符集，那么将采用后者的字符集。

同样以命令行作为客户端，返回查询结果时的转码过程如下：

1）执行 select 查询语句，从数据库文件读出查询结果的二进制数据流，用内部操作字符集进行解码。

2）MySQL Server 将查询结果数据从内部操作字符集转换为 character_set_results 字符集，并将数据传输到 MySQL Client。

3）MySQL Client 接收到数据后，按照平台编码解读二进制数据流，展示查询结果。

从上述过程可以看到，向 MySQL 写入中文数据时，在客户端接收到请求发送前、到达数据库进行数据库连接时、数据写入数据库时都可能涉及编码转换；执行查询时，在读取数据库数据、传送结果前也可能涉及编码转换。也就是说，中文乱码可能发生在客户端、数据库连接、数据库以及查询结果这其中的一个或多个环节。

所以，为了避免出现中文乱码，在 MySQL 中关于字符集的使用应遵循如下原则：

1）保证存入和取出的编码一致，即令 character_set_client、character_set_connection、character_set_results 的取值相同。为了能够以字符为单位来进行 SQL 操作，建议使用 gbk 或者 UTF-8 编码。

2）一般情况下，服务端字符集设为 UTF－8（可以支持多国语言），其他设置为 gbk。

3）建立数据库/表、进行数据库连接操作时显式指定字符集（建议 UTF－8），而不是依赖 MySQL 的默认设置，否则在迁移数据库时会带来很大困扰。

在 MySQL 安装时如果选择 gbk 字符集，则表 13-1 中的 5 个系统变量均被设置为 gbk，这些设置会写在 MySQL 的配置文件 my.ini 中。my.ini 文件中的"default－character－set＝gbk"语句设置了 character_set_client、character_set_connection 和 character_set_results 变量取值为 gbk。

如果错过了安装时指定字符集的时机，在 MySQL 的客户端也可以通过"set names …"语句为这 3 个系统变量统一赋值，例如：

> mysql > set names gbk;

【提示】MySQL 默认以分号作为每条命令的结束符，所以在每条 MySQL 命令后都应输入一个分号。

该语句与以下 3 个语句等价：

mysql > set character_set_client = gbk;

mysql > set character_set_connection = gbk;

mysql > set character_set_results = gbk;

在 MySQL 的客户端，用"show variables …"命令可以查看这些变量的取值，如图 13-5 所示。

其中，character_set_filesystem 指定 MySQL 的文件系统按照二进制字节流进行存取，character_set_system 指定系统原数据（字段名、数据库名、用户名、版本名等）的字符集，这两个变量取值不允许修改。

（3）root 用户口令

MySQL 数据库在安装时会建立一个默认的数据库管理员 root 用户，它拥有数据库访问的最高权限（可以创建其他用户、为用户分配权限等），安装时需要为 root 用户指定口令，如图 13-6所示。

图 13-5　查看 MySQL 数据库的字符集变量

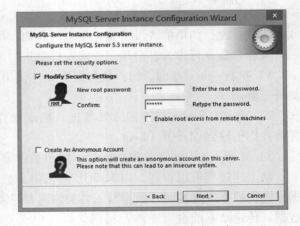

图 13-6　为 root 用户指定口令

连接 MySQL 数据库时将会使用到用户名及密码。

13.1.2　MySQL 数据库的常用命令

关系型数据库中最基本的数据存储单元是数据表，数据库可以看成是大量数据表（除数据表外还有索引、视图等）组成的集合。数据表由若干记录（行）组成，每个记录由若干字段（列）组成。因此，操作数据库的常用命令分为库、表、字段等级别。

1. 数据库操作命令

常用的数据库命令如表 13-2 所示。

表 13-2 MySQL 中的数据库操作命令

功　能	命　令
创建数据库	create database[if not exists]数据库名[default character set …];
显示数据库	show databases;
连接数据库	use 数据库名;
删除数据库	drop 数据库名;

MySQL 数据库的一个实例可以同时包含多个数据库，"show databases" 命令可以查看当前实例下包含哪些数据库。

创建数据库时可以使用 "if not exists" 条件，指定在该数据库不存在时执行创建指令。

强烈建议在创建数据库时显式指定 Database 级别的字符集。例如，创建一个使用 UTF - 8 字符集的数据库 test 的语句如下：

```
create database if not existstest default character set utf8;
```

建立了数据库后，如果要进一步操作该数据库中的表，则要使用 "use" 命令连接到数据库，即先打开数据库连接，才能实施数据表级的命令。

2. 数据表操作命令

MySQL 中数据表的常用操作命令如表 13-3 所示。

表 13-3 MySQL 中的数据表的操作命令

功　能	命　令
创建表	create table <表名> (<字段名 1> <类型 1> [,.. <字段名 n> <类型 n>]) [character set = …];
显示表	show tables;
查看表结构	desc 表名;
删除表	drop table <表名>;
更改表名	rename table 原表名 to 新表名;
在表中增加字段	alter table 表名 add 字段名 类型 [default …];
在表中删除字段	alter table 表名 drop column 字段名;
修改字段名称/类型	alter table 表名 change 原字段名 新字段名 新类型;

连接数据库后，如果要查询该数据库包含哪些数据表，可以使用 "show tables" 命令。

使用 create 命令创建数据表时，需要指定表名、数据表中各字段的名称和类型。强烈建议在建立数据表时，显式指定 Table 级的字符集方案。

MySQL 字段支持的数据类型包括 tinyint/smallint/mediumint/int/bigint（1 字节/2 字节/3 字节/4 字节/8 字节整数）、float/double（单精度/双精度浮点数）、decimal（精确小数类型）、date（日期类型）、time（时间类型）、datetime（日期时间类型）、timestamp（时间戳类型）、year（年类型）、char（定长字符串类型）、varchar（变长字符串类型）、tinyblob/blob/medium-blob/longblob（1 字节/2 字节/3 字节/4 字节二进制大对象，可以用于存储图片、音乐等二进制数据，分别存储 255 B/65 KB/16 MB/4 GB 大小的数据）等。

对于字段，还可以指定约束条件，常用的约束条件包括非空、唯一、主键等，如表13-4所示。只要彼此不矛盾，它们可以同时出现在定义字段的数据类型的后面，顺序不限。

表13-4　MySQL 中字段的约束

功　能	命　令	注　释
非空	not null	指定某列不能为空
唯一	unique	指定某列或者几列的组合值不能重复
主键	primary key	指定该列的值可以唯一标识该记录

为数据表指定主键，可以将"primary key"直接写在字段后面，也可以单独声明：primary key（字段名）。

【例13-1】建立一张用户信息表，包括 id（非空、自动增量、主键）、email（变长字符串、非空、唯一）、username（变长字符串、默认为空）、hobbies（变长字符串、非空）等字段。数据表字符集采用 UTF-8。

说明："auto_increment"是 MySQL 中的自增长类型。很多数据库对主键都支持这种自增长的特性，如果某个字段的类型是整型，而且该字段作为主键，则可以指定该列具有自增长功能。这个值没有任何物理含义，仅仅用于标识每行记录。默认地，auto_increment 字段的开始值是1，每产生一条新记录递增1。

创建用户信息表的 SQL 语句如下：

```
create table user (
id int NOT NULL auto_increment primary key,
emailvarchar(50) NOT NULL unique,
usernamevarchar(50),
hobbiesvarchar(50) NOT NULL
) character set utf8;
```

或者：

```
create table user(
id int NOT NULL auto_increment,
 email varchar(50) NOT NULL unique,
username varchar(50),
hobbies varchar(50) NOT NULL,
primary key(id)
) character set utf8;
```

使用 desc 命令可以查看数据表结构，如图13-7所示。

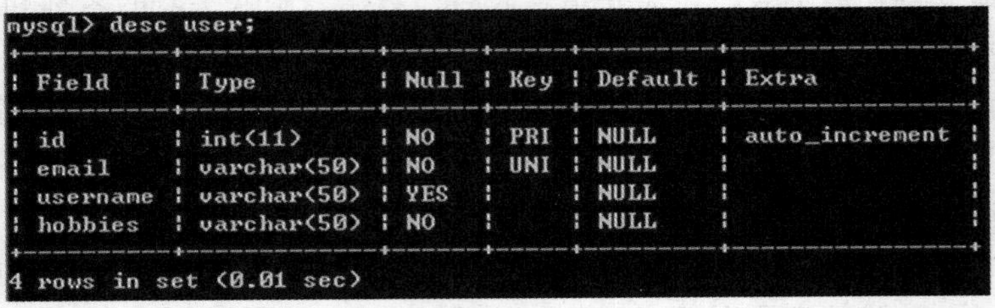

```
mysql> desc user;
+----------+-------------+------+-----+---------+----------------+
| Field    | Type        | Null | Key | Default | Extra          |
+----------+-------------+------+-----+---------+----------------+
| id       | int(11)     | NO   | PRI | NULL    | auto_increment |
| email    | varchar(50) | NO   | UNI | NULL    |                |
| username | varchar(50) | YES  |     | NULL    |                |
| hobbies  | varchar(50) | NO   |     | NULL    |                |
+----------+-------------+------+-----+---------+----------------+
4 rows in set (0.01 sec)
```

图13-7　查看数据表结构

对于已创建好的表，也可以修改其表结构，包括为表增加字段、删除字段、修改字段的名称或类型等，命令见表 13-3。

13.1.3 SQL 语句

SQL 语句是所有关系型数据库通用的命令语句，JDBC API 是操作 SQL 语句的工具，所以 JDBC 编程之前必须掌握基本的 SQL 知识。完成增、删、改操作的 SQL 语句如表 13-5 所示。

表 13-5 增、删、改操作的 SQL 语句

功　能	命　令
插入记录	insert into <表名> [(<字段名 1> [,<字段名 2>···])] values(值 1)[(值 2)···]
更新记录	update <表名> set 字段名 1 = 值 1[,字段名 2 = 值 2]···[where 条件]
删除记录	delete from <表名> [where 条件]

1. insert into 语句

insert into 用于向指定数据表插入记录，表名后可以用括号列出所有要插入值的字段名，values 后用括号列出对应需要插入的值。例如：

> insert into user(email,hobbies) values('lucy@ 126. com ','看书,体育运动');

【说明】对于 auto_increment 型字段不必为其规定取值，MySQL 会自动为其添加一个唯一的值。

如果省略了表名后面的括号，默认为所有字段都插入值，这时需要在 values 中为所有字段都指定取值（包括 auto_increment），值的顺序与创建表时的字段顺序一致。如果某个字段的取值不确定，可以用 null 值占位，所以 auto_increment 型字段的位置可以使用 null，由系统填入该字段的取值。例如：

> insert into user values(null,'leo@ 126. com ',null,'看书');

2. update 语句

update 语句用于修改数据表中的记录。默认时，修改表中所有记录；通常会按照 where 条件进行筛选，修改指定的记录。

> update user set hobbies = '睡觉,看书'where email = 'leo@ 126. com ';

3. delete from 语句

delete from 语句用于删除指定数据表的记录，为行方式的操作，所以删除时不需要指定字段。默认时，删除表中所有记录；通常会按照 where 条件进行筛选，删除指定的记录。

> delete from user where id > 10;

4. select 语句

select 语句的功能是查询数据表，它是 SQL 语句中功能最丰富的语句，如表 13-6 所示。

表 13-6　select 语句的常用形式

功　能	命　令
基本查询	select ＊ from <表名> [where 条件] select [字段 1,字段 2,…] from <表名> [where 条件]
清除重复记录	select [distinct]…
对查询结果排序	select … [order by 字段 1[desc],…]

（1）基本查询

select 后面的字段列表用于确定选择哪些字段，如果要选择所有列，则用星号＊表示。

```
select email,hobbies from user;
select ＊ from user where id < 10;
```

（2）清除重复记录

select 默认会将所有符合条件的记录全部查询出来，即使记录一模一样。如果要去除重复行，可以使用 distinct 关键字从查询结果中清除重复行。

```
select distinct username,hobbies from user;
```

（3）对查询结果排序

select 的查询结果默认按插入记录的顺序排列，如果要按某个字段或某几个字段的取值进行排序，可使用 "order by" 子句。排序默认为升序（asc），如果强制按照降序排列，可以在字段后面用 desc 关键字指定。

```
select ＊ from user where id < 10 order by email;
select ＊ from user order by emaildesc;
```

order by 可以指定按多个字段排序，当第一个字段取值相同时，继续按后面的字段排序。

```
select ＊ from user order by email,username;
```

多个字段的排序规则可以不同，但需要在每个字段后指定，如图 13-8 所示。

```
select ＊ from user order by username asc,email desc;
```

图 13-8　多字段排序示意图

13.2　JDBC 的体系结构和 JDBC 驱动程序的实现方式

使用 JDBC 进行数据库访问操作前，需要了解下 JDBC 的体系结构，以及实现 JDBC 驱动的常见方式。

13.2.1　JDBC 的体系结构

JDBC 的体系结构如图 13-9 所示，主要由 Java 应用程序和 JDBC API、JDBC 驱动程序管理器（JDBC Driver Manager）、JDBC Driver API 及数据库驱动程序组成。

图 13-9　JDBC 体系结构

JDBC 提供的编程接口分为两部分：面向应用程序的编程接口 JDBC API 和供底层开发的驱动程序接口 JDBC Driver API。

JDBC Driver API 是为各个商业数据库厂商提供的，数据库厂商依据 JDBC Driver API 接口设计各自数据库产品的驱动程序。数据库驱动程序与具体的数据库相关，用于向数据库提交 SQL 请求，并将结果返回给应用程序。

JDBC API 是为 Java 程序员提供的，其作用是屏蔽不同的数据库驱动程序之间的差别，使 Java 程序员有一个标准的、纯 Java 的数据库程序设计接口，使 Java 可以访问任意类型的数据库。

JDBC Driver Manager 工作在 Java 应用程序与数据库驱动程序之间，为应用程序加载和调用驱动程序。Java 应用程序首先使用 JDBC API 与 JDBC Driver Manager 交互，由 JDBC Driver Manager 载入指定的数据库驱动程序，之后就可以由 JDBC API 直接存取数据库。

13.2.2　JDBC 驱动程序的实现方式

JDBC 驱动程序可以分为 4 种类型，如图 13-10 所示。

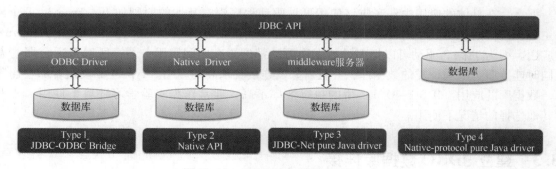

图 13-10　JDBC 驱动程序的实现方式

（1）Type 1：JDBC - ODBC bridge plus ODBC driver

即 JDBC - ODBC 桥 + ODBC 驱动程序。这种方式将 JDBC 的调用方式转换为 ODBC（Open Database Connectivity）驱动程序的调用，其底层通过 ODBC 驱动程序来连接数据库。

Type 1 要求用户的计算机（客户端）必须事先安装好 ODBC 驱动程序。只要相关的 ODBC 驱动存在，JDBC - ODBC 桥几乎可以访问所有的数据库，所以 Java 刚诞生时这是一个有用的驱动程序，因为大多数的数据库只支持 ODBC 访问。

但由于 JDBC - ODBC 先调用 ODBC，再由 ODBC 调用本地数据库接口访问数据库，所以执行效率比较低，对于大数据量存取的应用是不适合的，并且这种方法要求客户端必须安装 ODBC驱动，所以对于基于 Internet 的应用也是不合适的，因为不能保证所有客户端都安装有 ODBC 驱动。

（2）Type 2：Native - API

即本地 API 驱动程序。应用程序使用 JDBC API 访问数据库时，驱动程序将 JDBC API 访问转换成数据库厂商提供的本地 API 再去访问数据库。

这种方式要求客户端必须安装特定的数据库客户端开发包，因此这种驱动方式也不适合基于的 Internet 应用。

（3）Type 3：JDBC - Net pure Java driver

即 JDBC 网络纯 Java 驱动程序。JDBC 驱动程序会将 JDBC API 调用解释成与数据库无关的网络通信协议，经过中间件服务器的第二次解析，将网络协议命令转换成数据库所能理解的操作命令，即网络通信协议→中间件服务器→数据库 Server 的三层架构。中间件服务器通常由非数据库厂商提供。

通过中间件存取数据库，Type 3 可以同时连接多个不同种类的数据库，这是最为灵活的 JDBC 驱动方式，且执行效率也是比较好的。

（4）Type 4：Native - protocol pure Java driver

即本地协议纯 Java 驱动程序。这种驱动程序将 JDBC API 调用直接转换为数据库所使用的网络协议，这将允许从客户机上直接访问数据库 Server。这样的协议都是专用的，可以从数据库软件供应商处获得驱动，MySQL 的 Connector/J 驱动是一个 Type 4 驱动程序。

因为这种驱动不需要先把 JDBC 的调用传给 ODBC 或本地数据库接口或是中间层服务器，所以这种驱动程序的性能最高。

它不需要在客户端或服务器端装载任何的软件或驱动，但是对于不同的数据库需要安装不同的驱动程序。

那么，在具体的应用中到底应该使用哪种驱动程序呢？基本的原则如下：Type 3、Type 4 是主流，它们的执行效率高，且不要求在客户端安装任何软件或驱动，尤其适合基于 Internet 的应用。因为 Type 3 驱动可以把多种数据库驱动都配置在中间层服务器，所以最适合那些需要同时连接多个不同种类的数据库，并且对并发连接要求高的应用。Type 4 驱动适合那些连接单一数据库的应用。JDBC - ODBC 桥的执行效率不高，通常作为实验学习环境下使用，或没有其他选择的情况下使用。

13.3　建立 JDBC 数据库连接

使用 JDBC 进行数据库访问会涉及到 JDBC 体系中的多个接口以及类，建立到数据库的连接是进行数据库访问操作的第一步。

13.3.1　JDBC API 的主要类和接口

JDBC API 在 java. sql 包中由一系列与数据库访问有关的类和接口组成，其中主要的类和接口有 DriverManager 类、Connection 接口、Statement 接口、PreparedStatement 接口和 ResultSet 接口。它们的关系如图 13-11 所示。

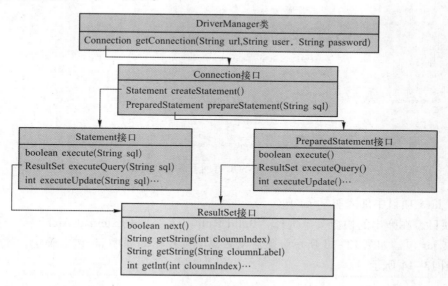

图 13-11　JDBC API 的主要类、接口及其关系

DriverManager 是用于管理 JDBC 驱动的服务类，使用 getConnection()方法获取数据库的连接对象 Connection。

Connection 对象代表到数据库的物理连接，通过它可以获取执行 SQL 语句的 Statement 对象和 PreparedStatement 对象。

Statement 对象在执行 SQL 语句时将 SQL 语句传入。PreparedStatement 对象则用预编译的方式包装 SQL 语句，执行 SQL 语句时无须再传入 SQL 语句，通常只需要传入 SQL 语句的参数，因为数据库不必每次都编译 SQL 语句，因此性能更好。

Statement 对象和 PreparedStatement 对象执行 select 语句时，会返回查询得到的结果集 ResultSet 对象。ResultSet 接口提供了访问查询结果的方法：用 next()方法实现对记录集合的迭代（行层次），对于当前记录通过字段的索引值或者字段名可以获取字段的取值（列层次）。

13.3.2　连接数据库

下面介绍使用 Type 4 纯 Java 驱动的方式建立数据库连接的过程。

1. 导入数据库驱动程序 jar 文件

1）从数据库供应商的官网下载驱动程序 jar 包。例如，MySQL 数据库提供的各种驱动可以在官网 http://dev. mysql. com/downloads/connector/下载，如图 13-12 所示。

其中，Connector/J 驱动为 MySQL 数据库的 JDBC 驱动程序，单击后选择下载得到驱动程序 jar 包。

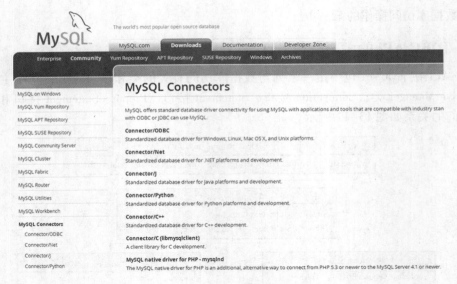

图 13-12　MySQL 官网下载驱动界面

2）在 Java 项目中加入驱动 jar 包。

右击项目，在弹出的快捷菜单选择"Build Path"→"Add External Archives"命令，为项目选择扩展 jar 包，如图 13-13 所示。然后从磁盘上选择驱动程序 jar 包并确定，添加 jar 包后的项目如图 13-14 所示。

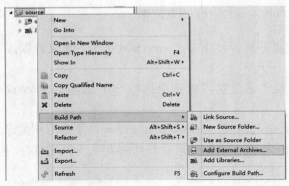

图 13-13　在项目中添加扩展 jar 包　　　　图 13-14　加入驱动之后的项目

加入驱动 jar 包后，Java 应用程序就可以调用加载该数据库的驱动程序了。其他类型数据库的 Type 4 驱动准备工作与之相同。

2. 加载驱动

加载驱动有以下两种常用的方式。

（1）使用类装载器加载驱动

Java 的 Class 类提供了静态方法 forName("类名")，其功能是要求 JVM 查找并加载指定的类。所以用：

```
Class. forName( driverName) ;
```

的形式，就可以加载驱动程序。

driverName 为数据库驱动程序类，例如，MySQL 的驱动程序类为 com. mysql. jdbc. Driver（在 MySQL 的驱动 jar 包下按照包层次可以找到 Driver 类），加载 MySQL 驱动的方式：

```
Class. forName("com. mysql. jdbc. Driver");
```

因为未必总会找到被加载的类，所以 forName()方法有一个 ClassNotFoundException 异常需要被捕获。

【刨根问底】以下几个操作，可以触发类的加载：

1）创建该类对象的时候，会加载该类及其所有父类。

2）访问该类的静态成员的时候。

3）Class. forName（"类名"）。

（2）直接实例驱动

直接实例驱动就是创建数据库驱动类的对象，并使用 DriverManager 类的 registerDriver()方法注册该对象。以 MySQL 数据库为例，直接实例驱动的代码如下：

```
try {
    Driver driver = new com. mysql. jdbc. Driver();
    DriverManager. registerDriver（driver）;
} catch（SQLException e）{
    e. printStackTrace();
}
```

两个语句都需要捕获、处理 SQLException 异常。

3. 建立数据库连接

驱动加载成功后，就可以使用 DriverManger 类的 getConnection()方法建立与特定数据库的连接，并返回到该数据库连接的 Connnetion 对象。getConnection()的格式如下：

```
Connnetion getConnection(String url,String user,String password)
```

其中，3 个参数的说明如表 13-7 所示。

表 13-7　getConnection()方法的 3 个参数的说明

url	访问数据库的路径	jdbc:	subProtocol:	subName
		主通信协议	子通信协议	主机地址 + 数据库文件名称
user	数据库用户名			
password	用户密码			

参数 url 是访问数据库的 URL 路径，由 3 部分组成。例如，MySQL 数据库的 URL 字符串格式为"jdbc:mysql://ip:port/database"，所以，一个将本机（IP 地址表示为 127.0.0.1，域名表示为 localhost）作为 MySQL 服务器的 test 数据库的 URL 字符串为"jdbc:mysql://127.0.0.1:3306/test"。

设该 MySQL 数据库的 root 用户密码为"1234"，那么获取 test 数据库连接的语句如下：

```
Connection con = DriverManager. getConnection("jdbc:mysql://127. 0. 0. 1:3306/test ","root","1234");
```

【补充】 使用 JDBC – ODBC 桥方式连接数据库的方法。

以 Access 数据库为例，其 URL 字符串的格式为"jdbc：odbc：AccessDSN"。其中，Access-DSN 是为 Access 数据库建立的 ODBC 的数据源名称 (DSN：Data Source Name)。

设为某 Access 数据库建立的 DSN 名为 test，则获取该数据库连接的语句为：

```
Connection con = DriverManager. getConnection("jdbc:odbc:test");
```

如果数据库没有指定用户名和密码，则只给出 url 即可。

4. 自定义数据库连接工具类

（1）配置文件

为了提高 Java 应用程序的可移植性，通常情况下，数据库连接的驱动、URL 字符串、用户名和密码不会直接写在程序中，而是通过读取配置文件导入。这样，无论 Java 程序需要连接哪一种数据库，都只需将它们的连接信息写入配置文件即可。

【提示】 配置文件的存放、读取在第 8 章 Properties 类部分已经详细叙述。

例如，前述 MySQL 数据库 test 对应的配置文件 database. properties 内容如下：

```
driver = com. mysql. jdbc. Driver
url = jdbc:mysql://127. 0. 0. 1:3306/test
user = root
password = 1234
```

（2）创建连接工具类

因为连接数据库的步骤是固定的，所以通常将加载驱动、从配置文件读取连接信息、获取数据库连接这些操作封装在一个工具类中，在所有需要使用 JDBC 的应用程序中直接调用工具类中封装好的方法。

配置文件的读取放在 static 代码块中，在工具类被加载时即完成读取任务。建立数据库连接的工具方法设计为 static，通过工具类直接调用。

```java
public class ConnectionFactory {
    //利用静态代码块,在工具类被加载时即执行配置文件的读取
    private static Properties props = new Properties();
    static {
        try {
            props. load(new FileInputStream("database. properties"));
        } catch (FileNotFoundException e) {
            e. printStackTrace();
        } catch (IOException e) {
            e. printStackTrace();
        }
    }
    public static Connection getConnection() {
        Connection con = null;
        try {
```

```
                    String driver = props. getProperty("driver");
                    String url = props. getProperty("url");
                    String username = props. getProperty("user");
                    String password = props. getProperty("password");
                    Class. forName(driver);
                    con = DriverManager. getConnection(url,username,password);
            } catch (ClassNotF                oundException e) {
                    System. out. println("failed to register driver. ");
                    e. printStackTrace();
            } catch (SQLException e) {
                    System. out. println("failed to execute sql. ");
                    e. printStackTrace();
            }
            return con;
        }
    }
```

几种主流数据库的驱动和 url 配置文件信息如表 13-8 所示。

表 13-8　主流数据库的 JDBC 驱动及连接字符串

数　据　库	配置文件 database. properties 中的 driver 和 url
MySQL	driver = com. mysql. jdbc. Driver url = jdbc：mysql：//主机地址：3306/数据库名
SQLSserver	driver = com. microsoft. jdbc. sqlserver. SQLServerDriver url = jdbc：microsoft：sqlserver：//主机地址：1433；DatabaseName = 数据库名
Oracle 的 thin 模式	driver = oracle. jdbc. driver. OracleDriver url = jdbc：oracle：thin：@ 主机地址：1521：数据库名

13.4　使用 JDBC 访问数据库

使用 JDBC 编写数据库应用程序的步骤通常包括：

1）加载驱动。

2）建立数据库连接。

3）创建 Statement 或 PreparedStatement 对象。

4）执行 SQL 语句。

5）如果有 ResultSet 结果集，则对其进行处理。

6）释放资源。

加载驱动、建立数据库连接的方法前面已经介绍过，这里不再赘述。下面从第 3 步开始学习。

13.4.1　Statement 与数据表的增、删、改

通过第 2）步得到的 Connection 对象可以获取 Statement 对象。Connection 接口中获取 Statement 的方法：Statement createStatement()。

Statement 对象用来执行 SQL 语句，其中用于执行数据表的增（insert）、删（delete）、改（update）操作的方法为 executeUpdate()。

JDBC 中的数据库连接 Connection、Statement（或 PreparedStatement）、Resultset（涉及查询时存在）使用完毕之后一定要关闭，否则会占用大量内存资源，导致内存溢出。所以，作为良好的编程习惯，SQL 语句执行完毕后，要在 finally 代码块中使用 close()方法将涉及的数据库资源关闭，即释放资源。关闭的次序：先关闭 ResultSet，然后关闭 Statement（或 PreparedStatement），最后关闭 Connection。close()方法必须要捕获处理 SQLException。

【例 13-2】封装 2 个方法，完成向数据表 user 中添加记录和修改记录的操作。

说明：关于数据表操作的类的名称通常为 XxxDao，即 Data Access Object（dao，数据访问对象），所以这里将类命名为 UserDao。在 DAO 这个层次，方法的名称使用与数据表增删改查直接相关的描述：insert()、delete()、update()、select()等。

获取数据库连接后，user 表的增、删、改操作均由以下几步完成：

1）获取 Statement 对象。

2）定义 SQL 语句。

3）使用 Statement 对象执行 SQL 语句。

4）关闭资源。

简单起见，本例中的 SQL 语句暂不包含变量，数据都使用常量表示。

UserDao 代码如下：

```java
public class UserDao {
    private Connection con;
    public void insert() {
        Statement st = null;
        try {
            con = ConnectionFactory. getConnection();
            //1. 创建 Statement 对象
            st = con. createStatement();
            //2. 创建 SQL 语句:向表中插入一条记录
            String sql = " insert into user(email,username,hobbies) ";
            sql += "values('grace@ 126. com ','grace ','学习')";
            System. out. println(sql);
            //3. 执行 SQL 语句
            st. executeUpdate(sql);
        } catch (SQLException e) {
            e. printStackTrace();
        } finally {
            if(st! = null) {try {st. close();} catch (SQLException e) {}}
            if(con! = null) {try {con. close();} catch (SQLException e) {}}
        }
    }
    public void update() {
        Statement st = null;
        try {
            con = ConnectionFactory. getConnection();
            //1. 创建 Statement 对象
            st = con. createStatement();
            //2. 创建 SQL 语句:修改记录
            String sql = " update user set username = 'happyrabbit '";
```

```
                    sql += "where username = 'happydog'";
                    System. out. println(sql);
                    //3. 执行 SQL 语句
                    st. executeUpdate(sql);
            } catch (SQLException e) {
                    e. printStackTrace();
            } finally {
                    if(st! = null) {try {st. close();} catch (SQLException e) {}}
                    if(con! = null) {try {con. close();} catch (SQLException e) {}}
            }
        }
    }
```

【健身操】模仿上述代码完成 delete() 方法的设计，从数据表中删除一个指定的用户。

然而，在实际业务处理时，添加、删除、修改操作通常都不会执行固定不变的 SQL 语句，而是会通过参数向方法传入添加、删除、修改的相关信息，交由 SQL 语句去执行。以添加用户为例，insert() 方法会接收一个封装好的 User 用户，将该用户添加至数据表。

所以，在 JDBC 操作中，对于每一个数据表，Java 程序都需要按照表结构定义一个实体类，数据成员包含表中所有的字段，数据类型与字段类型保持一致，且为成员提供 setter/getter 方法以及需要的构造方法。例如，表 user 对应的实体类 User 定义如下：

```
public class User {
    private int id;
    private String email;
    private String username;
    private String hobbies;
    public User() {}
    public User(String email, String username, String hobbies) {
        this. email = email;
        this. username = username;
        this. hobbies = hobbies;
    }
    public int getId() {return id;}
    public void setId(int id) {this. id = id;}
    ...
}
```

对于 void insert（User user）方法而言，与前面的代码相比，在定义 SQL 语句时，必须准确无误地完成 values 部分的字符串拼接。下面所示 SQL 语句中每对单引号中间的常量字符串都将替换为从 user 对象中读取的变量字符串。常量、变量字符串之间需要用 " + " 运算完成拼接，作为字符串定界符的单引号全部作为常量放在每对双引号中。对比如下：

```
"values('grace@ 126. com ','grace ','学习') "
"values('" + user. getEmail() + "','" + user. getUsername() + "','" + user. getHobbies() + "')";
```

显然，这个字符串拼接的工程还是非常大的。所以对于需要传入参数的 SQL 语句的处理，强烈建议使用 PreparedStatement 对象处理。

13.4.2 PreparedStatement 与数据表的增、删、改

（1）PreparedStatement 的优点

PreparedStatement 是 Statement 的子接口，与 Statement 相比它有两个优点：

1）它用预编译的方式包装 SQL 语句，数据库不必每次编译 SQL 语句，因此性能比 Statement 好。

比如说有些结构相似的 SQL 语句需要被反复执行，如：

```
insert into user values(null,'lucy@ 126. com ','lucy ','体育运动');
insert into user values(null,'leo@ 126. com ','leo ','看书');
……
```

这些 SQL 语句结构相似，只是插入的数据取值不同而已，这种情况下，可以使用占位符参数（?）代替具体的取值：

```
insert into user values(null,?,?,?);
```

然后在执行 SQL 语句前向它们传递取值。

带有占位符的 SQL 语句不能由 Statement 对象执行，只能交给 PreparedStatement 对象，它会预编译 SQL 语句，并将编译后的 SQL 语句存储在 PreparedStatement 对象中，然后使用该对象多次高效地执行被编译的 SQL 语句。

2）PreparedStatement 对象封装的 SQL 语句用占位符代表参数，在执行 SQL 语句前，使用 PreparedStatement 中定义的各种 setXxx()方法对参数进行赋值即可，免去了拼接 SQL 字符串的烦琐工作，降低了编程复杂度。

所以，通常避免使用 Statement 执行 SQL 语句，而是选用 PreparedStatement。

（2）PreparedStatement 的使用方式

PreparedStatement 的使用方式如下：

1）获取 PreparedStatement 对象前，先定义好 SQL 语句，参数部分用占位符"?"表示。

2）利用 Connection 的 prepareStatement()方法获取 PreparedStatement 对象，此时向其传入前面定义好的 SQL 语句。

3）执行 SQL 语句前向 PreparedStatement 对象传入参数。传入参数时要根据参数的数据类型选择对应的 setXxx()方法，例如，字符串型的字段要使用 setString()，int 型字段要使用setInt()等，具体可以查看 API。

4）用 executeUpdate()方法执行增、删、改 SQL 语句。

【例 13-3】利用 PreparedStatement 对象完成 insert（User user）操作。

按照上述的过程，void insert（User user）方法定义如下：

```java
public void insert(User user) {
    PreparedStatement pst = null;
    try {
        con = ConnectionFactory. getConnection();
        //1. 定义 SQL 语句：向表中插入一条记录
        String sql = " insert into user （email, username, hobbies) values (?,?,?)";
        //2. 创建 PreparedStatement 对象，传入 SQL 语句
```

```
            pst = con. prepareStatement(sql);
            //3. 向 SQL 语句传入参数
            pst. setString(1,user. getEmail());
            pst. setString (2, user. getUsername());
            pst. setString (3, user. getHobbies());
            //4. 执行 SQL 语句
            pst. executeUpdate();
        } catch (SQLException e) {
            e. printStackTrace();
        } finally {
            if (pst! = null) {try {pst. close();} catch (SQLException e) {}}
            if (con! = null) {try {con. close();} catch (SQLException e) {}}
        }
    }
```

【健身操】模仿 insert (User user) 方法, 完成修改用户和删除用户操作。

void delete (int id): 按照指定的 id 删除某个用户。

void update (int id, User user): 按照指定的 id, 将该用户更新为 user 对象的内容。

13. 4. 3　数据表的查询与 ResultSet

Statement 和 PreparedStatement 都使用 executeQuery() 方法执行 select 查询语句, 该方法的格式: ResultSet executeQuery(), 查询结果以 ResultSet 对象返回。结果集 ResultSet 是一个存储查询结果的对象。

1. ResultSet 的类型

ResultSet 从使用的特点上可以分为不同的类别, 其类型是在创建 Statement 或 PrepareStatement 对象时设置的。在 Connection 中有如下两个方法:

```
Statement createStatement(int resultSetType,int resultSetConcurrency)
PreparedStatement prepareStatement(String sql,int resultSetType,int resultSetConcurrency)
```

其中, 参数 resultSetType 设置 ResultSet 对象的读取是否可以滚动, 包括 TYPE_FORWARD_ONLY、TYPE_SCROLL_INSENSITIVE、TYPE_SCROLL_SENSITIVE 3 种。

第二个参数 resultSetConcurency 设置 ResultSet 对象的并发性, 标识并发环境下 ResultSet 对象能否被修改, 包括 CONCUR_READ_ONLY (只读) 和 CONCUR_UPDATABLE (可修改) 两种。

resultSetType 3 种取值的含义如下:

(1) TYPE_FORWARD_ONLY——基本 ResultSet 类型

这是 ResultSet 的默认类型, 创建 Statement/PreparedStatement 对象时无须指定, 如【例 13-2】和【例 13-3】中获取的 Statement/PreparedStatement 对象。

它的作用是存储查询结果, 只允许向前访问一次, 不能来回滚动读取, 且不会受到其他用户对该数据库所作更改的影响。

由于这种结果集不支持滚动读取, 所以只能使用 next() 方法逐个地向前读取。

boolean next(): 将指针移动到此 ResultSet 对象的下一行。如果指针位于有效行, 则返回 true, 否则返回 false。

(2) TYPE_SCROLL_INSENSITIVE——可滚动的不敏感 ResultSet 类型

这个类型的 ResultSet 支持在记录集中向前或向后移动，既可以绝对定位，也可以相对定位。

boolean next()：同前。

boolean previous()：将指针移动到此 ResultSet 对象的上一行。如果指针位于有效行，则返回 true，否则返回 false。

absolute（int n）：绝对定位到第 n 条记录。如果 n 为正数，表示从第一条开始往后的第 n 条；如果 n 为负数，表示从最后一条往前的第 n 条；如 n=0，则为非法。

relative（int n）：定位到相对于当前记录的第 n 条记录。如果 n 为正数，以当前记录位置为起点向下移动 n 条；如果 n 为负数，以当前记录位置为起点向上移动 n 条；n 取 0 则不移动。

当前数据库用户获取的记录集对其他用户的操作不敏感，就是说，当前用户正在浏览记录集中的数据。与此同时，其他用户更新了数据库中的数据，但是当前用户所获取的记录集中的数据不会受到任何影响。

以 PreparedStatement 为例，这种结果集的创建方式如下：

```
pst = con. prepareStatement( sql,ResultSet. TYPE_SCROLL_INSENSITIVE,
                 ResultSet. CONCUR_READ_ONLY) ;
```

或者：

```
pst = con. prepareStatement( sql,ResultSet. TYPE_SCROLL_INSENSITIVE,
                 ResultSet. CONCUR_UPDATABLE) ;
```

（3）TYPE_SCROLL_SENSITIVE ———— 可滚动的敏感型 ResultSet

TYPE_SCROLL_SENSITIVE 与 TYPE_SCROLL_INSENSITIVE 的区别在于它会受到其他用户对数据库所做更改的影响。

例如，如果查询获取了 ResultSet 之后，某个用户删除了一条 ResultSet 所包含的记录，那么这个记录也将从 ResultSet 中消失；类似地，用户对 ResultSet 中包含记录的更改也将反映在 ResultSet 中。

ResultSet 的参数及意义如表 13–9 所示。

表 13–9　ResultSet 中的参数意义

参　　数	取　　值	意　　义
resultSetType	TYPE_FORWARD_ONLY	向前滚动
	TYPE_SCROLL_INSENSITIVE	前后滚动,对修改不敏感
	TYPE_SCROLL_SENSITIVE	前后滚动,对修改敏感
resultSetConcurency	CONCUR_READ_ONLY	并发环境下只读
	CONCUR_UPDATABLE	并发环境下允许更新

2. ResultSet 的迭代——行操作

获取到 ResultSet 结果集后，初始的指针指在结果集第一条记录的前面。以最常使用的向前迭代为例，第一次 next()操作，如果结果集不空则指针指向第一条记录，从而可以开始对结果集的访问；如果结果集为空，则 next()方法返回 false，可以结束对结果集的访问。也就是说，无论怎样都需要一个 next()动作，这是迭代 ResultSet 的起点。

如果可以确定 select 查询的结果只包含一条记录，则使用 if（rs. next()）{…}控制迭代；

如果 select 查询的结果集包含多条记录，那么最后一次 next() 操作使指针越过最后一条返回 false，此时迭代结束，这种情况下使用 while（rs. next()）{…}控制迭代。它们是 ResultSet 最基本的使用框架。

利用指针定位方法可以指定迭代的起点。

- void beforeFirst()：将指针定位到此 ResultSet 对象的开头，正好位于第一行之前。
- void afterLast()：将指针定位到此 ResultSet 对象的末尾，正好位于最后一行之后。
- boolean first()：将指针移动到此 ResultSet 对象的第一行。
- boolean last()：将指针移动到此 ResultSet 对象的最后一行。

如果**不是** TYPE_FORWARD_ONLY 型的结果集，还可以使用 absolute（int）和 relative（int）方法进行绝对、相对定位，可以从后向前迭代。

int getRows()方法可以获取当前行的编号，第一行为 1 号，第二行为 2 号，依此类推。

3. ResultSet 的 getXxx()方法——列操作

指针指向 ResultSet 对象的某行后，利用 ResultSet 提供的各种 getXxx()方法，可以获取当前行中的字段取值，获取字段可以用它们在数据表中的位置 1，2，3，…，也可以用字段的名称。例如，

String getString（int columnIndex）：按字段的位置取出文本型字段值。

String getString（String columnName）：按字段的名字取出文本型字段值。

Java 基本数据类型与 MySQL 的字段类型的对应关系如表 13-10 所示。

表 13-10　MySQL 常用字段类型与 Java 基本数据类型/类的对应关系

MySQL 数据类型	Java 数据类型/类	ResultSet 方法
tinyint	byte/boolean	getByte()/getBoolean()
smallint	short/Short	getShort()
mediumint	int/Integer	getInt()
int	int/Integer	getInt()
bigint	long/Long	getLong()
float	float/Float	getFloat()
double	double/Double	getDouble()
decimal	java. math. BigDecimal	getBigDecimal()
date	java. sql. Date	getDate()
time	java. sql. Time	getTime()
timestamp	java. sql. Timestamp	getTimeStamp()
char	String	getString()
varchar		
blob	Blob	getBlob()

其中，MySQL 中的 tinyint 可以被解释为 boolean 型数据，0 为 false，非 0 为 true。另外，因为少存储字节到多存储字节可以进行无损的自动类型转换，所以对应 13-9 表中的 MySQL 类型，是至少可以用该行列出的方法获取到；除此之外，还可以用同类型中该行以下更多字节类型对应的方法。例如，MySQL 中的 int 类型，除了用 getInt()获取外，也可以使用 getLong()方法获取。

【例 13-4】向 user 表中增加一个标识最后一次登录日期的字段，插入几条记录后查询、打印某个指定日期之后的所有记录。

1）修改 user 表结构，为其增加一个 date 类型的字段 lastLoginDate。

```
alter table user addlastLoginDate date NOT NULL;
```

在 MySQL 的客户端可以用 MySQL 的 now() 函数获取当前的系统时间，完成插入，例如：

```
insert into user values(null,'happy@ 126. com ','happyrabbit ','看书',now());
```

2）为数据表所对应的实体类 User 添加一个成员 lastLoginDate。

【注意】Java 中在 java. util 包和 java. sql 包下各自有一个 Date 类，java. sql 包下的 Date 类用于从数据表读出的 date 类型数据的存储，java. util 包下的 Date 类则用于与之配合的客户端程序。所以在实体类中，lastLoginDate 成员的数据类型应为 java. util. Date。

User 类中增加如下内容：

```
import java. util. Date;
public class User {
    …
    private Date lastLoginDate;
    public User(String email,String username,String hobbies,Date lastLoginDate) {…}
    public User(int id,String email,String username,String hobbies,Date lastLoginDate) {…}
    public Date getLastLoginDate() {return lastLoginDate;}
    public void setLastLoginDate (Date lastLoginDate) {this. lastLoginDate = lastLoginDate;}
}
```

3）重写 insert（User user）方法以及它的客户端调用。

在 insert() 中，要将 user 对象中封装的 lastLoginDate 成员写入数据表，必须将其从 java. util. Date 类型转换为 java. sql. Date 类型。转换过程利用 Date 对象实际存储的日期毫秒数为中介：new java. sql. Date (user. getLastLoginDate(). getTime())。

insert（User user）方法如下：

```
public void insert(User user) {
    PreparedStatement pst = null;
    try {
        con = ConnectionFactory. getConnection();
        //1. 定义 SQL 语句:向表中插入一条记录
        String sql = "insert into user(email,username,hobbies,lastLoginDate) values(?,?,?,?)";
        //2. 创建 PreparedStatement 对象,传入 SQL 语句
        pst = con. prepareStatement(sql);
        //3. 向 SQL 语句传入参数
        pst. setString(1,user. getEmail());
        pst. setString(2,user. getUsername());
        pst. setString(3,user. getHobbies());
        pst. setDate(4,new java. sql. Date(user. getLastLoginDate(). getTime()));   //类型转换
        //4. 执行 SQL 语句
        pst. executeUpdate();
    } catch (SQLException e) {
        e. printStackTrace();
    } finally {
        if(pst! = null ) {try {pst. close();} catch (SQLException e) {}}
        if(con! = null ) {try {con. close();} catch (SQLException e) {}}
```

```
            }
        }
```

在客户端，封装两个 User 对象插入数据表，一个使用当前系统日期，另一个使用 Calendar 对象指定一个日期。代码如下：

```
public class Client {
    public static void main(String[] args) {
        UserDao dao = new UserDao();
        //使用当前系统日期
        User user1 = new User("happydog@126.com","happydog","淘气", new Date());
        //指定一个日期
        Calendar cal = Calendar.getInstance();
        cal.set(2016,7,5);  //里约热内卢奥运会开幕的日子,2016-8-5
        Date loginDate = new Date(cal.getTimeInMillis());
        User user2 = new User("rabbit@126.com","happyrabbit","淘气淘气",loginDate);
        //插入两个用户
        dao.insert(user1);
        dao. insert (user2);
    }
}
```

4）编写 selectByLastLoginDate（Date date）方法查询某个指定日期之后的所有记录。

关于 Date 类型需要注意，selectByLastLoginDate()方法中传入的参数为 java.util.Date 类型，因此对 select 查询语句赋参数时，需要从 java.util.Date 转换为 java.sql.Date 类型。从结果集读出的字段是 java.sql.Date 类型，需要转换为 java.util.Date 类型，再封装在 User 对象中。

另外，在 DAO 中，完成查询功能的方法不直接对结果集中的数据进行处理，而是将其封装后返回。确认查询结果集最多只包含一条记录时，返回对象；结果集中可能包含多条记录时，返回一个集合。这里的 selectByLastLoginDate()方法返回一个 List 集合。

代码如下：

```
public List < User > selectByLastLoginDate(java.util.Date date) {
    PreparedStatement pst = null;
    ResultSet rs = null;
    List < User > list = new LinkedList < User > ();
    try {
        con = ConnectionFactory.getConnection();
        //1. 定义 SQL 语句:向表中插入一条记录
        String sql = "select id as ID,email,usename,hobbies,lastLoginDate from user where lastLogin-
Date > ?";
        //2. 创建 PreparedStatement 对象,传入 SQL 语句
        pst = con.prepareStatement(sql);
        //3. 向 SQL 语句传入参数,从 java.util.Date 转换为 java.sql.Date
        pst.setDate(1,new java.sql.Date(date.getTime()));
        //4. 执行 SQL 语句,获取结果集
        rs = pst.executeQuery();
        //5. 对结果集迭代,将查询到的记录封装为 User 对象,加入 List 集合
        while(rs.next()) {
            User user = new User();
```

```
            user. setId( rs. getInt( "id" ) ) ;
            user. setEmail( rs. getString( "email" ) ) ;
            user. setUsername( rs. getString( "username" ) ) ;
            user. setHobbies( rs. getString( "hobbies" ) ) ;
            //从 java. sql. Date 转换为 java. util. Date
            user. setLastLoginDate( new java. util. Date
                        ( rs. getDate( "lastLoginDate" ). getTime() ) ) ;
            list. add( user ) ;
        }
    } catch ( SQLException e ) {
        e. printStackTrace() ;
    } finally {
        if( rs! = null )  { try { rs. close() ; } catch ( SQLException e ) { } }
        if( pst! = null ) { try { pst. close() ; } catch ( SQLException e ) { } }
        if( con! = null ) { try { con. close() ; } catch ( SQLException e ) { } }
    }
    return list ;
}
```

在客户端向 selectByLastLoginDate() 方法传入一个日期，执行查询，并循环打印集合中的所有对象。

```
public class Client {
    public static void main( String[] args ) {
        UserDao dao = new UserDao() ;
        //封装一个日期
        Calendar cal = Calendar. getInstance() ;
        cal. set( 2016,0,1 ) ;                    //2016 - 1 - 1
        //查询指定日期之后登录的所有用户
        List < User > list = dao. selectByLastLoginDate ( new Date( cal. getTimeInMillis() ) ) ;
        //迭代打印查询结果
        Iterator < User > it = list. iterator() ;
        while( it. hasNext() ) {
            User user = it. next() ;
            System. out. println( user ) ;        //User 类中已重写 toString() 方法
        }
    }
}
```

13.5　综合实践——数据库访问的开发模式

下面以第 10 章中的用户管理系统为例，使用数据库作为底层的数据存储，学习 JDBC 访问的开发模式。

对于一个带有数据库的应用系统，JDBC 访问的架构分为以下几部分。

（1）实体类

创建一个 entity 包，为系统中的每个数据表定义一个实体类。实体类与表中的各字段一一对应，包括个数、数据类型，再定义相应的 setter/getter 方法、构造方法。

（2）DAO 接口

创建 dao 包，为每个数据表的访问创建 DAO 接口，给出最基本的关于数据表的增、删、改、查等操作，这些是关于数据表的最小的原子操作。

（3）DAO 实现类

在 dao 包下创建 impl 包——dao. impl，针对某一种数据库实现 DAO 接口中的方法。连接数据库时利用 ConnectionFactory 工具类。

（4）业务层类

创建一个 service 包，建立系统的业务层。service 层根据自身业务需要组合 DAO 层的增、删、改、查等操作，如果业务层的方法业务逻辑简单，很有可能就是直接调用 DAO 层的方法。分层架构的好处是为程序提供更好的扩展性和可维护性。随着 service 业务逻辑的复杂化，业务层方法可能需要调用多个 DAO 层方法，也可能在需要关联多张数据表时组合多个 DAO。

DAO 层与 service 层的区别是，DAO 中没有任何业务逻辑，只是操作数据表的一个对象。service 负责业务逻辑的实现，里面可以有也可以没有对数据表的操作，如果需要对数据表进行操作，则通过 DAO 对象。

举一个例子，比如在银行的转账业务中，涉及从一个账户（设为账户 A）取钱以及向另一个账户（设为账户 B）存钱。对于账户表，在 DAO 层已经设计了修改账户余额的方法。那么转账 service 的任务是将涉及账户表的操作交给 DAO（DAO 根本不会知道 service 要实现什么业务逻辑，它只是知道 service 传来一些参数，让它去修改数据表中的账户余额），封装两个 DAO 操作：账户 A 的取钱和账户 B 的存钱，这两个 DAO 操作组成了转账业务。

（5）应用程序类

创建一个 client 包，定义客户端程序，利用 service 中提供的业务完成应用系统的功能。

13.5.1 基于数据库存储的用户管理系统

按照 JDBC 访问的架构设计，在第 10 章用户管理系统的基础上，建立基于数据库访问的用户管理系统，其程序架构如图 13–15 所示，数据库访问部分的类图如 13–16 所示。

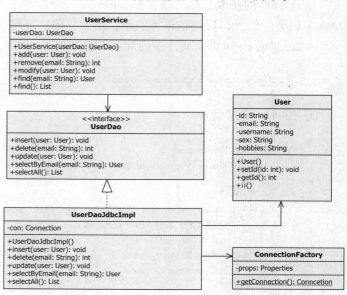

图 13–15　用户管理系统的程序架构　　　　图 13–16　用户管理系统数据库访问部分的类图

关于实体类、DAO 接口、DAO 实现类在 13.4 节均已涉及，此处不再赘述。

13.5.2 业务层——封装 DAO 中的方法

业务层负责封装 DAO 层的方法，用户管理系统中的业务逻辑比较简单，所以就是直接调用 DAO 层的方法。注意：业务层方法将增、删、改、查操作从业务层面进行命名，分别为 add()、remove()、modify()、find()。

```java
public class UserService {
    private UserDao userDao;
    public UserService() {
        userDao = new UserDaoJdbcImpl();
    }
    public void add(User user) {
        userDao.insert(user);
    }
    public int remove(String email) {
        return userDao.delete(email);
    }
    public void modify(User user) {
        userDao.update(user);
    }
    public User find(String email) {
        return userDao.selectByEmail(email);
    }
    public List<User> find() {
        return userDao.selectAll();
    }
}
```

对于 DAO 的获取，也可以像 Connection 一样设计一个 Factory 工具类，从配置文件中读取 DAO 实现类的信息，再创建该类实例，增强代码的可移植性。

例如，dao.properties 文件中的配置信息如下：

```
userDao = ums.dao.impl.UserDaoJdbcImpl
```

DaoFactory 代码如下：

```java
public class DaoFactory {
    private static Properties props = new Properties();
    static {
        try {
            props.load(new FileInputStream("dao.properties"));
        } catch (FileNotFoundException e) {
            e.printStackTrace();
        } catch (IOException e) {
            e.printStackTrace();
        }
    }
    public static Object getDao (String name) {          //传入要获取的 DAO 名
```

```
                    Object dao = null;
                    String userDao = props. getProperty( name);
                    try {
                        dao = Class. forName( userDao). newInstance();          //创建实例
                    } catch (InstantiationException e) {
                        e. printStackTrace();
                    } catch (IllegalAccessException e) {
                        e. printStackTrace();
                    } catch (ClassNotFoundException e) {

                    }
                    return dao;
            }
    }
```

在 DaoFactory 中，利用 Class. forName()方法查找并加载指定的类后，用 newInstance()方法创建一个该类的实例。

这样，在 Service 的构造方法中，调用 DaoFactory 中的 getDao()方法获取 DAO 实例即可：

```
    public UserService() {
        userDao = (UserDao) DaoFactory. getDao (" userDao");
    }
```

13.5.3　应用层——调用业务层方法完成系统功能

与第 10 章不同的是，此处 DAO 调用持久化的数据库文件，即所有 DAO 操作的结果都持久化在文件中，因此应用层不再需要在 Menu 类中向各个对话框类传递 DAO 对象进行共享。此处的各个对话框类在事件处理时使用 UserService 对象完成相应业务功能，UserService 对象中封装的 UserDao 对象按需创建即可。

以图 13-17 所示删除功能为例，应用层的事件处理部分代码如下：

```
    private class ButtonRemoveHandler implements ActionListener{          //删除按钮的事件监听器
        public void actionPerformed( ActionEvent e) {
            UserService service = new UserService();
            if( userEmail. getText() == null || userEmail. getText(). length() == 0) {
                JOptionPane. showMessageDialog( null,"请输入要删除用户的 email","提示",JOption-
Pane. PLAIN_MESSAGE);
            } else {
                int row = service. remove( userEmail. getText());
                if( row! =0) {
                    JOptionPane. showMessageDialog( null,"用户已删除","提示",JOptionPane. PLAIN
_MESSAGE);
                    userEmail. setText( null);
                } else {
                    JOptionPane. showMessageDialog ( null," 该用户不存在 "," 提示 ", JOption-
Pane. PLAIN_MESSAGE);
                }
            }
        }
    }
```

图 13-17　删除用户界面

删除操作的 service 定义如下：

```
public class UserService {
    private UserDao userDao;
    public UserService() {
        userDao = (UserDao) DaoFactory. getDao("userDao");
    }
    …
    public int remove(String email) {
        return userDao. delete(email);
    }
}
```

与删除操作相关的 DAO 定义如下：

```
public class UserDaoJdbcImpl implements UserDao{
    private Connection con;
    public UserDaoJdbcImpl() {
    }
    public int delete(String email) {
        PreparedStatement pst = null;
        try {
            con = ConnectionFactory. getConnection();
            String sql = "delete from users where email = ?";
            pst = con. prepareStatement(sql);
            pst. setString(1, email);
            return pst. executeUpdate();
        } catch (Exception e) {
            e. printStackTrace();
        } finally {
            if(pst! = null) try {pst. close();} catch (SQLException e) {e. printStackTrace();}
            if(con! = null) try {con. close();} catch (SQLException e) {e. printStackTrace();}
        }
        return 0;
    }
    …
}
```

13.6 习题

1）说明 Statement 和 PreparedStatement 的作用和区别。

2）简述 Java 应用程序通过 JDBC 存取数据库的过程。

3）下面描述中错误的是（　　　）。（知识点：Statement 与 ResultSet）

    A. Statement 的 executeQuery()方法会返回一个结果集

    B. Statement 的 executeUpdate()方法会返回是否更新成功的 boolean 值

    C. 使用 ResultSet 中的 getString()可以获得一个对应于数据库中 char 类型的值

    D. ResultSet 中的 next()方法会使结果集中的下一行成为当前行

4）下列有关预编译 SQL 语句的说法中错误的是（　　　）。（知识点：PreparedStatement 与预编译）

    A. 预编译 SQL 可以被 PreparedStatement 对象反复执行

    B. 预编译 SQL 语句在 PreparedStatement 对象创建之后就被传递给数据库解析，之后 PreparedStatement 执行预编译的时候，其实传递给数据库的只有占位符的参数。如果需要批量插入 1000 条记录的时候，预编译 SQL 只被数据库解析一次，其余都是数据库接受参数数据然后执行，这样的速度大为提高

    C. 预编译 SQL 的安全性好，可以抵御数据库脚本注入攻击，这是 Statement 所不具备的

    D. 预编译 SQL 的占位符既可以替代数据表中的字段，也可以替代表达式数据，甚至是子查询语句

13.7 实验指导

1. 实验目的

1. 掌握 JDBC 数据库访问技术。

2. 掌握数据库访问的开发模式。

2. 实验题目

完成"学生选课系统"的设计。功能包括：

1）向学生数据表中添加学生、浏览学生信息。

2）向课程数据表中添加课程、浏览课程信息。

3）通过控制台的输入指定完成学生选课操作。

4）提供按学生姓名查询选课信息。

5）提供按课程名模糊查询课程的被选信息。

提示 1：建立系统所需数据表。学生表 student、课程表 course、学生选课表 studentcourse 结构如图 13-18 所示。

提示 2：按照数据库访问的开发模式建立系统架构，如图 13-19 所示。

提示 3：通过客户端向系统中添加学生信息、课程信息，并提供浏览方式。学生选课时，提供学生编号和课程编号，如果该选课信息已存在，则给出相应提示。查询课程被选信息时，使用模糊查找方式，即只要出现课程的关键词即可，如对于"Java 程序设计"，用户只要输入

"Java" 即可。系统的运行效果参照如下。

```
mysql> desc student;
+------------+-------------+------+-----+---------+----------------+
| Field      | Type        | Null | Key | Default | Extra          |
+------------+-------------+------+-----+---------+----------------+
| id         | int(11)     | NO   | PRI | NULL    | auto_increment |
| num        | varchar(10) | YES  |     | NULL    |                |
| name       | varchar(20) | YES  |     | NULL    |                |
| birthday   | date        | YES  |     | NULL    |                |
| department | varchar(20) | YES  |     | NULL    |                |
+------------+-------------+------+-----+---------+----------------+

mysql> desc course;
+--------+-------------+------+-----+---------+----------------+
| Field  | Type        | Null | Key | Default | Extra          |
+--------+-------------+------+-----+---------+----------------+
| id     | int(11)     | NO   | PRI | NULL    | auto_increment |
| num    | varchar(10) | YES  |     | NULL    |                |
| name   | varchar(20) | YES  |     | NULL    |                |
| credit | int(11)     | YES  |     | NULL    |                |
+--------+-------------+------+-----+---------+----------------+

mysql> desc studentcourse;
+-------+-------------+------+-----+---------+----------------+
| Field | Type        | Null | Key | Default | Extra          |
+-------+-------------+------+-----+---------+----------------+
| id    | int(11)     | NO   | PRI | NULL    | auto_increment |
| snum  | varchar(10) | YES  |     | NULL    |                |
| cnum  | varchar(10) | YES  |     | NULL    |                |
+-------+-------------+------+-----+---------+----------------+
```

图 13-18 学生选课系统数据表结构

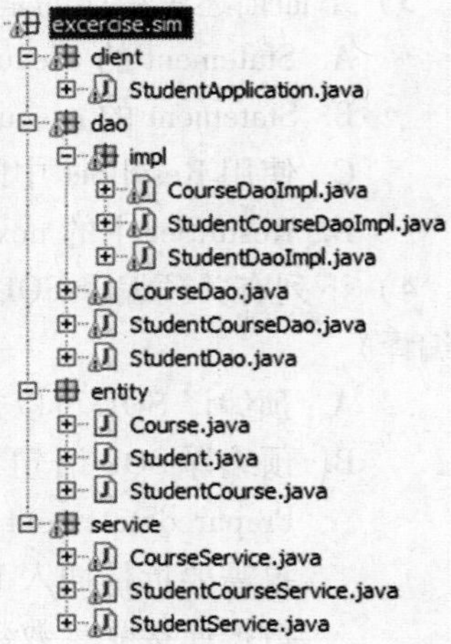

图 13-19 学生选课系统的程序架构

学生信息如下:
006,tom,1990-01-01,计算机
007,jerry,1991-11-01,计算机
课程信息如下:
001,C 程序设计,3
002,Java 程序设计,4
输入选课的学生编号:006
输入选课的课程编号:001
该选课信息已存在.
输入选课的学生编号:006
输入选课的课程编号:002
该选课信息已存在.
输入选课的学生编号:007
输入选课的课程编号:001
选课成功!
输入选课的学生编号:007
输入选课的课程编号:002
选课成功!
输入选课的学生编号:quit
选课结束…
输入要查询哪个学生的选课信息-姓名:tom
001,C 程序设计,3
002,Java 程序设计,4

```
输入要查询哪门课程的选课信息 - 课程名:java
006,tom,1990 - 01 - 01,计算机
007,jerry,1991 - 11 - 01,计算机
```

13.8　探究与实践——用户管理系统的权限管理

为用户管理系统增加管理员的权限管理部分的功能，如图 13-20 所示。

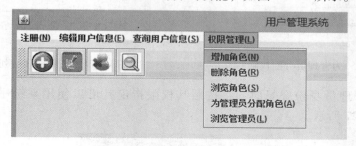

图 13-20　用户管理系统中的权限管理部分

增加角色、删除角色的方式如图 13-21 和图 13-22 所示。

图 13-21　增加角色 GUI

图 13-22　删除角色 GUI

提示：删除角色时，也要同时删除该角色所对应的所有管理员用户，从而保证数据库中数据的一致性。

查询角色的列表如图 13-23 所示。

图 13-23　查询角色列表 GUI

说明：可以为查询列表增加分页显示的功能。即预先规定好每页显示的记录数，并根据当前页号筛选出当前页中的记录并显示。用“上一页”“下一页”按钮控制翻页。

注册管理员用户时，为其选择角色，即为其分配权限，如图 13-24 所示。管理员列表如

图 13-25 所示。

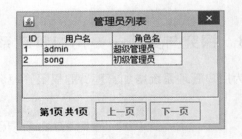

图 13-24　为管理员分配权限 GUI　　　　图 13-25　查看管理员列表 GUI

当以不同的管理员身份登录时，将按照其权限指定其可以使用系统中的哪些功能，如图 13-26 和图 13-27 所示。

图 13-26　管理员登录 GUI

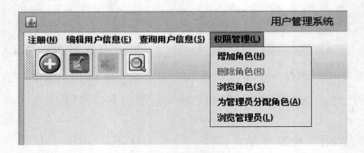

图 13-27　依据管理员权限指定其可以使用的功能

提示：以管理员身份登录时，首先要根据其角色查询得到该管理员的权限，并进一步得到该管理员不具有的权限，据此将这些不具有的权限所对应的菜单项和按钮置为不可用。

13.9 本章思维导图

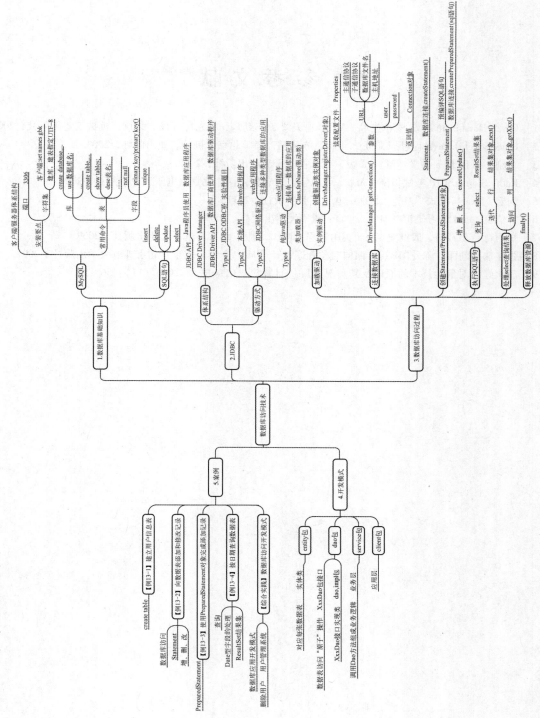

参 考 文 献

［1］ Cay S Horstmann. Java 核心技术［M］. 叶乃文，邝劲筠，杜永萍，译. 北京：机械工业出版社，2009.

［2］ BruceEckel. Java 编程思想［M］.4 版. 陈吴鹏，译. 北京：机械工业出版社，2008.

［3］ 李刚. 疯狂 Java 讲义［M］.2 版. 北京：电子工业出版社，2012.

［4］ Kathy Sierra. SCJP 考试指南［M］. 张思宇，宋宁哲，译. 北京：电子工业出版社，2009.

［5］ 阎宏. Java 与模式［M］. 北京：电子工业出版社，2011.

［6］ 林信良. Java 学习笔记［M］. 北京：清华大学出版社，2009.

［7］ 郑阿奇，姜乃松，殷红先. Java 实用教程［M］.2 版. 北京：电子工业出版社，2009.

［8］ 张桂珠，刘丽，陈爱国. Java 面向对象程序设计［M］.2 版. 北京：北京邮电大学出版社，2007.

［9］ 汪永好. 对象池技术的原理及其实现［J］. 计算机与信息技术，2006（11）：56 –58.